Mitteilungen der deutschen Materialprüfungsanstalten

Sonderheft XIX:
Arbeiten aus dem **Staatlichen Materialprüfungsamt**
und dem **Kaiser Wilhelm-Institut für Metallforschung** zu Berlin-Dahlem

Inhalt

	Seite
Bauer, O., O. Vollenbruck und **G. Schikorr.** Spannungsmessungen und Lösungsversuche mit Zinn-Kupfer und Zink-Kupfer-Legierungen	3
Schmid, E. Beiträge zur Physik und Metallographie des Magnesiums	16
Boas, W., und **E. Schmid.** Über die Temperaturabhängigkeit der Kristallplastizität	25
Beck, P., und **M. Polanyi.** Rückbildung des Rekristallisationsvermögens durch Rückformung	30
Schmid, E., und **G. Wassermann.** Zur Rekristallisation von Aluminiumblech	32
Schmid, E., und **G. Wassermann.** Einfluß von Kaltreckung auf die Plastizität bei erhöhten Temperaturen	33
Schmid, E., und **G. Wassermann.** Über die Walztextur von Cadmium	35
Fahrenhorst, W., und **E. Schmid.** Wechseltorsionsversuche an Zinkkristallen	36
Schmid, E., und **G. Siebel.** Röntgenographische Bestimmung der Löslichkeit von Magnesium in Aluminium	44
Stenzel, W., und **J. Weerts.** Die Gitterkonstanten der Silber-Palladium- und Gold-Palladium-Legierungen	47
Stenzel, W., und **J. Weerts.** Röntgenuntersuchungen im System Gold-Platin	51
Weißenberg, K. Mechanik deformierbarer Körper	54
Goens, E., und **E. Schmid.** Über die elastische Anisotropie des Eisens	84
Fahrenhorst, W., und **G. Sachs.** Über das Aufreißen von kaltgezogenem Rundeisen	87
Bauer, O. Über die Ursachen von Dampfkesselschäden	92

Mit 139 Abbildungen

Berlin

Verlag von Julius Springer

1932

ISBN 978-3-642-90187-4   ISBN 978-3-642-92044-8 (eBook)
DOI 10.1007/978-3-642-92044-8

Softcover reprint of the hardcover 1st edition 1932

Spannungsmessungen und Lösungsversuche mit Zinn-Kupfer- und Zink-Kupfer-Legierungen.

Von O. Bauer, O. Vollenbruck und G. Schikorr.

I. Zinn-Kupfer-Legierungen.

a) Herstellung der Proben.

Als Ausgangsmaterial diente Elektrolytkupfer und chemisch reines Zinn (Kahlbaum).

Unter Zugrundelegung des Erstarrungs- und Umwandlungsschaubildes der Kupfer-Zinn-Legierungen (Abb. 1) nach O. Bauer und O. Vollenbruck[1] wurden über den ganzen Legierungsbereich 17 Legierungen im elektrisch geheizten Röhrenofen erschmolzen und in Tonformen zu Blöckchen von je 500 g vergossen. Da sich erfahrungsgemäß in Zinn-Kupfer-Legierungen das endgültige Gefügegleichgewicht nur sehr unvollkommen einstellt, wurden die Blöckchen einer nachträglichen Glühbehandlung unterzogen. In Tab. 1 sind Angaben über die Glühbehandlung sowie über die chemische Zusammensetzung der einzelnen Blöckchen gemacht.

Trotz der 3stündigen Glühung bei 700° waren in Schmelze Nr. 4 mit 12,06% Zinn, die nach Abb. 1 aus einheitlichen α-Mischkristallen bestehen müßte, immer noch kleine Mengen des Eutektoids $\alpha + \delta$ (s. Abb. 2 $v = 200$) vorhanden.

b) Spannungsmessungen.

1. In Kochsalzlösung.

Zunächst wurden mit sämtlichen Legierungen (Tab. 1) Spannungsmessungen in 1proz. Kochsalzlösung (Bezugselektrode: Ostwaldsche n-Kalomelelektrode) vorgenommen[1].

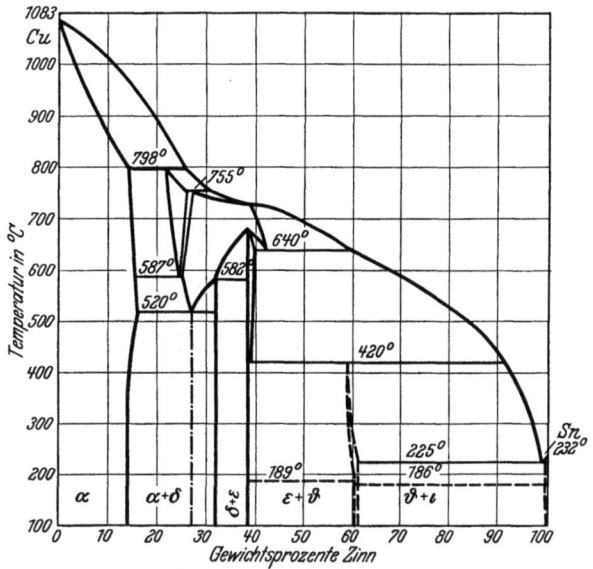

Abb. 1. Erstarrungs- und Umwandlungsschaubild der Kupfer-Zinn-Legierungen. Nach O. Bauer O. Vollenbruck und M. Hansen.

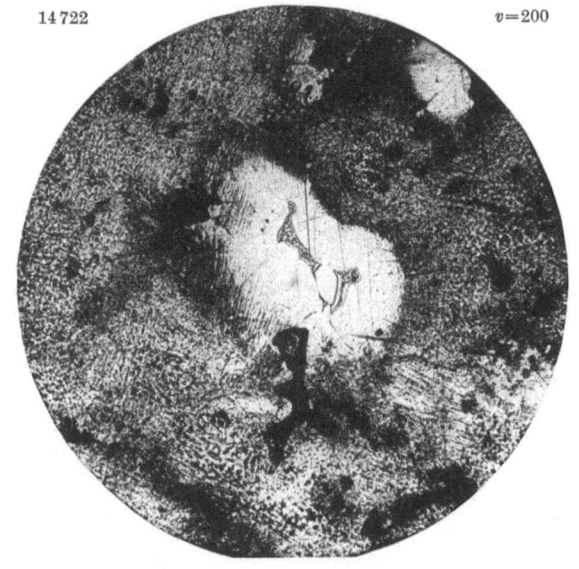

Abb. 2. Schmelze Nr. 4 mit 12,06% Zinn. Spuren des Eutektoids $\alpha + \delta$.

Tabelle 1. Chemische Zusammensetzung, Gefüge und Wärmebehandlung der Blöckchen.

Nr.	Chemische Zusammensetzung Cu %	Chemische Zusammensetzung Sn %	Gefügeaufbau (Abb. 1)	Glühbehandlung
1	100	—	Kupfer	—
2	94,37	5,63	α	3 Stunden bei 700° geglüht
3	90,06	9,94		
4	87,94	12,06	(Spuren $\alpha + \delta$)	
5	85,19	14,81	$\alpha + (\alpha + \delta)$	2 Stunden bei 700°, 2 Stunden bei 550° und 18 Stunden bei 450° geglüht
6	82,19	17,81		
7	75,68	24,32		
8	69,16	30,84	$\delta + (\alpha + \delta)$	
9	65,39	34,61	$\delta + \varepsilon$	1 Stunde bei 600° und 3 Std. bei 550° geglüht
10	59,69	40,31	$Cu_3Sn + \vartheta$	6 Stunden bei 350° geglüht
11	55,07	44,93		
12	50,46	49,54		
13	40,53	59,47		
14	33,57	66,43	$\vartheta + \iota$	
15	19,03	80,97		
16	9,97	90,03		
17	—	100	Zinn	—

[1] O. Bauer und O. Vollenbruck: Das Erstarrungs- und Umwandlungsschaubild der Kupfer-Zinn-Legierungen. Mitt. Materialpr.-Amt Bd. 30, H. 5, S. 181. 1922.

[1] Die Ausführung der Messungen erfolgt in gleicher Weise wie bei den Messungen mit Zink-Kupfer-Legierungen. Z. Metallkunde Bd. 19, S. 86. 1927, und Sonderheft III der Mitt. Materialpr.-Amt S. 68. Berlin: Julius Springer 1927.

Tabelle 2. Spannungsmessungen mit Zinn-Kupfer-Legierungen.

Nr.	Zusammensetzung Cu %	Zusammensetzung Sn %	Elektrolyt	Spannung gegen Normal-Kalomelelektrode KCl, Hg$_2$, Cl$_2$/Hg Z 0	Z 1	Z 5	Z 24	Z 48	Z 72	Z 120	Elektrolyt bewegt	Beobachtungen
1	100,00	—	1 proz. Natriumchloridlösung (0,171 g-Äquivalent NaCl in 1 l Lösung)	—0,180	—0,181	—0,182	—0,190	—0,201	—0,201	—0,196	—0,181	Die Proben zeigten Anlauffarben. Im Elektrolyt weißer Niederschlag.
2	94,37	5,63		0,182	0,189	0,191	0,170	0,141	0,141	0,141	0,140	
3	90,06	9,94		0,201	0,191	0,197	0,162	0,162	0,146	0,144	0,142	
4	87,94	12,06		0,201	0,221	0,228	0,240	0,220	0,201	0,183	0,182	
5	85,19	14,81		0,201	0,206	0,235	0,200	0,162	0,158	0,148	0,148	
6	82,19	17,81		0,201	0,206	0,242	0,266	0,238	0,225	0,200	0,199	
7	75,68	24,32		0,334	0,334	0,255	0,248	0,210	0,197	0,178	0,178	
8	69,16	30,84		0,455	0,450	0,433	0,430	0,332	0,323	0,308	0,308	
9	65,39	34,61		0,414	0,404	0,381	0,337	0,300	0,295	0,273	0,273	
10	59,69	40,31		0,361	0,380	0,368	0,345	0,273	0,271	0,250	0,248	
11	55,07	44,93		0,418	0,400	0,352	0,295	0,262	0,244	0,217	0,210	
12	50,46	49,54		0,410	0,410	0,401	0,363	0,330	0,319	0,309	0,302	Auf den Proben Ätzfiguren. Im Elektrolyt weißer Niederschlag. Proben blank. Weißer Niederschl.
13	40,53	59,47		0,455	0,450	0,445	0,465	0,465	0,463	0,458	0,442	
14	33,57	66,43		0,455	0,432	0,442	0,458	0,460	0,459	0,450	0,440	
15	19,03	80,97		0,455	0,431	0,440	0,455	0,452	0,448	0,448	0,428	
16	9,97	90,03		0,430	0,430	0,445	0,468	0,472	0,472	0,469	0,463	
17	—	100,00		0,505	0,482	0,445	0,450	0,470	0,460	0,429	0,429	

In Tab. 2 sind die Ergebnisse zusammengestellt und in Abb. 3 graphisch aufgetragen.

Von 0 bis etwa 24% Zinn weisen die Spannungswerte zwar Schwankungen auf, bewegen sich aber im allgemeinen auf der Höhe des Kupferpotentials.

Die δ-Kristallart (Cu$_4$Sn) ergab ein deutlich unedleres Potential, das jedoch mit steigendem Anteil an der ε-Kristallart (Cu$_3$Sn) wieder edler wurde. Mit dem Auftreten der ϑ-Kristallart (Cu$_6$Sn$_5$) steigt die Kurve wieder an und bleibt dann annähernd auf der Höhe des unedlen Zinnpotentials.

Soweit sich aus Spannungsmessungen Schlüsse auf das korrosionsmäßige Verhalten eines Metalles oder einer Legierung in dem betreffenden Elektrolyten ziehen lassen, ist somit anzunehmen, daß die technisch verwertbaren reinen Zinnbronzen (bis zu etwa 24% Zinn) sich in Kochsalzlösung (vermutlich auch in Seewasser) ähnlich verhalten werden wie reines Kupfer.

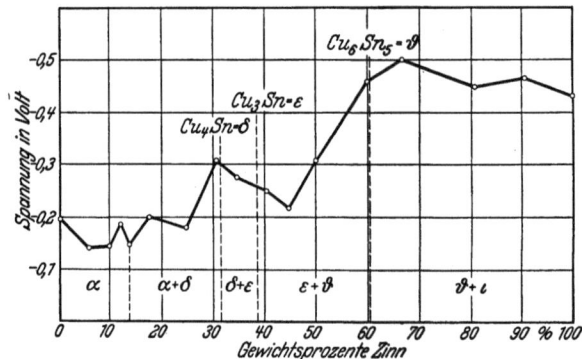

Abb. 3. Zinn-Kupfer-Legierungen. Spannungsunterschiede in 1 proz. NaCl-Lösung gegen Normalelektrode nach 120 Stunden.

Tabelle 3. Spannungsmessungen mit Zinn-Kupfer-Legierungen.

Nr.	Zusammensetzung Cu %	Zusammensetzung Sn %	Elektrolyt	Spannung gegen Normal-Kalomelelektrode KCl, Hg$_2$, Cl$_2$/Hg Z 0	Z 1	Z 5	Z 24	Z 48	Z 72	Z 120	Elektrolyt bewegt
1	100,00	—	n-Salzsäure (36,5 g HCl im l)	—0,291	—0,309	—0,309	—0,296	nicht gemessen	—0,278	—0,262	—0,262
2	94,37	5,63		0,308	0,302	0,303	0,298		0,278	0,269	0,268
3	90,06	9,94		0,291	0,302	0,302	0,289		0,274	0,268	0,265
4	87,94	12,06		0,251	0,298	0,300	0,287		0,279	0,270	0,270
5	85,19	14,81		0,200	0,232	0,263	0,272		0,262	0,255	0,255
6	82,19	17,81		0,228	0,281	0,297	0,290		0,278	0,269	0,269
7	75,68	24,32		0,207	0,299	0,295	0,286		0,272	0,262	0,255
1	100,00	—	n-Schwefelsäure (49 g H$_2$SO$_4$ im l)	0,072	0,120	0,146	0,132	—0,132	0,120	0,105	0,118
2	94,37	5,63		0,098	0,128	0,111	0,100	0,100	0,100	0,097	0,095
3	90,06	9,94		0,079	0,112	0,102	0,100	0,100	0,100	0,097	0,095
4	87,94	12,06		0,088	0,109	0,106	0,105	0,108	0,108	0,102	0,097
5	85,19	14,81		0,058	0,082	0,107	0,142	0,159	0,160	0,150	0,144
6	82,19	17,81		0,090	0,109	0,128	0,168	0,172	0,172	0,164	0,130
7	75,68	24,32		0,106	0,165	0,168	0,172	0,172	0,170	0,148	0,119
1	100,00	—	n-Natronlauge (40 g NaOH im l)	0,328	0,322	0,313	0,300	0,303	0,303	0,289	0,288
2	94,37	5,63		0,531	0,543	0,316	0,302	0,303	0,303	0,292	0,284
3	90,06	9,94		0,517	0,510	0,318	0,306	0,303	0,303	0,300	0,289
4	87,94	12,06		0,537	0,543	0,320	0,306	0,303	0,301	0,292	0,284
5	85,19	14,81		0,522	0,558	0,543	0,295	0,303	0,298	0,293	0,284
6	82,19	17,81		0,530	0,542	0,543	0,301	0,305	0,290	0,294	0,287
7	75,68	24,32		0,503	0,535	0,510	0,294	0,292	0,288	0,311	0,308

2. In Salzsäure, Schwefelsäure und Natronlauge.

Für die Spannungsmessungen in n-Salzsäure, n-Schwefelsäure und n-Natronlauge verwandten wir ausschließlich die technisch verwertbaren Zinnbronzen von 0 bis 24,32% Zinn (Legierungen Nr. 1 bis 7). Die Ergebnisse sind in Tab. 3 zusammengestellt und in Abb. 4 graphisch aufgetragen.

Nach Tab. 3 und Abb. 4 ändert sich das Potential im Bereich der α-Mischkristalle so gut wie gar nicht, erst beim Auftreten der δ-Kristallart wird es in n-Schwefelsäure deutlich unedler. Die Schwankungen der Einzelwerte in n-Salzsäure und n-Natronlauge liegen noch innerhalb der Meßfehlergrenzen.

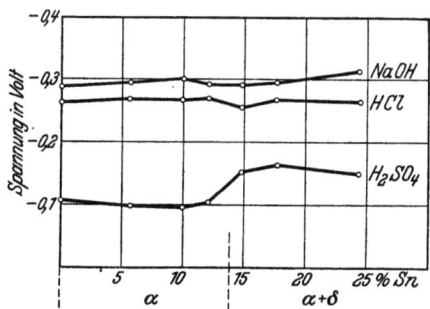

Abb. 4. Zinn-Kupfer-Legierungen. Spannungsunterschiede in n-Salzsäure, n-Schwefelsäure und n-Natronlauge gegen Normalektrode nach 120 Stunden.

c) Lösungsversuche.

Die Lösungsversuche wurden ebenfalls in n-Salzsäure, n-Schwefelsäure und n-Natronlauge durchgeführt. Zur Verwendung gelangten die Zinnbronzen Nr. 1 bis 6 (s. Tab. 1), die sich noch leicht mit spanabhebenden Werkzeugen bearbeiten ließen.

Je 2 gewogene Probeplättchen (21×17×2,5 mm) wurden in 500 ccm Versuchsflüssigkeit an Glashaken eingehängt, nach 600 Std. Einwirkungsdauer herausgenommen, gereinigt, getrocknet und zurückgewogen. In den Versuchsflüssigkeiten wurden die in Lösung gegangenen Kupfer- und Zinnmengen gewichtsanalytisch ermittelt.

In den Tab. 4 bis 6 sind die Versuchsergebnisse zusammengestellt. Setzt man den Gewichtsverlust des reinen Kupfers in n-Salzsäure (2,5285 g) gleich 100, so ergeben sich die in Spalte 9 der Tab. 4 bis 6 mitgeteilten Verhältniszahlen. In Abb. 5 sind die Verhältniszahlen der Gewichtsabnahmen und in Abb. 6 das in den Lösungen gefundene Verhältnis von Kupfer zu Zinn in Prozenten (Spalte 12 Tab. 4 bis 6) graphisch aufgetragen.

1. n-Salzsäure.

Reines Kupfer wurde bei Gegenwart von Sauerstoff von n-Salzsäure erheblich stärker angegriffen als alle untersuchten Zinn-Kupfer-Legierungen[1]. Der Angriff verringert sich mit zunehmendem Zinngehalt bis zu 14,81% Sn ziemlich regelmäßig, um bei 17,81% Sn wieder etwas anzusteigen (Abb. 5). Aus den Spannungsmessungen (Tab. 3 und Abb. 4) läßt sich dieses Verhalten nicht ableiten, da die Messung der Spannungs-

[1] Nach den Spannungsmessungen (Tab. 3, Abb. 4) erscheint dieses Ergebnis auffallend. Wir kommen darauf bei Besprechung der Lösungsversuche mit Zink-Kupfer-Legierungen (S. 13) noch zurück.

Tabelle 4. Lösungsversuche mit Zinn-Kupfer-Legierungen in n-Salzsäure.

1	2	3	4	5	6		7		8		9	10				11	12		13
Nr. der Proben	Abmessungen der Proben mm	Flüssigkeitsmenge cm³	Versuchstemperatur °	Versuchsdauer Std.	Zusammensetzung der Legierungen		Gewicht der Proben		Gewichtsabnahme		Verhältniszahlen 2,5285 gleich 100 gesetzt	In der Lösung gefunden				In der Lösung gefunden Kupfer u. Zinn g	Verhältnis von Kupfer zu Zinn in der Lösung		Beobachtungen nach dem Versuch
					Cu %	Sn %	vor dem Versuch g	nach dem Versuch g	Einzelwert g	Mittel g		Kupfer		Zinn			Kupfer %	Zinn %	
												Einzelwert g	Mittel g	Einzelwert g	Mittel g				
1a					100	—	8,1236	5,6874	2,4362	2,5285	100	2,4240	2,5205	—	—	2,5205	100	—	
1b							7,8220	5,2012	2,6208			2,6170							
2a					94,37	5,63	8,2520	6,3270	1,9250	2,1053	83,3	1,8100	1,9817	0,1090	0,1158	2,0975	94,5	5,5	
2b	21×17×2,5	500	18	600			8,3762	6,0906	2,2856			2,1534		0,1226					
3a					90,06	9,94	8,2816	6,7314	1,5502	1,8414	72,8	1,3968	1,6680	0,1484	0,1616	1,8296	91,2	8,8	Sämtliche Proben stark angeätzt
3b							7,9526	5,8200	2,1326			1,9392		0,1749					
4a					87,94	12,06	7,2582	5,9412	1,3170	1,5025	59,5	1,1608	1,3248	0,1509	0,1709	1,4957	88,9	11,1	
4b							7,2104	5,5224	1,6880			1,4888		0,1909					
5a					85,19	14,81	7,0934	5,7508	1,3426	1,3419	53,1	1,1340	1,1394	0,1862	0,1889	1,3283	85,8	14,2	
5b							7,7760	6,4348	1,3412			1,1448		0,1916					
6a					82,19	17,81	8,4338	7,0738	1,3600	1,4876	58,8	1,0860	1,1980	0,2130	0,2347	1,4327	83,6	16,4	
6b							8,0090	6,3938	1,6152			1,3100		0,2565					

Tabelle 5. Löslichkeitsversuche mit Zinn-Kupfer-Legierungen in n-Schwefelsäure.

1	2	3	4	5	6		7		8		9	10				11	12		13
Nr. der Proben	Abmessungen der Proben	Flüssigkeitsmenge	Versuchstemperatur	Versuchsdauer	Zusammensetzung der Legierungen		Gewicht der Proben		Gewichtsabnahme		Verhältniszahlen 2,5285 (aus Tabelle 1) gleich 100 gesetzt	In der Lösung gefunden				In der Lösung gefunden Kupfer und Zinn	Verhältnis von Kupfer zu Zinn in der Lösung		Beobachtungen nach dem Versuch
					Cu	Sn	vor dem Versuch	nach dem Versuch	Einzelwert	Mittel		Kupfer		Zinn			Kupfer	Zinn	
	mm	cm³	°	Std.	%	%	g	g	g	g		Einzelwert g	Mittel g	Einzelwert g	Mittel g	g	%	%	
1a					100	—	7,6914	7,5538	0,1376	0,1213	4,80	0,1190	0,1033	—	—	0,1033	100	—	—
1b							7,8450	7,7400	0,1050			0,0877							
2a					94,37	5,63	8,2662	8,1670	0,0992	0,1044	4,13	0,0773	0,0817	0,0063	0,0076	0,0893	91,5	8,5	—
2b							8,3016	8,1920	0,1096			0,0862		0,0090					
3a	21×17×2,5	500	18	600	90,06	9,94	8,0868	7,9822	0,1046	0,1005	3,97	0,0778	0,0736	0,0085	0,0079	0,0815	90,3	9,7	—
3b							7,2740	7,1776	0,0964			0,0694		0,0074					
4a					87,94	12,06	7,3240	7,2200	0,1040	0,1016	4,02	0,0657	0,0621	0,0197	0,0217	0,0838	74,1	25,9	schwache rötliche Flecken
4b							7,2710	7,1718	0,0992			0,0586		0,0237					
5a					85,19	14,81	7,0144	6,9328	0,0816	0,0758	3,00	0,0107	0,0065	0,0500	0,0504	0,0569	11,4	88,6	rötliche Flecken
5b							8,2510	8,1810	0,0700			0,0024		0,0508					
6a					82,19	17,81	8,5664	8,5064	0,0600	0,0591	2,34	0,0008	0,0007	0,0455	0,0442	0,0449	1,5	98,5	rote Flecken
6b							8,0866	8,0284	0,0582			0,0006		0,0429					

Tabelle 6. Löslichkeitsversuche mit Zinn-Kupfer-Legierungen in n-Natronlauge.

1	2	3	4	5	6		7		8		9	10				11	12		13
Nr. der Proben	Abmessungen der Proben	Flüssigkeitsmenge	Versuchstemperatur	Versuchsdauer	Zusammensetzung der Legierungen		Gewicht der Proben		Gewichtsabnahme		Verhältniszahlen 2,5285 (aus Tab. 1) gleich 100 gesetzt	In der Lösung gefunden				In der Lösung gefunden Kupfer u. Zinn	Verhältnis von Kupfer zu Zinn in der Lösung		Beobachtungen nach dem Versuch
					Cu	Sn	vor dem Versuch	nach dem Versuch	Einzelwert	Mittel		Kupfer		Zinn			Kupfer	Zinn	
	mm	cm³	°	Std.	%	%	g	g	g	g		Einzelwert g	Mittel g	Einzelwert g	Mittel g	g	%	%	
1a					100	0	—	7,9444	—	0,0588	2,33	—	0,0570	—	—	0,0570	100	—	—
1b							8,0032	8,1240	0,0588			0,0570							
2a					94,37	5,63	8,1832	8,2154	0,0592	0,0525	2,08	0,0572	0,0513	0,0043	0,0040	0,0553	92,8	7,2	—
2b							8,2612	7,5166	0,0458			0,0454		0,0038					
3a	21×17×2,5	500	18	600	90,06	9,94	7,5524	7,2030	0,0358	0,0274	1,08	0,0373	0,0366	0,0035	0,0035	0,0401	91,0	9,0	Probe schwarzbraun angelaufen
3b							7,2220	7,2708	0,0190			0,0360		0,0035					
4a					87,94	12,06	7,3100	7,0754	0,0392	0,0359	1,42	0,0403	0,0388	0,0063	0,0058	0,0446	84,8	15,2	
4b							7,1080	8,1374	0,0326			0,0373		0,0053					
5a					85,19	14,81	8,1786	8,1082	0,0412	0,0490	1,94	0,0390	0,0393	0,0121	0,0116	0,0509	77,2	22,8	
5b							8,1650	8,5000	0,0568			0,0396		0,0112					
6a					82,19	17,81	8,5446	8,1182	0,0446	0,0377	1,10	0,0390	0,0335	0,0137	0,0140	0,0475	70,5	29,5	
6b							8,1490		0,0308			0,0280		0,0154					

unterschiede für alle Legierungen nahezu die gleichen Spannungswerte ergab.

Die in den Lösungen gefundenen Zinn- und Kupfermengen entsprechen sowohl ihrer Gesamtmenge (Spalte 9 und 11 in Tab. 4) wie auch ihrem prozentualen Verhältnis nach (Spalte 12 in Tab. 4) den in Lösung gegangenen Anteilen an Zinn und Kupfer.

In Abb. 6 gibt die mit L bezeichnete Linie die Kupfergehalte der Legierungen an, der mit HCl bezeichnete Kurvenzug entspricht dem in den Lösungen gefundenen Verhältnis von Kupfer zu Zinn in Prozenten (Spalte 12 in Tab. 4). Die geringen Abweichungen der beiden Kurven voneinander liegen noch innerhalb der Fehlergrenzen des Verfahrens. Aus obigen Versuchen ergibt sich, daß bei den Legierungen von 0 bis etwa 18% Sn in n-Salzsäure Zinn und Kupfer in ihrem Legierungsverhältnis in Lösung gehen. Eine Wiederabscheidung von Kupfer findet nicht statt.

von Kupfer in den Lösungen nachweisbar. Das zunächst ebenfalls in Lösung gehende Kupfer hatte sich, wie auch die roten Flecke auf den Proben anzeigten, wieder auf den Plättchen niedergeschlagen.

3. n-Natronlauge.

In n-Natronlauge waren die Gewichtsverluste noch geringer als in n-Schwefelsäure. Die Verhältniszahl für Kupfer beträgt hier nur 2,33 (Spalte 9 der Tab. 6).

Mit steigendem Zinngehalt sinkt der Angriff weiter schwach ab (s. Tab. 6 und Abb. 5).

Die Messung der Spannungsunterschiede gegen die Normalelektrode ergab noch unedlere Werte als in n-Salzsäure (s. Tab. 3 und Abb. 4).

Mit steigendem Zinngehalt steigt der Spannungswert nach der unedleren Seite zu schwach an.

Im Gebiet der reinen α-Mischkristalle gehen Kupfer und Zinn in ihren Legierungsverhältnissen in Lösung.

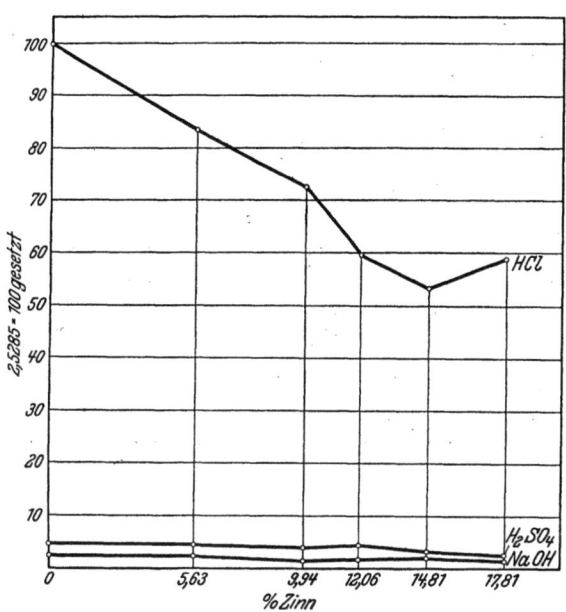

Abb. 5. Verhältniszahlen der Gewichtsabnahmen der Zinn-Kupfer-Legierungen in HCl, H₂SO₄ und NaOH.

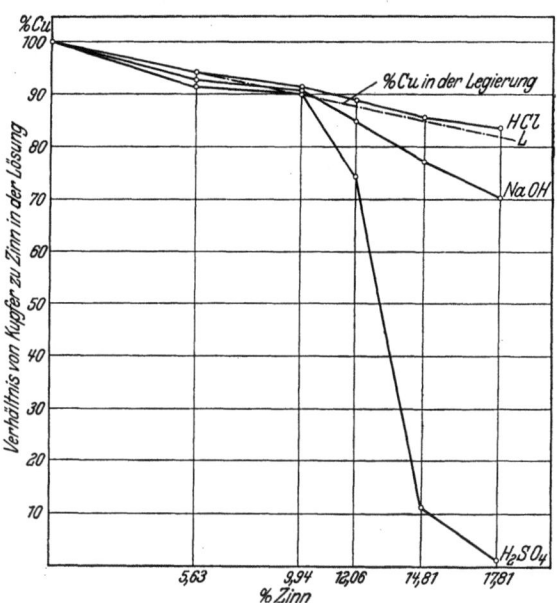

Abb. 6. Verhältnis von Kupfer zu Zinn in den Lösungen.

2. n-Schwefelsäure.

Setzt man die Gewichtsabnahme des reinen Kupfers in n-Salzsäure = 100, so ist die Verhältniszahl in n-Schwefelsäure nur 4,8 (Spalte 9 in Tab. 5). Mit steigendem Zinngehalt sinkt der Angriff noch weiter ab.

In Abb. 5 sind die Verhältniszahlen eingetragen.

Die Messung der Spannungsunterschiede (Tab. 3 und Abb. 4) läßt mit dem Auftreten der δ-Kristallart einen deutlichen Anstieg nach der unedleren Seite hin erkennen. Wichtigen Aufschluß über die Vorgänge beim Angriff der Bronzen in n-Schwefelsäure ergibt die Analyse der Lösungen (Abb. 6 und Spalte 12 in Tab. 5).

Hiernach gehen im Gebiet der reinen α-Mischkristalle Zinn und Kupfer in ihren Legierungsverhältnissen in Lösung, eine Wiederabscheidung von Kupfer aus der Lösung findet nicht statt.

Schon bei Legierung 4, die nach der Gefügeuntersuchung bereits Spuren des Eutektoids $\alpha + \delta$ aufweist (Abb. 2), war erheblich mehr Zinn in der Lösung vorhanden als dem Legierungsverhältnis entspricht. Bei den Legierungen 5 und 6 waren nur noch sehr geringe Mengen

Bereits bei Legierung 4 mit 12,06% Zinn war jedoch in der Lösung mehr Zinn vorhanden als dem Legierungsverhältnis entspricht, der Überschuß an Zinn stieg allmählich mit steigendem Zinngehalt (Abb. 6). Das gelöste Kupfer hatte sich auch hier, zum Teil als oxydische Kupferverbindung, auf den Proben wieder niedergeschlagen.

II. Zink-Kupfer-Legierungen.

a) Herstellung der Proben.

Das zu den Versuchen verwendete Zink war nahezu chemisch reines Elektrolytzink.

Die Legierungen wurden in Graphittiegeln im Helberger-Ofen erschmolzen und in eisernen Kokillen zu Blöckchen von 100×80×17 mm Abmessungen vergossen.

Die Blöckchen wurden von 17 mm Dicke auf 14 mm abgehobelt und dann auf 7 mm heruntergewalzt.

Insgesamt wurden 11 Legierungen erschmolzen. In Tab. 7 ist die chemische Zusammensetzung der Legierungen angegeben. Nach dem Erstarrungs- und Umwandlungsschaubild der Zink-Kupfer-Legierungen

(Abb. 7) handelt es sich bei den Legierungen 1 bis 8 um α-Messinge, bei den Legierungen 9 und 10 um α + β-Messinge, und bei Legierung 11 um reines

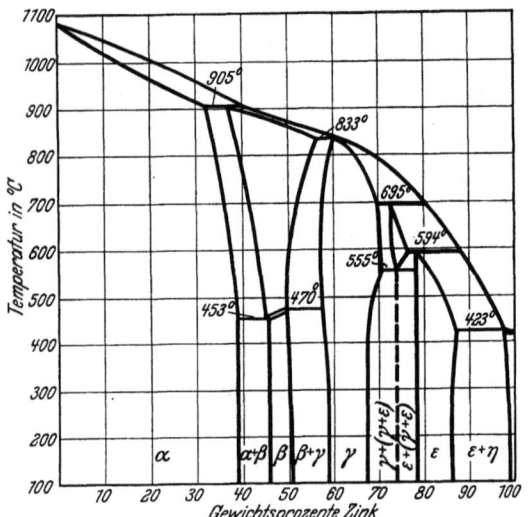

Abb. 7. Erstarrungs- und Umwandlungsschaubild der Zink-Kupfer-Legierungen. Nach O. Bauer und M. Hansen.

β-Messing. In Tab. 7 sind nähere Angaben über das Auswalzen sowie über die Glühbehandlung nach dem Auswalzen gemacht.

Aus den ausgeglühten Stücken wurden die für die Versuche erforderlichen Proben entnommen.

Tabelle 7. Chemische Zusammensetzung, Gefüge und Wärmebehandlung der Zink-Kupfer-Legierungen.

Nr.	Chemische Zusammensetzung		Gefügeaufbau (Abb. 7)	Herstellung des Probematerials	Wärmebehandlung
	Cu %	Zn %			
1	100	—	Kupfer	Die gegossenen Blöckchen von 17 mm Dicke auf 14 mm gehobelt, dann auf 7 mm kalt heruntergewalzt	2 Std. bei 700° geglüht
2	95,70	4,30	α		
3	90,45	9,55			
4	85,40	14,60			
5	80,45	19,55			
6	75,05	24,95			
7	70,20	29,80			
8	65,55	34,45			3 Std. bei 650° und 26 Std. bei 600° geglüht
9	59,78	40,22	α + β	wie oben, nur warm auf 7 mm heruntergewalzt	3 Std. bei 700°, 2 Std. bei 650° und 3 Std. bei 400° geglüht
10	56,43	43,57			
11	51,63	48,37	β		

b) Spannungsmessungen.

1. In Kochsalzlösung.

In einer früheren Arbeit[1] haben wir bereits die Spannungsunterschiede der Zink-Kupfer-Legierungen von 0 bis 100% Zink in 1% Kochsalzlösung gegen die n-Kalomelelektrode festgestellt. Abb. 8 gibt die damals ermittelten Spannungswerte wieder. Hiernach wird der Spannungswert innerhalb des Bereiches der α-Mischkristalle mit steigendem Zinkgehalt nur kaum merklich unedler. Mit dem Auftreten der β-Phase ändert er sich sprunghaft nach der unedleren Seite hin, ebenso beim Auftreten der ε-Kristallart.

2. In Salzsäure, Schwefelsäure und Natronlauge.

Für die Spannungsmessungen in n-Salzsäure, n-Schwefelsäure und n-Natronlauge verwandten wir die in Tab. 7 aufgeführten 11 Messinglegierungen.

Die Messungen erfolgten in der gleichen Weise wie bei den Zinn-Kupfer-Legierungen. Die Ergebnisse sind in Tab. 8 zusammengestellt und in Abb. 9 graphisch aufgetragen.

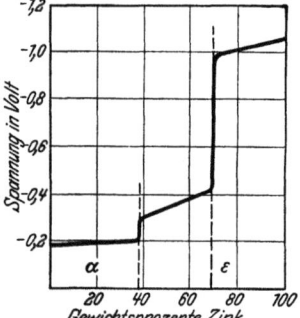

Abb. 8. Zink-Kupfer-Legierungen. Spannungsunterschiede in 1 proz. NaCl-Lösung gegen Normalelektrode nach 120 Stunden. (Bauer und Vollenbruck.)

Aus Tab. 8 und Abb. 9 geht folgendes hervor: Der Spannungswert in n-Salzsäure steigt im α-Mischkristallbereich nur ganz langsam nach der unedleren Seite zu an, bei Auftreten der β-Kristallart wird er sprunghaft unedler.

Die Spannungswerte für n-Schwefelsäure liegen erheblich tiefer als die für n-Salzsäure. Der Verlauf der Kurve ist ganz derselbe wie bei n-Salzsäure.

In n-Natronlauge bedeckten sich die Proben allmählich mit einer schwarzen Schicht einer Kupfer-Sauerstoff-Verbindung[1] (vermutlich Kupferoxyd), wobei der Spannungswert dem des reinen Kupfers sehr nahe lag. Nach 5 Stunden war die Kupferoxydschicht erst bis zur Legierung 5 mit 19,55% Zn vorgeschritten, die Legierung 6 zeigte noch das unedle Potential des Messings.

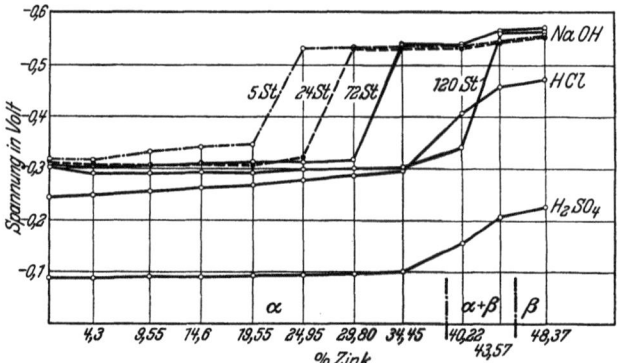

Abb. 9. Zink-Kupfer-Legierungen. Spannungsunterschiede in n-Salzsäure, n-Schwefelsäure und n-Natronlauge gegen n-Elektrode in 120 Stunden.

Nach 24 Std. war bereits Legierung 6, nach 72 Std. Legierung 7 und nach 120 Std. Legierung 9 mit 40,22% Zink mit der schwarzen Schicht bedeckt, so daß nur noch die Legierungen 10 und 11 das wirkliche Messingpotential zeigten. Bei Spannungsmessungen von Messing in Natronlauge mißt man somit in der Regel nicht das wirkliche Messingpotential, sondern das Potential von Messing mit einer Deckschicht, die in der Hauptsache aus Kupferoxyd besteht.

---

[1] O. Bauer und O. Vollenbruck: Härtebestimmungen und Spannungsmessungen mit Zink-Kupferlegierungen. Z. Metallkunde Bd. 19, S. 86, 1927; Mitt. Materialpr.-Amt, Sonderheft III, S. 68. 1927. Berlin: Julius Springer.

[1] Die schwarze Schicht löst sich leicht in Flußsäure. Zur Bildung der Schicht vgl. Kohlschütter und Tüscher: Z. anorg. allg. Chem. Bd. 111, S. 193. 1920. — Evans: Trans. Chem. Soc. Bd. 127, S. 2490. 1925. — Kellner und Curtis: Ind. Eng. Chem. Bd. 22, S. 1321. 1930.

Tabelle 8. Spannungsmessungen mit Zink-Kupfer-Legierungen.

Nr.	Zusammensetzung Cu %	Zn %	Elektrolyt	Spannung gegen n-Kalomelelektrode KCl, Hg₂Cl₂/Hg Z 0	Z 1	Z 5	Z 24	Z 48	Z 72	Z 120	Elektrolyt bewegt
1	100,00	—		−0,309	−0,308	−0,309	−0,293	−0,277	−0,262	−0,242	−0,228
2	95,70	4,30		0,284	0,314	0,316	0,298	0,279	0,268	0,248	0,238
3	90,45	9,55		0,303	0,325	0,323	0,306	0,287	0,276	0,255	0,249
4	85,40	14,60	n-Salzsäure (36,5 g HCl im l)	0,321	0,332	0,333	0,311	0,290	0,281	0,263	0,257
5	80,45	19,55		0,322	0,332	0,336	0,313	0,293	0,283	0,267	0,261
6	75,05	24,95		0,356	0,345	0,345	0,323	0,303	0,294	0,277	0,271
7	70,20	29,80		0,386	0,359	0,357	0,332	0,313	0,303	0,287	0,282
8	65,55	34,45		0,312	0,348	0,360	0,333	0,316	0,307	0,293	0,287
9	59,78	40,22		0,282	0,372	0,391	0,395	0,394	0,399	0,407	0,381
10	56,43	43,57		0,385	0,428	0,442	0,452	0,457	0,458	0,458	0,428
11	51,63	48,37		0,364	0,432	0,456	0,472	0,470	0,471	0,471	0,430
1	100,00	—		−0,113	−0,130	−0,128	−0,111	−0,103	−0,101	−0,085	−0,090
2	95,70	4,30		0,152	0,123	0,128	0,110	0,103	0,100	0,084	0,088
3	90,45	9,55		0,160	0,130	0,118	0,108	0,101	0,100	0,087	0,087
4	85,40	14,60	n-Schwefelsäure (49 g H₂SO₄ im l)	0,138	0,120	0,118	0,110	0,104	0,102	0,088	0,089
5	80,45	19,55		0,148	0,120	0,111	0,108	0,101	0,102	0,088	0,089
6	75,05	24,95		0,160	0,136	0,130	0,116	0,109	0,104	0,091	0,093
7	70,20	29,80		0,168	0,139	0,131	0,116	0,110	0,106	0,092	0,095
8	65,55	34,45		0,131	0,151	0,150	0,122	0,116	0,112	0,099	0,101
9	59,78	40,22		0,131	0,140	0,135	0,128	0,133	0,150	0,158	0,137
10	56,43	43,57		0,108	0,162	0,188	0,206	0,207	0,208	0,205	0,178
11	51,63	48,37		0,191	0,183	0,203	0,219	0,226	0,232	0,224	0,178
1	100,00	—		−0,326	−0,317	−0,318	−0,311	−0,302	−0,309	−0,303	−0,285
2	95,70	4,30		0,318	0,320	0,318	0,309	0,304	0,307	0,292	0,290
3	90,45	9,55		0,326	0,332	0,332	0,306	0,302	0,307	0,291	0,289
4	85,40	14,60	n-Natronlauge (40 g NaOH im l)	0,341	0,334	0,334	0,306	0,301	0,310	0,292	0,290
5	80,45	19,55		0,378	0,346	0,336	0,306	0,301	0,312	0,292	0,291
6	75,05	24,95		0,490	0,526	0,532	0,322	0,308	0,312	0,298	0,293
7	70,20	29,80		0,502	0,530	0,532	0,532	0,318	0,315	0,300	0,295
8	65,55	34,45		0,512	0,535	0,538	0,533	0,531	0,540	0,301	0,299
9	59,78	40,22		0,500	0,532	0,538	0,533	0,531	0,540	0,340	0,302
10	56,43	43,57		0,535	0,540	0,547	0,547	0,533	0,566	0,562	0,539
11	51,63	48,37		0,539	0,540	0,554	0,557	0,554	0,568	0,563	0,541

c) Lösungsversuche.

Für die Lösungsversuche in n-Salzsäure, n-Schwefelsäure, n-Natronlauge wurden aus den gewalzten Blechstreifen (Tab. 7) Probeplättchen von den Abmessungen 45×30×3 mm entnommen.

Die Versuchsanordnung war die gleiche wie bei den Lösungsversuchen mit den Bronzeproben.

In den Tab. 9 bis 11 sind die Ergebnisse zusammengestellt. Die Verhältniszahlen der Gewichtsabnahmen (10 = 100 gesetzt) sind in Abb. 10, das in den Lösungen gefundene Verhältnis von Kupfer zu Zink in Prozenten in Abb. 11 graphisch aufgetragen.

1. n-Salzsäure.

Reines Kupfer wird von n-Salzsäure bei Gegenwart von Sauerstoff stärker angegriffen als die technischen Zink-Kupfer-Legierungen. Der Angriff sinkt mit steigendem Zn-Gehalt ziemlich regelmäßig (Abb. 10).

Die in den Lösungen gefundenen prozentualen Zink- und Kupfergehalte entsprechen bis 29,8% Zink (Legierung 7) dem tatsächlichen Legierungsverhältnis (Abb. 11). Die an der Grenze der α-Mischkristalle liegende Legierung 8 mit 34,45% Zink weist sehr schwankende Gewichtsabnahmen auf, auch in der Lösung wurde mehr Zink gefunden als dem Legierungsverhältnis entspricht.

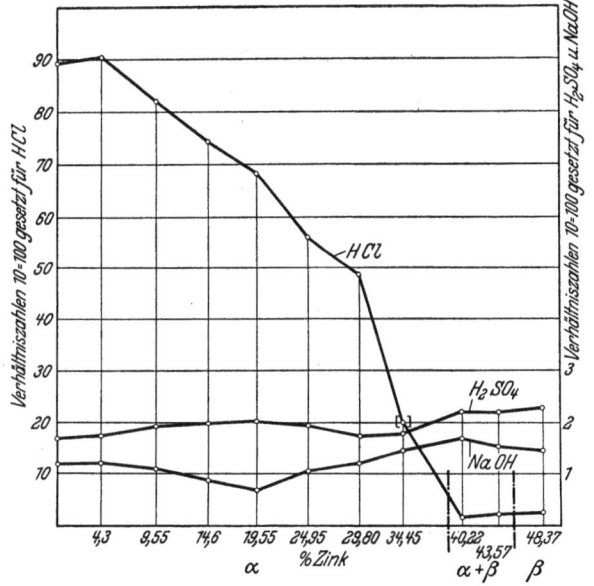

Abb. 10. Verhältniszahlen der Gewichtsabnahmen der Zink-Kupfer-Legierungen in HCl, H₂SO₄ und NaOH.

Mit dem Auftreten der β-Kristallart sinkt die Gewichtsabnahme sehr stark ab, in den Lösungen konnte nur noch Zink nachgewiesen werden. Die Proben waren kupferrot, ein Zeichen, daß sich das in Lösung gegangene Kupfer wieder abgeschieden hatte.

Tabelle 9. Lösungsversuch mit Zink-Kupfer-Legierungen in n-Salzsäure.

1	2	3	4	5	6		7		8		9	10				11	12		13
Nr. der Proben	Abmessungen der Proben mm	Flüssigkeitsmenge cm³	Versuchstemperatur °	Versuchsdauer Std.	Zusammensetzung der Legierungen		Gewicht der Proben		Gewichtsabnahme		Verhältniszahlen 10 gleich 100 gesetzt	In der Lösung gefunden				In der Lösung gefunden Kupfer u. Zink g	Verhältnis von Kupfer zu Zink in der Lösung		Aussehen der Proben nach dem Versuch
					Cu %	Zn %	vor dem Versuch g	nach dem Versuch g	Einzelwert g	Mittel g		Kupfer		Zink			Kupfer %	Zink %	
												Einzelwert g	Mittel g	Einzelwert g	Mittel g				
1a					100	—	34,8570	25,6720	9,1850	8,9338	89,34	9,1853	8,9346	—	—	8,9346	100	—	
1b							34,9436	26,2610	8,6826			8,6839		—					
2a					95,70	4,30	34,6006	25,8898	8,7108	9,0494	90,49	8,3593	8,6804	0,3623	0,3812	9,0616	95,80	4,20	dunkel rotbraun
2b							35,9700	26,5820	9,3880			9,0014		0,4000					
3a					90,45	9,55	34,0522	25,9680	8,0842	8,2027	82,03	7,3160	7,4280	0,7717	0,7844	8,2124	90,45	9,55	
3b							34,2640	25,9428	8,3212			7,5400		0,7970					
4a					85,40	14,60	34,4518	26,7380	7,7138	7,4520	74,52	6,6400	6,3890	1,0970	1,0550	7,4440	85,83	14,17	
4b							34,0892	26,8990	7,1902			6,1380		1,0130					
5a					80,45	19,55	34,6818	27,7280	6,9538	6,8271	68,27	5,6215	5,5120	1,3590	1,3295	6,8415	80,58	19,42	hell rotbraun
5b		500	etwa 18	600			34,7280	28,0277	6,7003			5,4025		1,3000					
6a	45×30×3				75,05	24,95	34,7524	29,0636	5,6888	5,5628	55,63	4,3150	4,2175	1,3960	1,3645	5,5820	75,55	24,45	
6b							34,8138	29,3770	5,4368			4,1200		1,3330					
7a					70,20	29,80	33,6679	28,8657	4,8022	4,8740	48,74	3,4160	3,4580	1,4180	1,4175	4,8755	70,83	29,17	
7b							33,5512	28,6054	4,9458			3,5160		1,4170					
8a					65,55	34,45	35,0664	31,9070	3,1594	[1,9534]	[19,53]	1,9860	[1,1095]	1,5830	[1,0558]	2,1653	[51,24]	[48,76]	gelb mit Kupferflecken
8b							35,1094	34,3620	0,7474			0,2330		0,5286					
9a					59,78	40,22	33,2620	33,0842	0,1778	0,1755	1,76	Spur	—	0,1816	0,1789	0,1789	—	100	
9b							33,4852	33,3120	0,1732					0,1762					
10a					56,43	43,57	34,5938	34,3692	0,2246	0,2192	2,19	Spur	—	0,2330	0,2290	0,2290	—	100	kupferrot
10b							34,5642	34,3504	0,2138					0,2250					
11a					51,63	48,37	35,2234	34,9892	0,2342	0,2326	2,32	fehlt	—	0,2386	0,2358	0,2358	—	100	
11b							34,2500	34,0190	0,2310					0,2330					

Tabelle 10. Lösungsversuch mit Zink-Kupfer-Legierungen in n-Schwefelsäure.

1	2	3	4	5	6		7		8		9	10				11	12		13
Nr. der Proben	Abmessungen der Proben	Flüssigkeitsmenge	Versuchstemperatur	Versuchsdauer	Zusammensetzung der Legierungen		Gewicht der Proben		Gewichtsabnahme		Verhältniszahlen 10 gleich 100 gesetzt	In der Lösung gefunden				In der Lösung gefunden Kupfer u. Zink	Verhältnis von Kupfer zu Zink in der Lösung		Aussehen der Proben nach dem Versuch
												Kupfer		Zink					
	mm	cm³	°	Std.	Cu %	Zn %	vor dem Versuch g	nach dem Versuch g	Einzelwert g	Mittel g		Einzelwert g	Mittel g	Einzelwert g	Mittel g	g	Kupfer %	Zink %	
1a	45×30×3	500	etwa 18	600	100	—	34,8850	34,7140	0,1710	0,1682	1,68	0,1718	0,1693	—	—	0,1693	100	—	hellrot
1b							34,8854	34,7200	0,1654			0,1668		—					
2a					95,70	4,30	35,5336	35,3568	0,1768	0,1712	1,71	0,1700	0,1640	0,0077	0,0080	0,1720	95,35	4,65	hellrot
2b							35,3136	35,1480	0,1656			0,1580		0,0083					
3a					90,45	9,55	34,0682	33,8886	0,1796	0,1934	1,93	0,1613	0,1752	0,0178	0,0194	0,1946	90,04	9,96	rotgelb
3b							34,7070	34,4998	0,2072			0,1890		0,0210					
4a					85,40	14,60	34,1965	34,0162	0,1803	0,1940	1,94	0,1553	0,1665	0,0276	0,0292	0,1957	85,08	14,92	gelb
4b							33,9572	33,7496	0,2076			0,1778		0,0308					
5a					80,45	19,55	34,9448	34,7337	0,2111	0,2041	2,04	0,1702	0,1644	0,0425	0,0423	0,2067	79,54	20,46	gelb mit dunklen Flecken
5b							34,8122	34,6152	0,1970			0,1586		0,0401					
6a					75,05	24,95	34,7610	34,5760	0,1850	0,1907	1,91	0,1395	0,1440	0,0486	0,0488	0,1928	75,21	24,79	gelb
6b							34,7833	34,5870	0,1963			0,1485		0,0490					
7a					70,20	29,80	33,5369	33,3636	0,1733	0,1724	1,72	0,1222	0,1224	0,0523	0,0525	0,1749	70,00	30,00	gelb
7b							33,5436	33,3722	0,1714			0,1226		0,0527					
8a					65,55	34,45	35,0720	34,8903	0,1817	0,1784	1,78	0,0674	0,0789	0,1199	0,1075	0,1864	42,33	57,67	gelb mit rotschwarzen Flecken
8b							35,0130	34,8380	0,1750			0,0903		0,0951					
9a					59,78	40,22	33,5300	33,3084	0,2216	0,2207	2,21	0,0010	0,0008	0,2242	0,2232	0,2240	0,36	99,64	gelbrot
9b							33,7228	33,5030	0,2198			0,0005		0,2223					
10a					56,43	43,57	34,4072	34,1870	0,2202	0,2194	2,19	0,0003	0,0004	0,2241	0,2232	0,2236	0,18	99,82	rot
10b							34,6422	34,4236	0,2186			0,0004		0,2222					
11a					51,63	48,37	34,5260	34,2942	0,2318	0,2288	2,29	—	—	0,2347	0,2312	0,2312	—	100	dunkelrot
11b							35,5592	35,3334	0,2258			—		0,2276					

Tabelle 11. Lösungsversuche mit Zink-Kupfer-Legierungen in n-Natronlauge.

1	2	3	4	5	6		7		8		9	10				11	12		13
Nr. der Proben	Abmessungen der Proben mm	Flüssigkeitsmenge cm³	Versuchstemperatur °	Versuchsdauer Std.	Zusammensetzung der Legierungen		Gewicht der Proben		Gewichtsabnahme		Verhältniszahlen 10 gleich 100 gesetzt	In der Lösung gefunden				In der Lösung gefunden Kupfer u. Zink g	Verhältnis von Kupfer zu Zink in der Lösung		Aussehen der Proben nach dem Versuch
					Cu %	Zn %	vor dem Versuch g	nach dem Versuch[1]	Einzelwert g	Mittel g		Kupfer		Zink			Kupfer %	Zink %	
												Einzelwert g	Mittel g	Einzelwert g	Mittel g				
1a 1b	45×30×3	500	etwa 18	600	100,00	—	35,0352 34,8316	34,9078 34,7216	0,1274 0,1100	0,1187	1,19	0,0208 0,0196	0,0202	— —	—	0,0202	100,00	—	
2a 2b					95,70	4,30	35,4762 35,4752	35,3532 35,3572	0,1230 0,1180	0,1205	1,20	0,0196 0,0188	0,0192	0,0061 0,0055	0,0058	0,0250	76,80	23,20	Probe mit einem tiefschwarzen Belag bedeckt
3a 3b					90,45	9,55	34,5240 33,9038	34,4160 33,7936	0,1080 0,1102	0,1091	1,09	0,0160 0,0176	0,0168	0,0106 0,0104	0,0105	0,0273	61,54	38,46	
4a 4b					85,40	14,60	34,1078 33,9242	34,0230 33,8384	0,0848 0,0858	0,0853	0,85	0,0185 0,0178	0,0182	0,0133 0,0122	0,0128	0,0310	58,70	41,30	
5a 5b					80,45	19,55	34,7811 34,7496	34,7124 34,6826	0,0687 0,0670	0,0679	0,68	0,0185 0,0155	0,0170	0,0140 0,0140	0,0140	0,0310	54,84	45,16	
6a 6b					75,05	24,95	34,7841 34,8865	34,6700 34,7900	0,1141 0,0965	0,1053	1,05	0,0198 0,0185	0,0192	0,0281 0,0256	0,0269	0,0461	41,65	58,35	
7a 7b					70,20	29,80	33,6114 33,4814	33,4946 33,3578	0,1168 0,1236	0,1202	1,20	0,0203 0,0243	0,0222	0,0358 0,0360	0,0359	0,0581	38,21	61,79	
8a 8b					65,55	34,45	35,2790 35,0992	35,1350 34,9548	0,1440 0,1444	0,1442	1,44	0,0238 0,0248	0,0239	0,0508 0,0521	0,0515	0,0754	31,70	68,30	
9a 9b					59,78	40,22	33,8534 33,5840	33,6870 33,4124	0,1664 0,1716	0,1690	1,69	0,0030 0,0007	0,0018	0,0895 0,0850	0,0873	0,0891	2,02	97,98	grau-braun
10a 10b					56,43	43,57	34,5142 34,7270	34,3684 34,5728	0,1458 0,1542	0,1500	1,50	0,0005 0,0005	0,0005	0,1025 0,0959	0,0992	0,0997	0,50	99,50	braun-gelb
11a 11b					51,63	48,37	35,3944 34,5820	35,2500 34,4500	0,1444 0,1420	0,1432	1,43	0,0010 0,0010	0,0010	0,0991 0,0987	0,0989	0,0999	1,0	99,0	gelb-rot

[1] Nach Entfernung des Belages.

2. n-Schwefelsäure.

n-Schwefelsäure greift im Vergleich mit n-Salzsäure Kupfer und die technischen α-Zink-Kupfer-Legierungen nur sehr schwach an. Mit steigendem Zinkgehalt wird der Gesamtgewichtsverlust etwas stärker (Tab. 10 und Abb. 10).

Die Untersuchung der Lösungen ergab das gleiche Bild wie bei Salzsäure (Abb. 11).

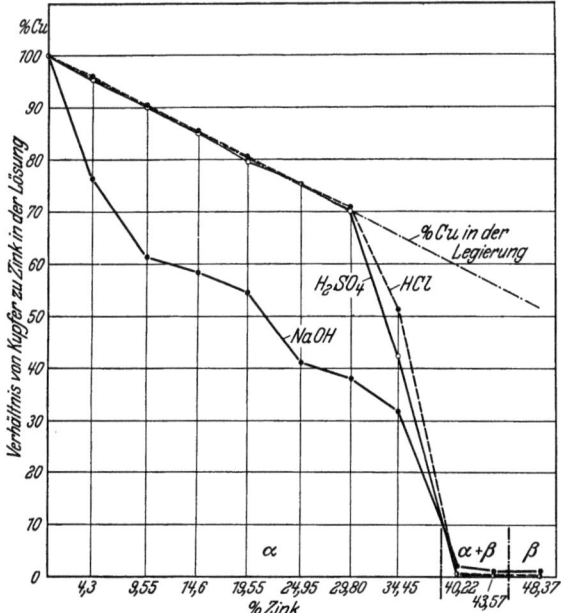

Abb. 11. Verhältnis von Kupfer zu Zink in den Lösungen.

Mit dem Auftreten der β-Kristalle (Nr. 9 bis 11) schied sich das in Lösung gegangene Kupfer wieder ab, so daß die Flüssigkeiten schließlich nur noch Spuren von Kupfer enthielten.

3. n-Natronlauge.

Der Gesamtgewichtsverlust der Zink-Kupfer-Legierungen war in n-Natronlauge noch geringer als in n-Schwefelsäure (Tab. 11 und Abb. 10).

Der bereits bei Besprechung der Spannungswerte erwähnte schwarze Niederschlag einer Kupfer-Sauerstoff-Verbindung trat bei den Löslichkeitsversuchen in noch stärkerem Maße auf, so daß sich selbst bei den ganz zinkarmen Legierungen in den Lösungen das prozentuale Verhältnis von Kupfer zum Zink stark nach der Seite des Zinks hin verschoben hatte (Tab. 11 und Abb. 11). Mit dem Auftreten der β-Kristallart war die Abscheidung des Kupfers nahezu vollständig.

III. Versuche zur Erklärung der festgestellten Korrosionserscheinungen.

Bei den bisher beschriebenen Versuchen hatte stets der Sauerstoff der Luft Zutritt zu den Lösungen. Es wurde nun untersucht, ob auch ohne diesen Korrosion zu beobachten ist. Zu diesem Zweck wurden Messing- bzw. Kupferplättchen (45×13×3 mm) in Präparatengläser von 26 mm Durchmesser und 160 mm Länge eingesetzt. Das obere Ende der Gläser wurde zu einer Kapillaren zusammengezogen, durch die 50 cm³ n-Salzsäure eingefüllt wurden. Dann wurden die Gefäße mit der Wasserstrahlpumpe evakuiert und unter diesem Vakuum an der Kapillaren abgeschmolzen. Nach 600 Std. wurden die Gefäße geöffnet, die Plättchen abgespült, getrocknet und ihr Gewichtsverlust bestimmt. Tab. 12 zeigt die Ergebnisse.

Tabelle 12.
Lösungsversuche mit Kupfer und Zink-Kupfer-Legierungen in n-Salzsäure unter Luftausschluß. Versuchstemperatur etwa 21°. Versuchsdauer 600 Std.

Zusammensetzung der Legierung		Gewicht der Probe		Gewichtsabnahme	
Cu %	Zn %	vor dem Versuch	nach dem Versuch	Einzelwert in g	Mittelwert in g
100,00	—	14,4378	14,4357	0,0021	0,0016
		14,5975	14,5964	0,0011	
85,4	14,6	14,3303	14,3296	0,0007	0,0008
		14,4048	14,4040	0,0008	
65,55	34,45	14,8093	14,8090	0,0003	0,0003
		14,4578	14,4576	0,0002	
59,78	40,22	14,2173	14,2170	0,0003	0,0003
		14,2271	14,2268	0,0003	

Der Gewichtsverlust war, wie Tab. 12 zeigt, in allen Fällen nur sehr gering. Ob und wieweit die geringen Gewichtsabnahmen auf Versuchsfehlern beruhen (z. B. nicht völlige Entfernung des Sauerstoffs) bleibe dahingestellt. Der Hauptfaktor der Korrosion bei den früheren Versuchen ist hiernach unzweifelhaft der Sauerstoff der Luft, der als Depolarisator wirkt.

Wie die Versuche der Tab. 9 gezeigt hatten, wurde auffallenderweise Kupfer bei Luftzutritt von normaler Salzsäure stärker angegriffen als Messing.

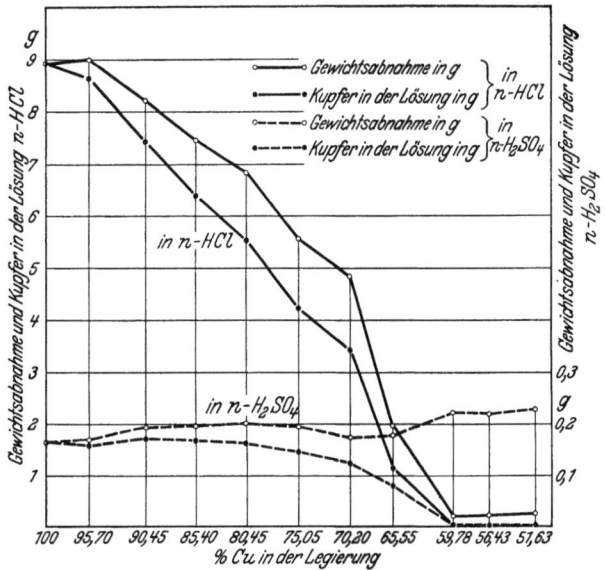

Abb. 12. Gewichtsabnahme von Zink-Kupfer-Legierungen in n-Salzsäure, n-Schwefelsäure und Kupfergehalt der Lösungen nach Beendigung der Versuche.

Nach der Spannungsreihe (Tab. 8) hätte man das umgekehrte Verhalten erwarten sollen. Zur Erklärung dieser Erscheinung lag es daher nahe, dieses Verhalten auf eine korrosionsbeschleunigende Wirkung des Kupferchlorids in der Lösung zurückzuführen. In Abb. 12 ist als Abszisse der Gehalt der Legierung an Kupfer, als Ordinate erstens der Gewichtsverlust der Legierung in normaler Salzsäure, zweitens der Kupfergehalt der Korrosionslösung am Ende des Versuchs eingezeichnet (alles nach Versuchen der Tab. 9). Beide Kurven zeigen ähnlichen Verlauf.

Tabelle 13. Abhängigkeit der Auflösungsgeschwindigkeit von Kupfer in normaler Salzsäure und normaler Schwefelsäure von der Zeit. (Versuchstemperatur etwa 21°.)

Versuchsdauer in Tagen		0	1	2	3	4	5	7
Versuchsflüssigkeit: n-Salzsäure Versuchsdauer in Tagen								
Gewicht der Probe in Gramm a		0,9511	0,9425	0,9176	0,8478	0,7392	0,5740	0,3514
b		0,9225	0,9146	0,8918	0,8225	0,7062	0,5651	0,3495
Gewichtsabnahme je Tag	Einzelwerte a		0,0086	0,0249	0,0698	0,1086	0,1652	0,2226:2
	b		0,0079	0,0228	0,0693	0,1163	0,1447	0,2120:2
	Mittel		**0,0083**	**0,0239**	**0,0696**	**0,1125**	**0,1550**	**0,1087**
Versuchsflüssigkeit: n-Schwefelsäure								
Gewicht der Probe in Gramm a		0,9379	0,9350	0,9327	0,9305	0,9280	0,9255	0,9213
b		0,9273	0,9243	0,9220	0,9199	0,9175	0,9153	0,9112
Gewichtsabnahme je Tag	Einzelwerte a		0,0029	0,0023	0,0022	0,0025	0,0025	0,0042:2
	b		0,0030	0,0023	0,0021	0,0024	0,0022	0,0041:2
	Mittel		**0,0030**	**0,0023**	**0,0022**	**0,0025**	**0,0024**	**0,0021**

Bei der Korrosion von Zink-Kupfer-Legierungen in normaler Schwefelsäure ist dieser Gleichlauf von Korrosion und Kupfergehalt der Korrosionslösung nicht vorhanden (vgl. Tab. 10 und Abb. 12). Dieser Unterschied hängt zweifellos mit dem unterschiedlichen Verhalten zwischen Kupfer-(I)-sulfat und Kupfer-(I)-chlorid zusammen[1]. Kupfer-(I)-sulfat ist ein unbeständiges Salz, das im festen Zustande nicht bekannt und in Schwefelsäure nur wenig löslich ist[2].

Kupfer-(I)-chlorid hingegen ist als festes Salz wohlbekannt und in Salzsäure beträchtlich löslich[3].

Der folgende Versuch zeigt das verschiedene Verhalten der schwefel- und salzsauren Kupfersalze gegenüber Kupfer sehr deutlich. Kupferplättchen wurden, wie auf S. 13 geschildert, unter dem Vakuum der Wasserstrahlpumpe mit normaler Kupfer-(II)-sulfat- und Kupfer-(II)-chloridlösung bei Zimmertemperatur zur Reaktion gebracht. Beide Lösungen waren anfänglich blau. Die Kupfer-(II)-sulfatlösung behielt diese Farbe während der ganzen Versuchsdauer, während die Kupfer-(II)-chloridlösung sich im Laufe einiger Stunden grün färbte. Wurde nun die grüne Chloridlösung ohne das Kupferplättchen der Luft ausgesetzt, so wurde sie innerhalb eines Tages wieder blau. **Das Kupferchlorid wirkt also als Sauerstoffüberträger.** Sehr gut lassen sich diese Verhältnisse auch beobachten bei der Zeitabhängigkeit der Korrosionsgeschwindigkeit von Kupfer in Salzsäure und in Schwefelsäure bei Luftzutritt. Nach dem Obigen ist hierbei zu erwarten, daß in Salzsäure die Korrosionsgeschwindigkeit mit der Zeit zunimmt, in Schwefelsäure hingegen gleich bleibt. Das ist tatsächlich der Fall, wie die folgenden Versuche zeigen.

Kupferstreifen aus Elektrolytkupfer von der Größe 100×10×0,1 mm wurden in Reagensgläsern von 26 mm Durchmesser und 160 mm Länge der Korrosion bei Luftzutritt durch 50 cm³ n-Salzsäure bzw. Schwefelsäure überlassen. Alle Tage wurden die Streifen herausgenommen und der Gewichtsverlust nach Abspülen und Trocknen bestimmt. Dann wurden sie wieder in die ursprüngliche Lösung zurückgebracht. Die Tab. 13 und Abb. 13 zeigen die Versuchsergebnisse.

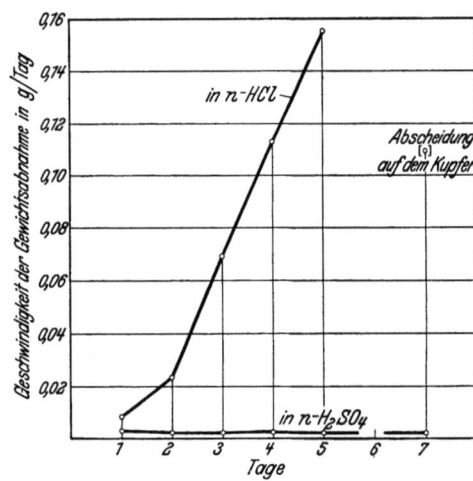

Abb. 13. Geschwindigkeit der Gewichtsabnahme von Kupfer in n-Salzsäure und n-Schwefelsäure in Abhängigkeit von der Zeit.

Aus diesen Versuchen geht die Selbstbeschleunigung, die die Korrosion von Kupfer in Salzsäure durch das in Lösung gehende Kupfer erfährt, sehr deutlich hervor. Während nach 1 Tag die Korrosionsgeschwindigkeit in Salzsäure nur 3mal so groß war wie in Schwefelsäure, war sie nach 5 Tagen bereits etwa 70mal so groß.

Bei einer Versuchsdauer von mehr als 5 Tagen wurde die tägliche Gewichtsabnahme des Kupfers unter den gegebenen Verhältnissen wieder geringer. Das beruhte jedoch nicht auf einer Verringerung der Korrosionsgeschwindigkeit, sondern auf der Bildung von Niederschlägen, die sich nach dieser Zeit auf dem Kupfer beobachten ließ. Und zwar traten schwarze, grüne und weiße Stoffe auf. Es handelt sich augenscheinlich um Kupferoxyd, basisches Kupfer-(II)-chlorid (wahrscheinlich $3\,CuO \cdot CuCl_2 \cdot 4\,H_2O$; Gröger, a. a. O.) und um Kupfer-(I)-chlorid. Das basische Kupfer-(II)-chlorid schied sich nach sehr langer Versuchsdauer auch an der Oberfläche der Korrosionslösung ab, hemmte damit den Zutritt des Sauerstoffs und somit die Korrosion des Kupfers.

Der mit dem Zinkgehalt abnehmende Angriff der Salzsäure auf Messing ist im wesentlichen folgendermaßen zu erklären: Bei α-Messing gehen Zink und Kupfer ent-

---

[1] Vgl. Whitman und Russel: Ind. Eng. Chem. Bd. 17, S. 351. 1925.
[2] Foerster und Seidel: Z. anorg. allg. Chem. Bd. 14, S. 106. 1896.
[3] Groeger, Z. anorg. allg. Chem. Bd. 28, S. 154. 1901. — Bodländer und Storbeck: Z. anorg. allg. Chem. **31**, 1. 1902.

sprechend ihrem Anteil im Messing in Lösung, wobei die Gesamtmenge der in Lösung gehenden Metallatome zunächst verhältnismäßig wenig von der Zusammensetzung des Messings abhängig angenommen werden kann[1]. Je weniger Kupfer die Legierung enthält, desto weniger Kupfer und somit Korrosionsbeschleuniger geht also in Lösung. Die Korrosion des Messings in Salzsäure nimmt demnach mit steigendem Zinkgehalt ab. Bei $(\alpha + \beta)$-Messing reagiert das Zink der Legierung mit dem Kupfersalz der Lösung nach

$$Cu^{\cdot\cdot} + Zn = Cu + Zn^{\cdot\cdot}\;[2]$$

und entfernt somit den Beschleuniger vollständig aus der Lösung. Der starke Abfall der Korrosion von Messing in Salzsäure, sobald β-Kristalle vorhanden sind, ist also so zu erklären: Bei α-Messing gehen dem Kupfergehalt der Legierung entsprechende Mengen Kupfer in Lösung und wirken infolge der sauerstoffübertragenden Eigenschaften des entstehenden Kupferchlorids so stark korrosionsfördernd, daß dagegen die Korrosion des Messings durch Salzsäure und Luft allein fast bedeutungslos wird (s. auch Abb. 13). Sind im Messing jedoch auch β-Kristalle vorhanden, so bleibt die Salzsäure, da das Kupfer entsprechend der obigen Gleichung ausfällt, kupferfrei; die starke Beschleunigung der Korrosion, die α-Messing durch die Gegenwart von Kupfer in der Lösung erfährt, fällt damit beim Vorhandensein von β-Kristallen fort. Auf $(\alpha + \beta)$-Messing wirkt infolgedessen Salzsäure nur in etwa der gleichen Stärke korrodierend wie Schwefelsäure (vgl. Tab. 9 und 10 und Abb. 10). 2 Folgerungen aus den vorhergehenden Ausführungen, die nicht durch Versuche nachgeprüft wurden, mögen noch erwähnt werden: Von stets frischer, fließender Salzsäure wird Kupfer bei Luftzutritt weniger angegriffen als von ruhender Salzsäure[3], und je größer die Salzsäuremengen sind, in denen man Kupfer bzw. Messing der Korrosion überläßt, desto geringer werden die Unterschiede in der Korrosion von Kupfer und von Messing, da die in Lösung gehende Kupfermenge sich auf ein größeres Volumen verteilt.

Die Zinn-Kupfer-Legierungen wurden nicht näher in dieser Richtung untersucht. Die Verhältnisse liegen hier aber zweifellos ganz ähnlich.

IV. Schlußergebnis.

Aus unseren Untersuchungen über das Verhalten der Zinn-Kupfer- und Zink-Kupfer-Legierungen in n-Salzsäure, n-Schwefelsäure und n-Natronlauge ergibt sich folgendes:

1. Spannungsmessungen gestatten nicht immer einen Rückschluß auf das Verhalten eines Metalles oder einer Legierung in den betreffenden Elektrolyten. Oxydische Deckschichten, die sich unter Mitwirkung des Luftsauerstoffs bilden, metallische Niederschläge sowie die in Lösung gegangenen Bestandteile selbst beeinflussen weitgehend sowohl das Spannungsgefälle wie auch die Löslichkeit des Metalles oder der Legierung.

2. Von wesentlichem Einfluß auf Art und Stärke der Korrosion ist die Möglichkeit des ungehinderten Zutritts von Luftsauerstoff. In den meisten Fällen wird die Korrosion verstärkt, da der Sauerstoff als Depolarisator wirkt. In gewissen Fällen kann jedoch der Gesamtgewichtsverlust bei Gegenwart von Sauerstoff durch Bildung einer oxydischer Deckschicht auch verringert werden.

Ausschluß von Sauerstoff ergab bei Kupfer und Zink-Kupfer-Legierungen in n-Salzsäure ein Aufhören des Angriffs.

3. Die Ermittlung der Gewichtsveränderung allein gibt in vielen Fällen kein eindeutiges Bild über die stattgehabte Korrosion; dieses gilt insbesondere für heterogen aufgebaute Legierungen, in vielen Fällen aber auch für homogen aufgebaute (s. z. B. das Verhalten von Zink-Kupfer-Legierungen in n-NaOH, Abb. 11).

4. Um über das Verhalten einer Legierung in einem Elektrolyten eindeutigen Aufschluß zu erhalten, ist daher auch Bestimmung der in Lösung gegangenen Legierungsbestandteile erforderlich.

5. Von maßgebendem Einfluß ist schließlich bei Korrosionsversuchen in begrenzten ruhenden Flüssigkeiten die allmähliche Veränderung der chemischen Zusammensetzung des Elektrolyten durch Inlösunggehen von Metallionen. Hierdurch kann die Korrosion in manchen Fällen beschleunigt (z. B. Kupfer und Messing in HCl bei Gegenwart von Sauerstoff), in anderen Fällen wieder verringert werden.

6. Man darf nach allem Gesagten aus Korrosionsversuchen im kleinen Maßstabe (Laboratoriumsversuchen) nur mit Vorsicht auf das Verhalten eines Metalles oder einer Legierung in der Praxis, wo die Verhältnisse meist ganz anders liegen, schließen.

---

[1] Bei der Auflösung von Messing in Schwefelsäure (vgl. Tab. 10) ist das ja tatsächlich ungefähr der Fall, da hier sowohl Kupfer wie Zink zweiwertig in Lösung gehen. Bei Salzsäure liegen die Verhältnisse wahrscheinlich etwas verwickelter, da, wie man annimmt, Kupfer in Salzsäure als Anode einwertig in Lösung geht (vgl. Foerster und Seidel a. a. O.).

[2] Vgl. Sauerwald, Z. anorg. allg. Chem. Bd. 111, S. 243. 1920. Ob die Verhältnisse tatsächlich so einfach liegen, bleibe dahingestellt. Das Hauptreaktionsprodukt, z. B. bei der Einwirkung von normaler Kupfersulfatlösung auf Messing bei Luftausschluß, scheint nicht Kupfer, sondern Kupfer(I)oxyd zu sein.

[3] In rasch fließendem Leitungswasser rostet Eisen bekanntlich langsamer als in ruhendem Leitungswasser (vgl. Heyn und Bauer, Mitt. Materialpr.-Amt Bd. 28, S. 99. 1910; Friend, Carnegie Scholarship Memoirs Bd. 11, S. 1. 1922). Die Ursache hierfür liegt wahrscheinlich in der Bildung einer Oxydhaut oder auch einer Kalziumkarbonatschutzschicht (vgl. G. Schikorr, Korr. u. Metallschutz Bd. 4, S. 242. 1928; Z. angew. Chem. Bd. 44, S. 40. 1931). Bei der obengenannten Kupferkorrosion dagegen handelt es sich um den beschleunigenden Einfluß des Korrosionsproduktes bzw. um seine Unterbindung, um Vorgänge also, die den Friendschen Anschauungen über die Korrosion des Eisens etwa entsprechen.

Beiträge zur Physik und Metallographie des Magnesiums.

Von E. Schmid[1].

Obwohl die erstmalige Darstellung des Magnesiums (Bussy 1830) sowie die des Aluminiums schon über 100 Jahre zurückliegt und auch die Bereitstellung technischer Herstellungsverfahren für beide Metalle ungefähr gleichzeitig erfolgte — für Magnesium bestand sie in der 1852 von Bunsen durchgeführten Schmelzflußelektrolyse von $MgCl_2$ —, ist doch die Heranziehung des Magnesiums als Nutzmetall weit jüngeren Datums als die des Schwesterleichtmetalles. Vor allem seine Reaktionsfähigkeit setzte einer technischen Verwendung zunächst große Schwierigkeiten entgegen und erst unter dem Druck der Bedürfnisse des Krieges ist ihre Überwindung gelungen. So ist das Magnesium also eigentlich als ein recht junges Metall anzusehen und es ist daher nicht verwunderlich, daß die Zahl der physikalischen und metallographischen Untersuchungen darüber heute noch verhältnismäßig klein ist.

In meinem heutigen Vortrag möchte ich mir nun erlauben, Ihnen in der Hauptsache über neuere Arbeiten zu berichten, die wir teils im Laboratorium der I. G. Farbenindustrie A.-G. in Bitterfeld, teils in Berliner Instituten durchgeführt haben. Sie betreffen einige physikalische Eigenschaften, die Vorgänge bei der plastischen Deformation und schließlich einige technisch wichtige Mischkristallreihen des Magnesiums.

Für den Metallphysiker sind diese Untersuchungen deshalb besonders reizvoll, weil beim Magnesium zufolge seiner hexagonalen Kristallstruktur in mannigfacher Weise Unterschiede von der großen Gruppe kubischer, technischer Metalle zutage treten.

I. Physikalische Anisotropie von Magnesiumkristallen.
(Nach gemeinsamen Untersuchungen mit E. Goens[2].)

Die Bestimmung der physikalischen Anisotropie von Magnesium muß, ebenso wie die später zu beschreibende systematische Untersuchung der Vorgänge bei der plastischen Verformung, an einzelnen Kristallen durchgeführt werden. Die Züchtung geeigneter Kristallstäbe kann, worauf hier nicht näher eingegangen werden soll, sowohl durch besondere Leitung der Erstarrung einer Schmelze (A. Beck und G. Siebel[3], P. W. Bridgman[4]), als auch durch Rekristallisation nach kritischer Kaltreckung erfolgen[5].

Wegen der erheblich besseren Qualität der Rekristallisationskristalle (Oberflächenbeschaffenheit, Freiheit von Zwillingslamellen) haben wir uns fast ausschließlich dieses Herstellungsverfahrens bedient. Der Reinheitsgrad des Ausgangsmaterials betrug etwa 99,95%.

1. Elastische Parameter.

Während das elastische Verhalten des isotropen Körpers durch 2 Konstanten bestimmt ist (Elastizitätsmodul und Torsionsmodul oder Querkontraktionszahl), das des kubischen Kristalles durch 3 elastische Parameter, werden zur Kennzeichnung des elastischen Verhaltens hexagonaler Kristalle 5 Parameter benötigt. Der Weg zu ihrer Bestimmung ist im Prinzip der folgende: Die Theorie der Kristallelastizität gibt zwei Formeln für die beiden elastischen Konstanten, Elastizitäts- und Torsionsmodul, die experimentell an einem Einkristallstab ermittelt werden können. Diese beiden Ausdrücke, die für die Reziprokwerte der beiden Moduln gelten, enthalten außer den elastischen Parametern die „Orientierung" des Kristalles, d. h. den Winkel (ϱ) seiner Längsrichtung zur hexagonalen Achse. Die Aufgabe besteht nun darin, durch Untersuchung einer größeren Zahl verschieden orientierter Kristalle experimentell die Orientierungsabhängigkeit der beiden Moduln festzustellen, und sodann die fünf Konstanten der Formeln so zu wählen, daß die mit ihrer Hilfe berechneten Kurven die Beobachtungen möglichst ausgleichen.

Die experimentelle Bestimmung der Moduln erfolgte dynamisch mit Hilfe des Transversal- und Torsionstones, deren Frequenz nach der Schwebungsmethode durch Vergleich mit einem Normaltonsender ermittelt wurde[1].

Das Ergebnis der Versuche ist in Abb. 1 dargestellt. Den glatten Kurven liegen folgende Werte der elastischen Parameter s_{ik} (nach Voigt) in cm^2/Dyn (bei 20° C) zugrunde:

$$s_{11} = 22{,}3 \cdot 10^{-13}; \quad s_{33} = 19{,}8 \cdot 10^{-13};$$
$$s_{44} = 59{,}5 \cdot 10^{-13}; \quad s_{12} = -7{,}7 \cdot 10^{-13};$$
$$s_{13} = -4{,}5 \cdot 10^{-13}.$$

Die Genauigkeit ist für s_{11}, s_{33} und s_{44} auf 1%, für s_{12} und s_{13} auf etwa 5% zu schätzen.

Von P. W. Bridgman[2] wurden kürzlich die linearen Kompressibilitäten in den ausgezeichneten Richtungen des Magnesiumkristalles angegeben. Der Vergleich der aus unseren Konstanten berechneten Werte mit den direkt experimentell erhaltenen zeigt leidliche Übereinstimmung, wenn man die geringere Genauigkeit der in die Rechnung maßgeblich eingehenden Parameter mit gemischten Indizes berücksichtigt.

Ein anschauliches Bild der Orientierungsabhängigkeit des Elastizitätsmoduls gibt der in Abb. 2 dargestellte „Elastizitätsmodulkörper". Das Maximum (5130 kg/mm^2) liegt in Richtung der hexagonalen Achse, das Minimum (4370 kg/mm^2) in hierzu unter 53° 45' geneig-

---

[1] Original: Z. Elektrochem. Bd. 37, Nr. 8/9, S. 447. 1931.

[2] E. Goens und E. Schmid: Naturwissensch. Bd. 19, S. 376. 1931. (Vorläufige Mitteilung.)

[3] Beschrieben in E. Schiebold und G. Siebel: Z. Physik Bd. 69, S. 458. 1931.

[4] P. W. Bridgman: Phys. Rev. Bd. 37, S. 460. 1931.

[5] Nach gemeinsamen Versuchen mit G. Siebel beträgt bei gleichmäßigem, feinem Ausgangsgefüge (Korndurchmesser ∞ 0,1 mm) der kritische Reckgrad für zylindrische Stäbe von einigen Millimeter Durchmesser 0,2% bleibende Dehnung. Bei der nachfolgenden Glühung wird innerhalb von 6 Tagen die Temperatur von 300° bis 600° C erhöht.

---

[1] Für eine Beschreibung der Methode vgl. E. Grüneisen und E. Goens: Z. Physik Bd. 26, S. 235. 1924; E. Goens: Ann. Physik Bd. 47, S. 333. 1930.

[2] P. W. Bridgman: Phys. Rev. Bd. 37, S. 460. 1931.

ten Richtungen[1]. Im Gegensatz zum Magnesiumkristall weist der ebenfalls hexagonale Zinkkristall in Richtung der hexagonalen Achse das Minimum des Elastizitätsmoduls auf (Abb. 3). Die Ursache für dieses verschiedenartige Verhalten wird man zunächst in den verschiedenen Achsenverhältnissen von Magnesium und Zink suchen. Während nämlich das Zn-Gitter gegenüber der idealen dichtesten Kugelpackung

$$\left(\frac{c}{a} = 2\sqrt{\frac{2}{3}} = 1{,}633\right)$$

in Richtung der hexagonalen Achse gestreckt ist $\left(\frac{c}{a_{Zn}} = 1{,}86\right)$ ist das Mg-Gitter in dieser Richtung, wenn auch nur wenig, gestaucht $\left(\frac{c}{a_{Mg}} = 1{,}625\right)$. Eine durchgehende Eindeutigkeit des Zusammenhanges zwischen Anisotropie physikalischer Eigenschaften und Abweichungen der betreffenden Gitter von der idealen dichtesten Kugelpackung besteht allerdings nicht. Man erkennt dies bereits daraus, daß die elastische Anisotropie des Kadmiumkristalles geringer ist als die des Zinkkristalles, trotz größerer Abweichung des Cd-Gitters von der dichtesten Kugelpackung

$$\left(\frac{c}{a_{Cd}} = 1{,}89\right).$$

Ein Einfluß der Mischkristallbildung auf den Elastizitätsmodul von Magnesiumkristallen konnte bisher nicht festgestellt werden. Mischkristalle mit bis zu 2,3% Zink zeigten innerhalb der Fehlergrenzen von $\infty 1\%$ den gleichen Wert des Moduls, wie entsprechend orientierte Kristallstäbe aus reinem Magnesium.

2. Thermische Ausdehnung und spez. elektrischer Widerstand.

Der thermische Ausdehnungskoeffizient hexagonaler Kristalle ist, wie der spez. Widerstand, eine lineare Funktion von $\cos^2 \varrho$, wobei ϱ wieder den Winkel der Längsrichtung des Kristallstabes zur hexagonalen Achse bedeutet. Die Bestimmung an zwei Kristallen genügend verschiedener Orientierung genügt somit bereits zur Festlegung der Orientierungsabhängigkeit.

Wir maßen die thermische Ausdehnung von zwei Kristallen extremer Orientierungen im Temperaturbereich

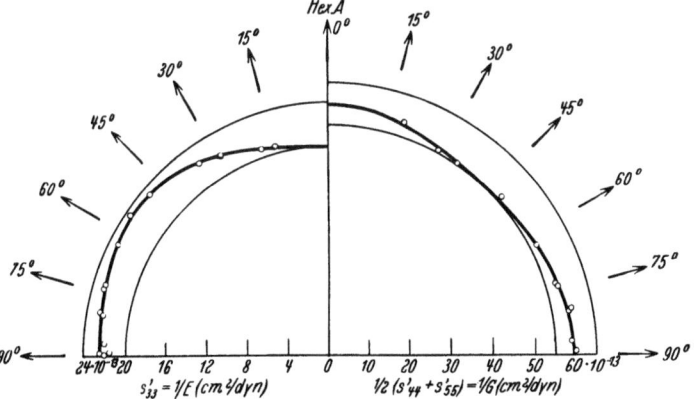

Abb. 1. Orientierungsabhängigkeit des Elastizitäts- und Torsionsmoduls von Magnesiumkristallen.

zwischen 20° und 200° C mit Hilfe eines mit Wasserstoff von etwa 1 cm Druck gefüllten Henningschen Rohres. Für die Ausdehnungskoeffizienten parallel und senkrecht zur hexagonalen Achse haben sich dabei die nachfolgenden Zahlen ergeben:

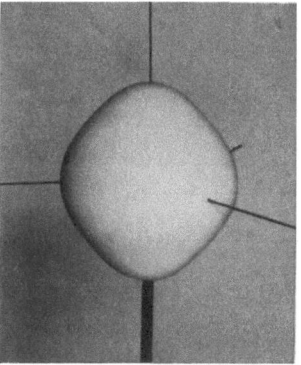

Abb. 2. Elastizitätsmodulkörper des Magnesiumkristalles.

$20°/100°$ C: $\alpha_\| = 26{,}4 \cdot 10^{-6}$; $\alpha_\perp = 25{,}6 \cdot 10^{-6}$
$100°/200°$ C: $\alpha_\| = 28{,}7 \cdot 10^{-6}$; $\alpha_\perp = 27{,}4 \cdot 10^{-6}$.

Die thermische Ausdehnung des Magnesiums erfolgt somit fast isotrop.

Aus Messungen des Widerstandes verschiedener Magnesiumkristalle wurden für die spez. elektrischen Widerstände in den ausgezeichneten Richtungen bei 18° C die Werte

$\sigma_\| = 3{,}77 \cdot 10^{-6} \Omega$ cm;
$\sigma_\perp = 4{,}54 \cdot 10^{-6} \Omega$ cm

ermittelt, die sich von den von Bridgman[1] angegebenen um weniger als 1% unterscheiden. Die dazugehörigen Temperaturkoeffizienten ergaben sich zu 0,00427 bzw. 0,00416.

Um auch hier die Bedeutung des Achsenverhältnisses für die Anisotropie zu kennzeichnen, sind in den Abb. 4 und 5 die am Mg-Kristall erhaltenen Ergebnisse den Befunden an Zn und Cd[2] gegenübergestellt. Während der spez. Widerstand das zunächst erwartete Verhalten zeigt, durchbricht der Ausdehnungskoeffizient wieder den eindeutigen Zusammenhang zwischen Anisotropie und Abweichung von der dichtesten Kugelpackung. Hier übertrifft nämlich auch noch beim Magnesium der Ausdehnungskoeffizient parallel der hexagonalen Achse den senkrechten dazu noch um ein weniges. Auch ist die Anisotropie beim Kadmium wieder geringer als beim Zink.

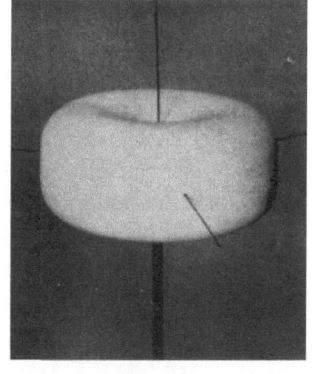

Abb. 3. Elastizitätsmodulkörper des Zinkkristalles.

In technischer Hinsicht besitzt die Kenntnis der physikalischen Anisotropie des Einkristalles deshalb Be-

---

[1] Der maximale Unterschied beträgt somit 17% und bleibt damit noch etwas hinter dem am kubischen Al-Kristall auftretenden (20%) zurück.

[1] L. c.
[2] Ausdehnungskoeffizienten nach E. Grüneisen und E. Goens: L. c.; spez. Widerstand von Zink nach Tyndall und Hoyem: Phys. Rev. Bd. 37, S. 101. 1931; spez. Widerstand von Kadmium nach P. W. Bridgman: Proc. Am. Acad. Bd. 63, S. 351. 1929.

deutung, weil sie zeigt, in welchem Ausmaß in ausgezeichneten Richtungen von Werkstücken mit geregelter Kristallitanordnung Abweichungen von den Durchschnittswerten der physikalischen Eigenschaften auftreten

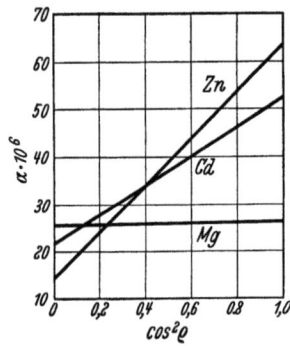

Abb. 4. Orientierungsabhängigkeit des Ausdehnungskoeffizienten hexagonaler Kristalle.

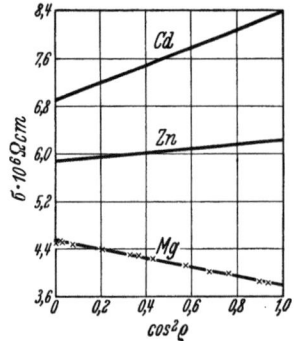

Abb. 5. Orientierungsabhängigkeit des spez. Widerstandes hexagonaler Kristalle.

können. Die mitgeteilten Zahlen zeigen, daß diese Unterschiede für das Magnesium nur klein sein werden.

Grundlegend anders liegen die Dinge jedoch bei den nun zu beschreibenden plastischen Eigenschaften.

II. Plastische Verformung von Magnesiumkristallen.

(Nach gemeinsamen Versuchen mit G. Siebel.)

1. Kristallographische Kennzeichnung der Deformationsmechanismen.

a) **Translation.** Den wichtigsten Deformationsmechanismus des Magnesiums stellt wie beim Zink und Kadmium die Translation nach der Basisfläche dar[1]. Die Richtung der Abgleitung ist gleichfalls durch die Grundkante des Basissechseckes (digon. Achse I. Art) gegeben. Beide Gitterelemente sind durch dichteste Belegung ausgezeichnet, so daß der Magnesiumkristall ein neues Beispiel für die empirische Gesetzmäßigkeit liefert, daß die Flächen und Richtungen maximaler Belegungsdichte als beste Translationselemente auftreten.

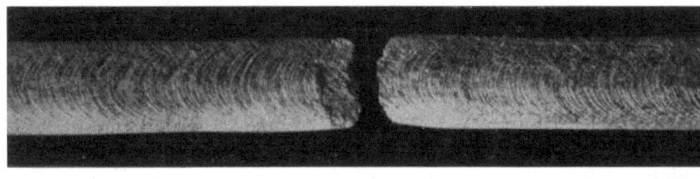

Abb. 6a u. b. Gedehnte Magnesiumkristalle mit Basistranslationsstreifung. Vergr. = 3.

Dem Translationsmechanismus entsprechend schnüren sich die Kristalle bei der Dehnung zu einem flachen Band ein, auf dessen Oberfläche die Spuren der Translationsebenen als charakteristische, elliptische Streifung erscheinen (Abb. 6a und b). Das Ausmaß der durch Translation erzielbaren Dehnungen reicht bei Zimmertemperatur bis etwa 250%. Das Zerreißen der Kristalle

---

[1] E. Schiebold und G. Siebel: L. c.; E. Schmid und G. Wassermann: Handb. d. techn. Mech. Bd. 4/2. 1930.

wird im Gegensatz zum Verhalten des Zink- und Kadmiumkristalles nicht durch Ausbildung von Zwillingslamellen eingeleitet, sondern erfolgt nach einer mehr oder minder glatten Fläche, die in ihrem Verlauf häufig gut den Translationsellipsen folgt. Aber auch in den Fällen, in denen die Reißfläche ersichtlich querer im Band liegt als die Basis (vgl. Abb. 6a), ist sie anscheinend noch als treppenförmiger Abschiebungsbruch nach der Basisfläche aufzufassen. Weitere Translationsflächen außer der Basis sind beim Magnesium bei Zimmertemperatur niemals beobachtet worden.

Auf einen Punkt sei hier noch besonders hingewiesen, da er bisher bei hexagonalen Metallkristallen nicht berührt worden ist, nämlich auf die gleichzeitige (oder abwechselnde) Betätigung zweier Translationsrichtungen in derselben Gleitfläche[1]. Dieser Fall tritt dann ein, wenn die Bevorzugung der (durch ihre geometrische Lage zur Kraftrichtung) günstigsten Translationsrichtung gegenüber der nächstgünstigen nur geringfügig oder überhaupt verschwunden ist [Lage der Längs- (Kraft-) Richtung in einer Prismenfläche II. Art]. Besonders deutlich läßt

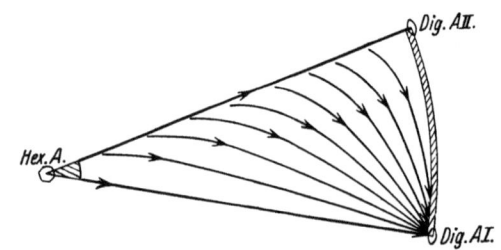

Abb. 7. Schema der Gitterdehnung bei der Basistranslation von Magnesiumkristallen.

sich das Auftreten dieser Doppelgleitung durch die röntgenographische Verfolgung der Umorientierung des Kristalles während der Dehnung zeigen. Während bei einfacher Translation die Drahtachse auf den Größtkreis in die wirksame Gleitrichtung „umfällt", ist ihr Weg bei Betätigung zweier Translationsrichtungen eine dem Maß der Betätigung der beiden Richtungen entsprechende Resultierende aus den beiden Gitterdrehungen. Schematisch sind diese Verhältnisse in Abb. 7 zur Darstellung gebracht[2].

Eine sehr erhebliche Steigerung erfährt die Plastizität des Magnesiums bei erhöhten Temperaturen. Nicht der Umstand, daß die Dehnbarkeit durch Basistranslation stark ansteigt mit der Temperatur und bei 300° C etwa das Dreifache des Zimmertemperaturwertes erreicht, spielt dabei die Hauptrolle, sondern das Hinzutreten neuer Translationsebenen bei Temperaturen über 225° C. Hierdurch gewinnt der Kristall erst die Möglichkeit, auch Formänderungen allgemeiner Art weitgehend folgen zu können.

---

[1] Bei kubischen Metallen ist dieser Fall bereits wiederholt diskutiert worden. R. v. Mises: Z. ang. Math. Mech. Bd. 8, S. 161. 1928; W. O. Burgers: Z. Physik Bd. 67, S. 605. 1931; hier auch weitere Literaturangaben.

[2] Die Abbildung gibt nur die Richtung der im Verlauf der Dehnung vor sich gehenden Gitterdrehung, nicht aber die Endlage des Gitters an. Das Zerreißen der Kristalle erfolgt um so früher, je querer die Basis ursprünglich liegt.

In Abb. 8a ist der Beginn der sich an die Basisgleitung anschließenden neuen Translation deutlich am Auftreten von zwei Scharen schräg verlaufender Streifen zu erkennen; Abb. 8b zeigt die Einschnürung

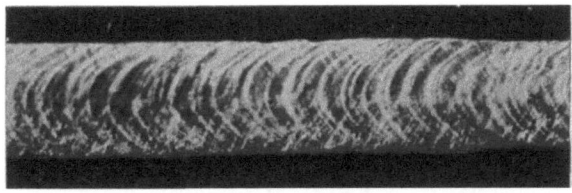

Abb. 8a und b. Bei erhöhter Temperatur gedehnte Magnesiumkristalle. a) Beginnende Ausbildung neuer Translationen (250° C). Vergr. = 5. b) Einschnürung des Kristallbandes durch Betätigung neuer Translationen. Vergr. = 3.

des Kristallbandes unter Wirksamkeit der neuen Gleitung. Das Höchstmaß der bisher bei 300° C beobachteten Dehnung eines Magnesiumkristalles beträgt 8300% (zunächst Dehnung auf das etwa Neunfache durch Basistranslation und anschließend nochmalige neunfache Dehnung durch Einschnürung des entstandenen Bandes).

Die Bestimmung der Gleitelemente der neuen Translation wurde röntgenographisch und durch mikroskopische Vermessung durchgeführt. Abb. 9a bis c zeigt an einem Beispiel die im Verlauf der Dehnung bei 300° C erfolgenden Gitterdrehungen. In stereographischer Projektion sind die Gitterdrehungen bei der Dehnung bei erhöhten Temperaturen in Abb. 10 dargestellt, die schematisch das Ergebnis einer größeren Reihe von Versuchen an verschieden orientierten Einkristallen wiedergibt. An die zunächst auftretende Bewegung der Längsachse auf die digon. Achse I. Art (A) zu (Basistranslation wie bei Raumtemperatur; vgl. Abb. 7) schließt sich mit Auftreten der neuen Translation sehr unvermittelt ein erhebliches Abweichen von dieser Gitterdrehung an. Unter ungefährer Erhaltung des sehr kleinen Neigungswinkels der Basis zur Längsrichtung (∽5°) entfernt sich diese immer mehr von der ursprünglich ihr Ziel darstellenden digon. Achse I. Art, um schließlich in einer digon. Achse II. Art (C) zu landen. Die Bestimmung der bei der neuen Translation wirksamen Gleitrichtung kann aus den beobachteten Gitterdrehungen unmittelbar erfolgen. Man erkennt aus Abb. 10, daß die zur zweiten Translation gehörige Gitterdrehung in einem Umfallen der Längsachse in eine von der ursprünglichen Translationsrichtung um 60° abstehende digon. Achse I. Art (B) besteht. Diese Richtung wird jedoch nicht erreicht, sondern, sobald die Längsachse des Kristalles in eine Prismenfläche II. Art gelangt, bewegt sie sich auf die in dieser Ebene liegende digon. Achse II. Art (C) zu. Diese letzte Bewegung stellt wieder (vgl. oben) die Resultierende der Betätigung der beiden nun gleichwertig gewordenen digon. Achse I. Art (A und B) dar. Die Gleitrichtung der neuen Translation ist somit als digon. Achse I. Art erkannt; sie ist kristallographisch identisch mit der bei der Basisgleitung wirkenden Translationsrichtung.

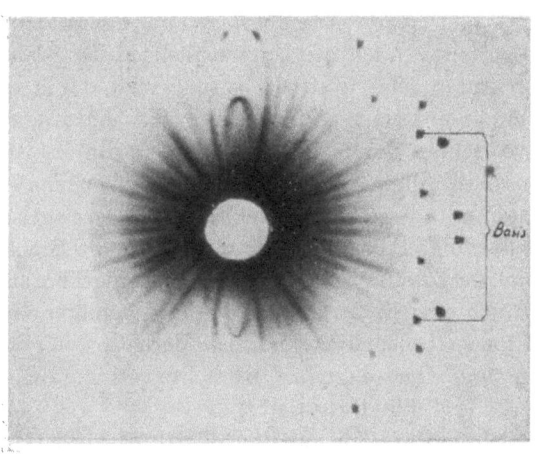

a

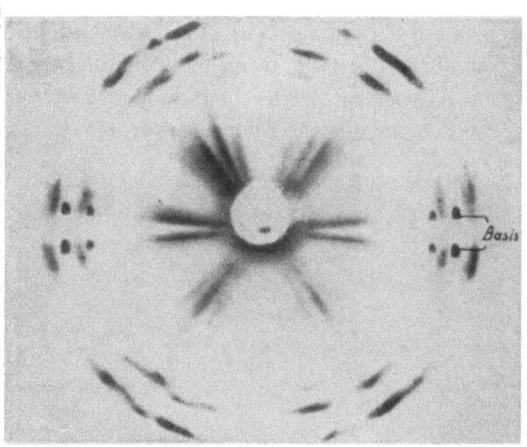

b

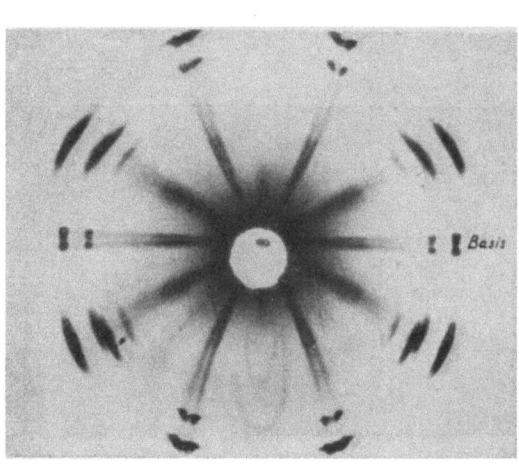

c

Abb. 9a–c. Warmdehnung eines Magnesiumkristalles im Röntgenbild. a) Ausgangskristall. b) Erschöpfte Basistranslation. c) Reißstelle.

Die neue Translationsfläche scheint, wie aus der mikroskopischen Vermessung der meist nur sehr schwachen Streifungen und der Lage des Gitters im Kristall hervorgeht, eine Pyramidenfläche I. Art 1. Ordn. (10$\bar{1}$1) zu sein. Eine Laue-Aufnahme eines parallel der neuen Streifung aus einem Kristall geschnittenen Plättchens brachte allerdings keinen endgültigen Beweis, zeigte aber

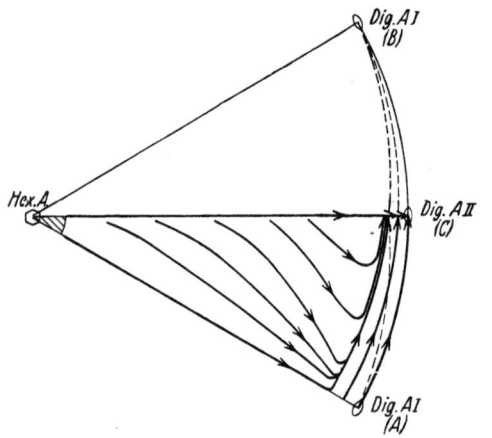

Abb. 10. Schema der Gitterdrehungen bei der Dehnung von Magnesiumkristallen bei Temperaturen über 225° C.

mit aller Deutlichkeit, daß es sich nicht um eine Prismenfläche I. Art handeln kann. Für den Parallelismus von Belegungsdichte und Gleitfähigkeit scheint vielleicht insofern auch in der neuen Translation ein Beispiel vorzuliegen, als die Pyramide (10$\bar{1}$1) die zweit dichtest belegte Netzebene darstellt, wenn man ihr die in nur sehr geringem Abstand (0,4 ÅE) befindlichen Zentrierungsatome des hexagonalen Elementarkörpers hinzuzählt.

a

b

Abb. 11a und b. Magnesiumkristall mit Zwillingslamellen nach (10$\bar{1}$2). Vergr. = 6.

b) **Mechanische Zwillingsbildung.** So wie Zink und Kadmium weist auch Magnesium, wie bereits C. H. Mathewson und A. I. Phillips nachgewiesen haben, mechanische Zwillingsbildung nach der Pyramidenfläche I. Art 2. Ordn. (10$\bar{1}$2) auf[1]. Abb. 11 zeigt einen Kristall, der mit mehreren Scharen derartiger Zwillingslamellen bedeckt ist, die sich in mannigfacher Art durchkreuzen. Man wird wohl nicht fehlgehen, wenn man auch beim Magnesium, der Feststellung am Zinkkristall entsprechend[2], die (10$\bar{1}$2)-Ebene als zweite Kreisschnittebene annimmt; dies führt dann auf einen Betrag der Schiebung $s = 0{,}1317$.

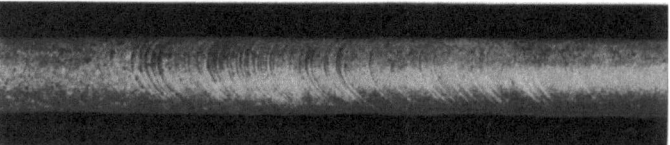

Abb. 12. Verzwillingung eines Magnesiumkristalles nach (10$\bar{1}$1). Vergr. = 2.

Mit dem Unterschied in den Achsenverhältnissen hängt es zusammen, daß die Formänderung durch Zwillingsbildung beim Magnesium entgegengesetztes Vorzeichen hat wie bei Zink und Kadmium. Dies bedingt z. B., daß im Gegensatz zum Verhalten von Zink- und Kadmiumkristallen die Zwillingsbildung gegen Ende der Dehnung ausbleibt (sie würde beim Magnesium eben zu einer Verkürzung des Probestabes führen), dagegen bei einigermaßen querer Ausgangslage zu Beginn der Dehnung auftritt. Auch die Unterschiede in den Deformationstexturen nach Kaltbearbeitung sind durch diesen Umstand verursacht. Während bei Zink (und Kadmium) diese Texturen durch das Wechselspiel von Basistranslation und Zwillingsbildung zu deuten sind, stellen sie bei Magnesium in der Hauptsache nur einen Ausdruck weitgehend erfolgter Basisgleitung dar[3]. Daß die Beachtung der mit der Zwillingsbildung einhergehenden Formänderung auch eine Erklärung für das bei gepreßten Magnesiumstangen beobachtete anormale Verhalten von Streckgrenze und Quetschgrenze erbrachte, sei nur nebenbei bemerkt (vgl. W. Schmidt[4]).

Näher möchte ich auf die überhaupt noch reichlich dunkle mechanische Zwillingsbildung nicht eingehen. Es sei nur noch erwähnt, daß bei speziellen Orientierungen der Kristalle gelegentlich auch mechanische Zwillingsbildung nach der Pyramide I. Art 1. Ordn. (10$\bar{1}$1) beobachtet wurde[5] (Abb. 12). Jedenfalls übersteigen die zur Auslösung dieser Zwillingsbildung notwendigen Kräfte weit die zur Verzwillingung nach (10$\bar{1}$2) führenden.

2. Dynamische Kennzeichnung der Basistranslation.

Die dynamische Kennzeichnung der Basistranslation erfolgt durch Angabe der Initialschubfestigkeit der Gleitfläche und des Anstieges, den diese Schubfestigkeit mit zunehmender Abgleitung aufweist. Aus einer großen Zahl von Dehnungsversuchen verschieden orientierter Kristalle hat sich für die zum Beginn deutlicher Abglei-

---

[1] C. H. Mathewson und A. I. Phillips: Amer. Inst. Min. Met. Eng. Techn. Publ. Bd. 53. 1927.
[2] E. Schmid und A. Wassermann: Z. Physik Bd. 48, S. 370. 1928.
[3] E. Schmid und G. Wassermann: Naturwissensch. Bd. 17, S. 312. 1929; Metallwirtsch. Bd. 9, S. 698. 1930.
[4] Z. Elektrochem. Bd. 37, Nr 8/9, S. 508. 1931.
[5] Vgl. auch E. Schiebold und G. Siebel: l. c.

tung erforderliche Schubspannung im Basistranslationssystem der Wert 82,9 g/mm² ergeben[1]. Mit Hilfe des für dieses Gleitsystem gültigen Schubmoduls ($1/s_{44}$) ergibt sich daraus eine an der Streckgrenze der Kristalle herrschende, elastische Schiebung von $4{,}87 \cdot 10^{-5}$. Das ist ein weiteres Beispiel für das Rätsel der Kristallplastizität, das darin besteht, daß die Schubfestigkeit der Translationssysteme um etwa 4 Zehnerpotenzen hinter der theoretisch auf Grund einer Schiebung von $\sim 0{,}5$ zu erwartenden zurückbleibt.

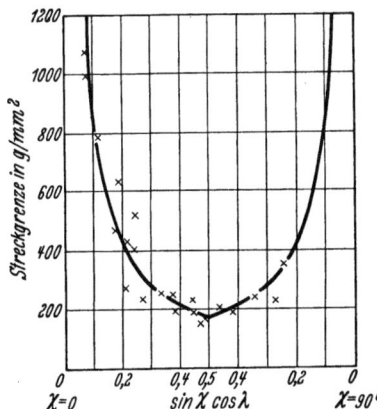

Abb. 13. Orientierungsabhängigkeit der Streckgrenze von Magnesiumkristallen. Die glatte Kurve ist mit einer konstanten Initialschubspannung des Basistranslationssystems von 82,9 g/mm² berechnet.

$\left.\begin{array}{l}\chi\\\lambda\end{array}\right\}$-Winkel zwischen Zugrichtung und Translationsfläche und -richtung.

Die Orientierungsabhängigkeit der Streckgrenze der Magnesiumkristalle ist außerordentlich stark ausgeprägt (Abb. 13). Sie übertrifft die an Zink- und Kadmiumkristallen beobachtete deshalb beträchtlich, weil wegen des Fehlens der mechanischen Zwillingsbildung bei schräger Lage der Basisfläche zur Zugrichtung, die Basistranslation bis zu Winkeln von 1° zur Längsrichtung in Wirksamkeit bleibt. Die Streckgrenze so orientierter Kristalle beträgt etwa das 40fache von der des „günstigst orientierten" Kristalles.

tung darstellt. Die Streuungen sind allerdings etwas größer als bei anderen Metallen. Die Ursache davon ist wahrscheinlich die am Beginn der Dehnung von Kristallen mit großem Neigungswinkel der Basis spurenweise auftretende mechanische Zwillingsbildung, die hier den glatten Ablauf der Translation stört.

Die für verschiedene Temperaturen durch Mittelung zahlreicher Einzelversuche erhaltenen Verfestigungskurven zeigt Abb. 14. Die Anspannungsgeschwindigkeit vor Erreichung der Streckgrenze betrug etwa 100 g/mm²

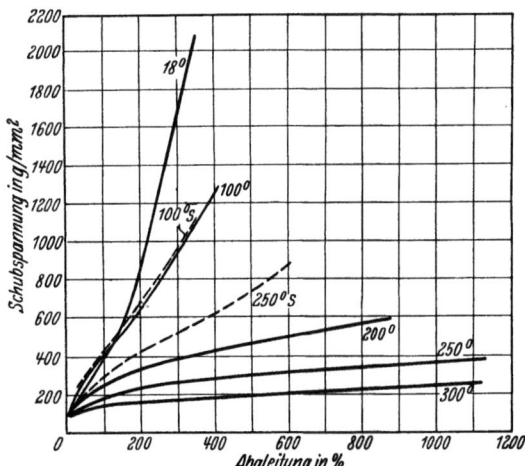

Abb. 14. Temperaturabhängigkeit der Verfestigungskurve von Magnesiumkristallen.

in der Minute. Die bei 250° und 300° C erhaltenen Dehnungskurven wurden nur bis zur erreichten Höchstlast ausgewertet. Die sich anschließende Dehnung unter zunächst konstanter und sodann abfallender Last wird durch die Pyramidentranslation bewirkt. Aus der Abbildung geht eine sehr geringe Temperaturabhängigkeit der Ausgangsschubfestigkeit und eine überaus starke Temperaturabhängigkeit des Anstiegs der Basisschubfestigkeit mit zunehmender Abgleitung klar hervor. Die so auffällige, am Kadmium und Zink beobachtete, angenäherte

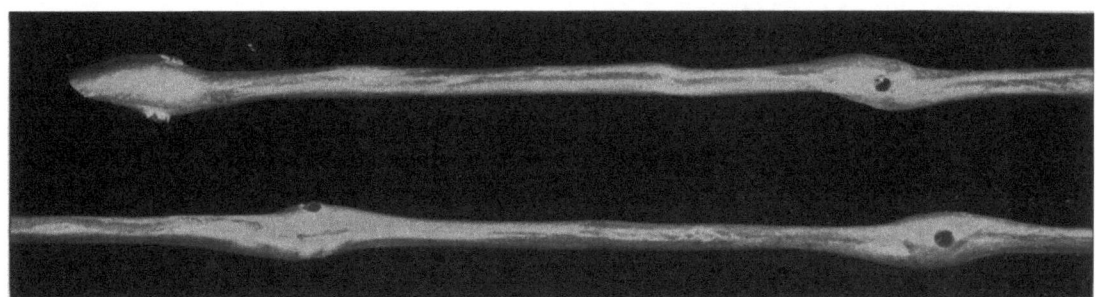

Abb. 15a und b. Reißstücke eines mit Bohrlöchern versehenen Magnesiumkristalles. Vergr. = 1,5.

Der Anstieg der Schubfestigkeit mit zunehmender Verformung läßt sich auch bei Magnesiumkristallen leidlich gut durch eine einzige „Verfestigungskurve" wiedergeben, die die Schubfestigkeit als Funktion der Abgleichung

[1] Während sich bei Bestimmung der physikalischen Eigenschaften keinerlei Unterschiede im Verhalten von Kristallen, die aus der Schmelze oder durch Rekristallisation erhalten waren, ergaben, zeigten sich bei Verfolgung der plastischen Eigenschaften deutliche Unterschiede. Die Rekristallisationskristalle erscheinen als die vollkommeneren. Der obige Wert bezieht sich daher, wie auch alle im weiteren mitgeteilten Ergebnisse, auf solche Kristalle.

thermische Invarianz der Deformationsenergie[1] tritt auch hier wieder zutage. Trotz weitgehender Änderung der Kurvenform wird die der Basistranslation zugehörige Dehnungsarbeit (Fläche unterhalb der Verfestigungskurve) nur wenig von der Temperatur beeinflußt (Tabelle 1). Sie beträgt im Mittel etwa 4,4 cal/g, das ist das ~ 18fache der spez. Wärme bzw. der ~ 10. Teil der Schmelzwärme. Der starke Abfall der Deformations-

[1] W. Boas und E. Schmid: Z. Physik Bd. 61, S. 767. 1930; W. Fahrenhorst und E. Schmid: Ibid. Bd. 64, S. 845. 1930.

energie bei 300° C ist vermutlich durch das hier sehr frühzeitige Einsetzen der Pyramidentranslation bedingt. Die dem Kristall insgesamt zuführbare Energie steigt naturgemäß mit dem Auftreten der neuen Translation sehr beträchtlich an. Zahlenwerte hierüber können noch nicht angegeben werden, da die exakte Bestimmung der der zweiten Translation zugehörigen Dehnungskurven noch aussteht.

Abb. 16. Dehnungskurven eines unversehrten und eines mit Längsriefen versehenen Kristallstückes.

Tabelle 1. Temperaturabhängigkeit der Basistranslation von Magnesiumkristallen.

Temperatur °	Schubspannung (g/mm²) in der Basis zu		Abgleitung %	Deformationsenergie cal/g
	Beginn	Ende		
	der Translation			
18	82,9	2100	350	4,09
100	77,5	1288	412	3,81
200	82,5	587	868	4,92
250	83,2	386	1130	4,75
300	70,5	255	1120	2,98

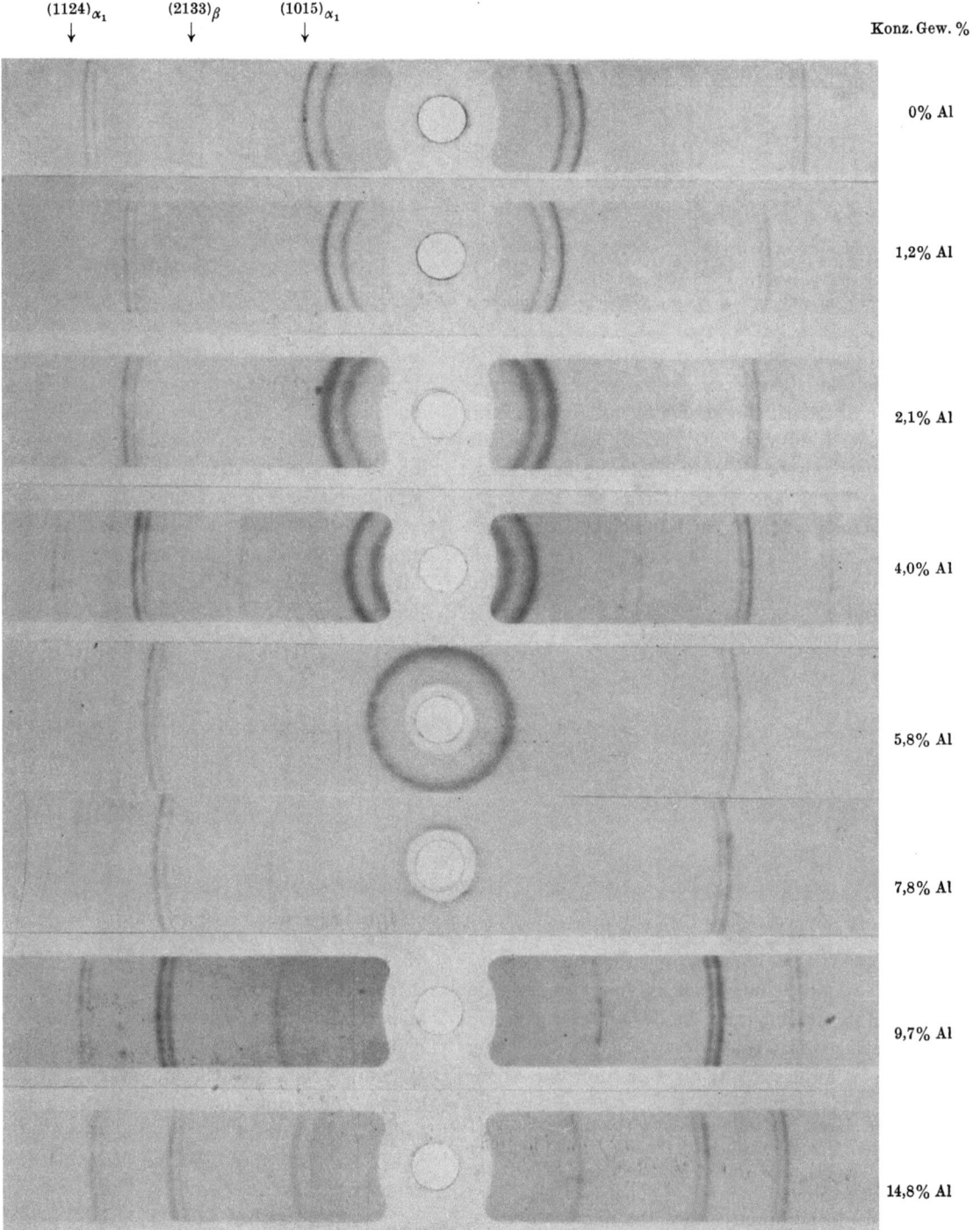

Abb. 17. Präzisionsaufnahmen von Al–Mg-Legierungen.

Zwei Bemerkungen sollen hier noch angeschlossen werden. Die erste betrifft die Temperaturabhängigkeit der Kristallerholung. Die in Abb. 14 strichliert eingezeichneten Verfestigungskurven, die mit etwa 100fach vergrößerter Deformationsgeschwindigkeit erhalten worden sind, zeigen, daß bei 100° C noch mit keiner erheblichen Erholung der Magnesiumkristalle zu rechnen ist, diese jedoch bei 250° C schon sehr erheblich in Erscheinung tritt.

Die zweite Bemerkung betrifft den Einfluß von Kristallverletzungen auf die Plastizität von Magnesiumkristallen. Solche Verletzungen können, auch wenn sie mit erheblichen Querschnittschwächungen verknüpft sind, eine stark verfestigende Wirkung ausüben. Abb. 15 zeigt dies für den Fall von Bohrlöchern. Der Kristall ist hier in der Umgebung der Löcher ungedehnt geblieben und zwischen diesen gerissen, obwohl die Querschnittschwächung im Ausgangszustand 35% betragen hatte. Die verfestigende Wirkung von Längsriefen tritt aus Abb. 16, die Dehnungskurven eines gerieften Kristallstückes und eines unverletzten Nachbarteiles wiedergibt, hervor.

Dieses zunächst überraschende Verhalten ist im Deformationsmechanismus begründet. Jede Störung der Parallelität des Kristallgitters stellt eine Behinderung der Translation dar, verursacht also Verfestigung. Für das Beispiel der Bohrlöcher ist bei Vorhandensein einer einzigen Translationsfläche die gesamte Umgebung des Loches blockiert. Das ist nicht der Fall bei Gegenwart mehrerer Translationsflächen, und bei Aluminiumkristallen trat denn auch stets das Reißen an den Löchern ein.

III. Zur Mischkristallbildung von Magnesium.
(Nach gemeinsamen Versuchen mit H. Seliger und G. Siebel.)

Die Untersuchungen über Mischkristallbildung des Magnesiums, über die zum Schluß noch kurz berichtet sei, befassen sich 1. mit der röntgenographischen Festlegung der Sättigungskurven der wichtigsten α-Mischkristallreihen auf Grund von Präzisionsbestimmungen der Gitterdimensionen und 2. mit der technologischen Bedeutung der Mischkristallbildung auf Grund von Dehnungsversuchen einzelner Kristalle.

1. Sättigungskurven der α-Mischkristalle Al—Mg, Zn—Mg und Mn—Mg.

Die röntgenographische Ermittlung der Grenzkurven von Mischkristallgebieten gründet sich auf Präzisionsbestimmungen der Gitterkonstanten in Abhängigkeit von

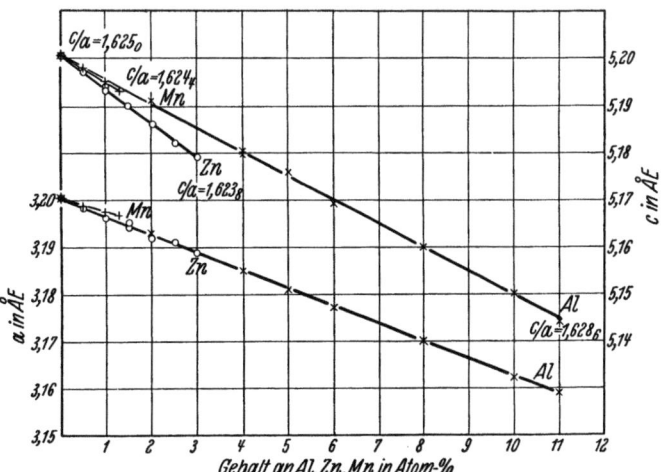

Abb. 18. Konzentrationsabhängigkeit der Gitterkonstanten von Magnesium-Mischkristallen.

Konzentration und thermischer Vorbehandlung. Voraussetzung hierbei ist die Kenntnis der Änderungen der Gitterdimensionen des Grundmetalles mit zunehmendem Gehalt von in fester Lösung aufgenommenem Fremdmetall.

Abb. 17 zeigt als Beispiel einige Diagramme, die mit ungefilterter Fe-Strahlung an homogenisierten, abgeschreckten Proben der Mischkristallreihe Al—Mg erhalten worden sind. Die Linien stellen die letzten, bei Verwendung dieser Strahlung auftretenden Interferenzen dar. Zur Auswertung wurden die Linien $(10\bar{1}5)_{\alpha_1}$ und $(11\bar{2}4)_{\alpha_1}$ und — sofern einwandfrei vermeßbar — auch $(21\bar{3}3)_\beta$ herangezogen. Kombination von je zweien der erhaltenen Ablenkungswinkel liefert die Achsenlängen c und a.

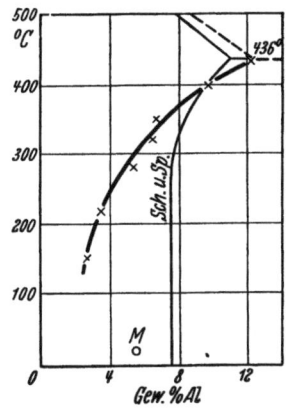 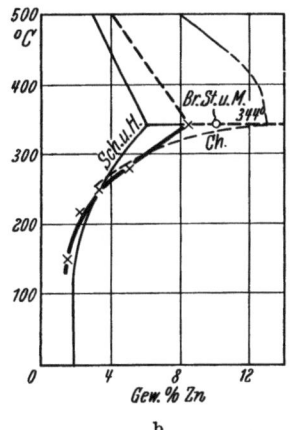 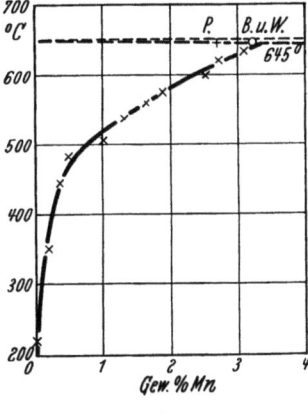

a
b
c

Abb. 19a bis c. Temperaturabhängigkeit der Sättigungskonzentration von Magnesium-Mischkristallen.
a) Aluminium—Magnesium, Sch. u. Sp. = W. Schmidt und P. Spitaler[1], M. = K. L. Meißner[2]. b) Zink—Magnesium, Sch. u. H. = W. Schmidt und M. Hansen[1], Br. St. u. M. = Bradley Stoughton und M. Miyake[3], Ch. = R. Chadwik[4]. c) Mangan—Magnesium, B. u. W. = Bakken und Wood[5], P. = G. W. Pearson[6].

[1] W. Schmidt: Z. Metallkunde Bd. 19, S. 452. 1927.
[2] K. L. Meißner: J. Inst. Metals. Bd. 38, S. 195. 1927.
[3] Br. Stoughton und M. Miyake: Amer. Inst. Min. Met. Eng. Bd. 73, S. 541. 1926.
[4] R. Chadwik: J. Inst. Metals. Bd. 39, S. 285. 1928.
[5] Bakken und Wood: Amer. Soc. Steel Treat-Handbook Nr. 560. 1929.
[6] G. W. Pearson: Ind. engin. Chem. Bd. 22, S. 367. 1930.

In Abb. 18 ist das Ergebnis unserer Versuche dargestellt. In allen drei Fällen kann die bei Mischkristallbildung eintretende Gitteränderung gut durch eine lineare Abnahme von c und a mit steigender Atomkonzentration dargestellt werden. Der Sinn der Gitteränderung war durchaus zu erwarten, da alle drei Zusatzmetalle einen kleineren Atomradius haben als das Magnesium (Mg: 1,62, Al: 1,43, Zn: 1,33 und Mn: 1,29 ÅE[1]). Das Ausmaß der Gitterschrumpfung entspricht allerdings nicht den Unterschieden in den Atomradien, da dem Mangan bei größtem Unterschied der Atomgröße die

gegeben. Die Grenzlöslichkeit bei der jeweiligen eutektischen Temperatur beträgt danach für Aluminium 12,1%, für Zink 8,4% und für Mangan 3,3%. Die Löslichkeit bei Zimmertemperatur ist für Aluminium auf ∞2% und für Zink auf etwas über 1% zu schätzen; das Mangan ist schon bei 200° praktisch ganz ausgeschieden.

Ein mikroskopischer Nachweis der Temperaturabhängigkeit der Löslichkeit von Mangan ist in Abb. 20 gegeben, die eine Mn—Mg-Legierung mit 3,7% Mn im

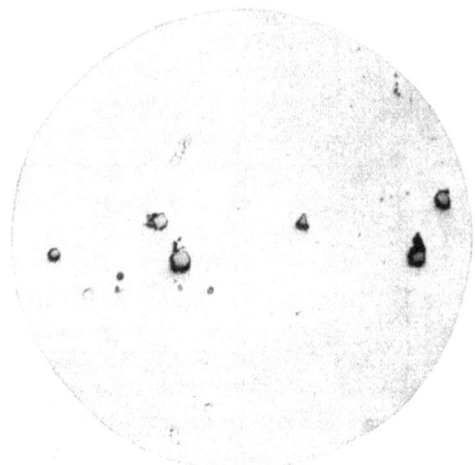

Abb. 20a. Mangan—Magnesium-Legierung (3,7% Mn); V = 150.

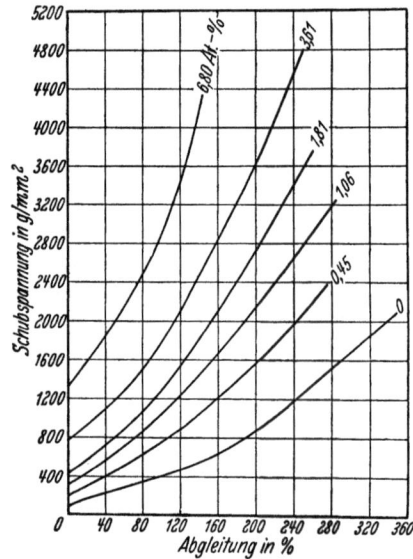

Abb. 21. Konzentrationsabhängigkeit der Verfestigungskurve von Al—Mg-Mischkristallen.

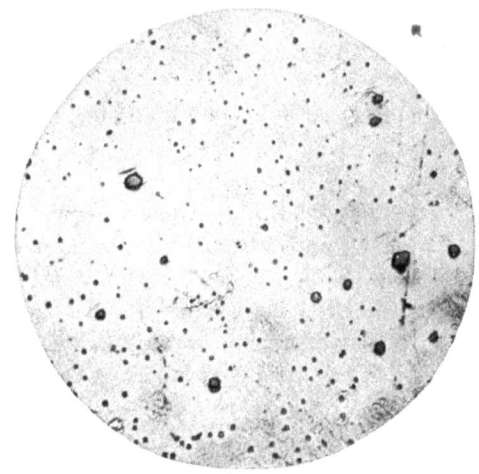

Abb. 20b. a) bei 600° C homogenisiert, b) bei 500° C angelassen.

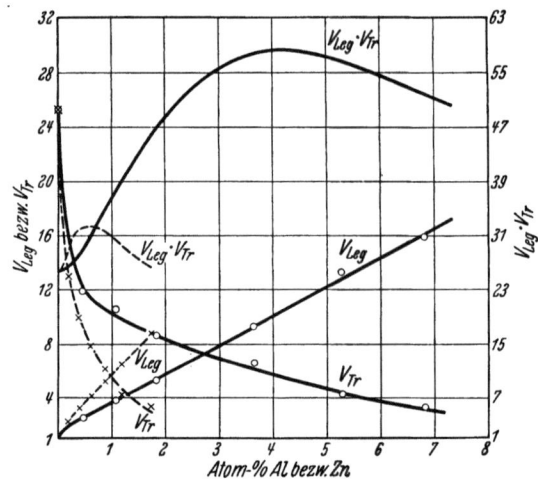

Abb. 22. Verfestigung von Al—Mg- und Zn—Mg-Mischkristallen.

kleinste Wirkung zukommt. Die in der Abbildung ebenfalls angeschriebenen, den jeweils höchsten Konzentrationen zugehörigen Achsenverhältnisse zeigen, daß diese Größe nur sehr wenig durch Mischkristallbildung beeinflußt wird.

Auf Grund von Präzisionsaufnahmen von bei verschiedenen Temperaturen angelassenen und sodann abgeschreckten Proben kann nun bei Kenntnis der Konzentrationsabhängigkeit der Gitterkonstanten bzw. des Netzebenenabstandes der oben erwähnten Ebenen die Temperaturabhängigkeit der Löslichkeit der drei Metalle in Magnesium bestimmt werden. Diese röntgenographisch ermittelten Grenzkurven sind in Abb. 19a bis c wiedergegeben, die eine Mn—Mg-Legierung mit 3,7% Mn im homogenisierten Zustand (1 Tag, 600° C; Abb. 20a) und im angelassenen Zustand (16 Tage bei 500° C; Abb. 20b) zeigt. Neben primär vorhandenem Mangan ist die Ausscheidung in Abb. 20b deutlich erkennbar.

In Abb. 19 sind zum Vergleich auch die neueren, in der Literatur vorhandenen Bestimmungen der Löslichkeit eingezeichnet. Insbesondere im Falle des Aluminiums treten erhebliche Unterschiede zwischen der thermisch und mikroskopisch erhaltenen Grenzlinie und der röntgenographischen Bestimmung auf, die eine sehr viel stärkere Abnahme der Löslichkeit mit sinkender Temperatur nachweist. Gegen die hohe Löslichkeit der Zimmertemperatur waren hier auch bereits auf Grund von Vergütungserscheinungen an Legierungen mit 6%

[1] Nach V. M. Goldschmidt: Geochem. Verteilungsgesetze der Elemente.

Aluminium Einwände erhoben worden (K. L. Meißner). Da es röntgenographisch durch Feststellung der Änderungen der Gitterdimensionen gelingt, auch Ausscheidungen nachzuweisen, die noch unterhalb der mikroskopischen Sichtbarkeit liegen, ist den so ermittelten Grenzkurven zweifellos der Vorzug zu geben, solange die Glühungen nicht auf so lange Zeiten erstreckt werden, in denen Koagulation der Ausscheidungen eintreten kann.

2. Zugversuche an Magnesium-α-Mischkristallen.

Die Bedeutung der Mischkristallbildung für die Festigkeitseigenschaften geht deutlich aus dem in Abb. 21 wiedergegebenen Beispiel der Verfestigungskurven von Mischkristallen verschiedener Al-Konzentration hervor. Außer einem erheblichen Anstieg der Ausgangsschubfestigkeit der Basisgleitfläche tritt hier auch eine starke Erhöhung der Endschubfestigkeit bei nur mäßigem Rückgang der Grenzabgleitung auf.

Abb. 22 möge andeuten, in welcher Weise man derartige Versuche mit zu einer technologischen Bewertung der Mischkristallbildung heranziehen kann. Es ist hier für die beiden binären Mischkristallreihen Al—Mg und Zn—Mg als V_{Leg} zunächst die durch Legierung bewirkte Erhöhung der Ausgangsschubfestigkeit der Basis

$$\left(V_{\text{Leg}} = \frac{S_{0,\,\text{Leg}}}{S_{0,\,\text{Mg}}}\right)$$

dargestellt. Die spezifische, verfestigende Wirkung des Zinks ist fast doppelt so groß wie die des Aluminiums. Möglicherweise ist dies eine Folge der erheblich stärker kontrahierenden Wirkung des Zinks auf das Magnesiumgitter[1]. V_{Tr} gibt die Erhöhung der der jeweiligen Konzentration entsprechenden Ausgangsschubfestigkeit im Zerreißversuch $\left(V_{\text{Tr}} = \frac{S_e}{S_0}\right)$. Zufolge des starken Anstieges der Ausgangsschubfestigkeit sinkt diese durch Translation bewirkte Schubverfestigung mit steigender Konzentration in beiden Fällen erheblich ab. $V_{\text{Leg}} \cdot V_{\text{Tr}}$ gibt schließlich die maximal durch Legierung und Dehnung erzielbare Verfestigung an. Man erkennt, daß in beiden Fällen nicht der höchsten Konzentration das Maximum der Verfestigbarkeit entspricht. Ein völlig gleichartiges Verhalten wie die maximale Verfestigbarkeit zeigt auch die den Kristallen bis zum Zerreißen zuführbare Deformationsenergie.

---

[1] Orientierende Versuche zeigten, daß die verfestigende Wirkung des Mangans noch deutlich hinter der des Aluminiums zurückbleibt.

Über die Temperaturabhängigkeit der Kristallplastizität.
III. Aluminium.
Von W. Boas und E. Schmid[1].

Die Vorgänge bei der Dehnung von hexagonalen Metallkristallen sind an Kadmium, Zink[2] und Magnesium[3] in einem weiten Temperaturbereich untersucht. Es hat sich dabei gezeigt, daß die Basistranslation in allen Fällen der bei weitem überragende Deformationsmechanismus bleibt. Nur beim Magnesiumkristall tritt über 250° C eine neue, bei tieferen Temperaturen nicht beobachtete Translation nach einer Pyramidenfläche [wahrscheinlich $(10\bar{1}1)$] hinzu, deren Gleitrichtung wie bei der Basistranslation eine digonale Nebenachse I. Art ist. Das Formänderungsvermögen dieser Kristalle erfährt dadurch naturgemäß eine außerordentliche Steigerung[4].

In dynamischer Hinsicht wurde für die Basistranslation das durch Schubspannungsgesetz und Verfestigungskurve gekennzeichnete Verhalten bei allen untersuchten Temperaturen (und Versuchsgeschwindigkeiten) bestätigt gefunden. Als Bruchbedingung ergab sich angenähert die Erreichung einer temperaturunabhängigen Deformationsenergie, deren Betrag für die drei untersuchten Metalle zwischen dem 4fachen und 18fachen der spezifischen Wärme (bei 18° C) lag.

Eingehende Untersuchungen über die Deformation kubischer Metallkristalle bei von Raumtemperatur abweichenden Temperaturen liegen bisher nicht vor. Karnop und Sachs[1] stellten in orientierenden Versuchen fest, daß die Endlage von Aluminiumkristallen, die bei Temperaturen über 450° C gedehnt worden waren, nicht wie bei Raumtemperatur die [112]-Lage, sondern je nach der Ausgangsorientierung des Kristalles die [100]- oder [111]-Lage ist. Auf Grund der beobachteten Querschnittsänderungen wurde auf die Betätigung mehrerer Gleitsysteme geschlossen. Fließversuche haben Yamaguchi und Togino[2] ausgeführt, ohne eine grundsätzliche Änderung im Verhalten gegenüber dem bei Zimmertemperatur festzustellen.

Im nachfolgenden beschreiben wir die Ergebnisse von Dehnungsversuchen an Aluminiumkristallen, die im Temperaturbereich von —185 bis 600° C durchgeführt worden sind. Das zur Verfügung stehende Ausgangsmaterial hatte einen Reinheitsgrad von 99,63% (0,23% Fe, 0,14% Si). Die Kristalle wurden nach dem Rekristallisationsverfahren hergestellt. Der Durchmesser der Kristallstäbe betrug 2,5 mm. Die Lage des Kristallgitters in den Stäben wurde röntgenographisch bestimmt. Eine Übersicht über die Orientierungen der bei den verschiedenen Temperaturen untersuchten Kristalle geben die Abb. 1a und b. Die Zerreißversuche wurden in

---

[1] Original: Z. Phys. B. 71, S. 703. 1931.
[2] I.: W. Boas und E. Schmid, Z. Phys. Bd. 61, S. 767. 1930 (Kadmium). II.: W. Fahrenhorst und E. Schmid: ebenda Bd. 64, S. 845. 1930 (Zink).
[3] E. Schmid: Z. Elektrochem. Bd. 37, S. 447. 1931.
[4] Eine bei der Dehnung von Zinkkristallen im Temperaturgebiet von 100 bis 200° auftretende Streifung konnte bisher nicht gedeutet werden. Möglicherweise handelt es sich dabei ebenfalls um die Spuren neuer Translationsebenen.

[1] R. Karnop und G. Sachs, Z. Phys. Bd. 41, S. 116. 1927; Bd. 42, S. 283. 1927.
[2] K. Yamaguchi und S. Togino: Scient. Pap. Inst. Phys. and Chem. Res. Bd. 9, S. 277. 1929.

Schopperschen Festigkeitsprüfern mit einer anfänglichen Anspannungsgeschwindigkeit von 50 g/mm² in der Sekunde ausgeführt. Durch Einbau einer schon früher beschriebenen Zusatzvorrichtung (vgl. I) in die Zerreißmaschine konnte der zu untersuchende Kristall völlig in ein Bad der gewünschten Temperatur (flüssige Luft, Öl, Salpeter) gebracht werden.

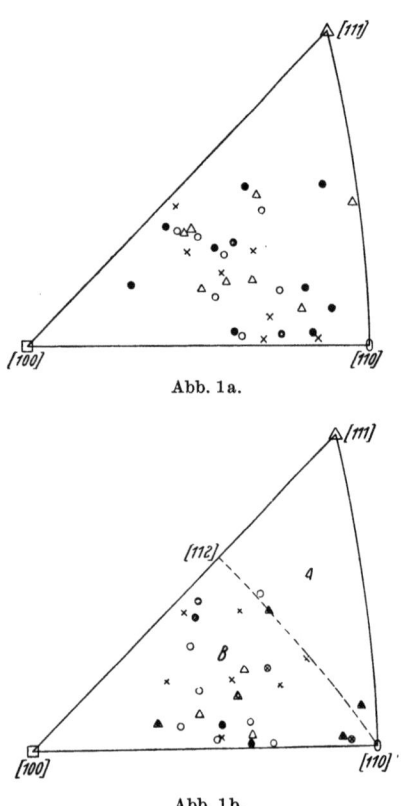

Abb. 1a.

Abb. 1b.
Abb. 1a und b. Orientierung der untersuchten Kristalle.
a) ○ —185°, × 18°, ● 100°, △ 200°.
b) ○ 300°, × 400°, ● 500°, △ 600°.

I. Kristallographisch-geometrische Beschreibung der Vorgänge bei der Dehnung.

Durch die Untersuchungen von Taylor und Elam[1] sind die Vorgänge bei der Dehnung von Aluminiumkristallen bei Raumtemperatur klargelegt worden. Von den zwölf möglichen Translationssystemen (Translationsfläche (111), Translationsrichtung [10$\bar{1}$]) betätigt sich zunächst das durch größte Schubspannung ausgezeichnete. Die dabei eintretende Gitterdrehung besteht in einem Umfallen der Längsachse auf die als Translationsrichtung wirkende Flächendiagonale. Bevor diese Flächendiagonale jedoch erreicht wird, gelangt ein zweites Translationssystem in eine geometrisch gleich günstige Lage wie das zuerst wirksam gewordene, und die weitere Dehnung erfolgt nun durch abwechselnde Betätigung dieser beiden Systeme. Eine geringfügige Verspätung des zweiten Systems zeigt an, daß es bei der Dehnung etwas stärker verfestigt worden ist als das wirksame Gleitsystem. Die Längsachse gedehnter Kristalle strebt einer Endorientierung parallel einer [112]-Richtung zu, die stabil gegenüber den beiden Gitterdrehungen ist. Bei Ausgangslagen der Längsachse unter kleinem Winkel zu Symmetrieebenen wurde gelegentlich schon vom Beginn

[1] G. I. Taylor und C. F. Elam: Proc. Roy. Soc. London (A) Bd. 102, S. 643. 1923; Bd. 108, S. 33. 1925.

der Dehnung ab die Betätigung mehrerer Oktaedertranslationssysteme beobachtet, in denen bei diesen Orientierungen nur wenig voneinander verschiedene Schubspannungen herrschen.

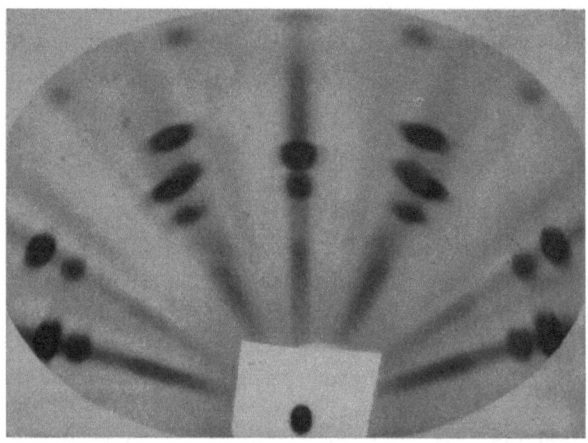

Abb. 2. Endlage [112] eines bei 400° C gedehnten Aluminiumkristalls. Mo-Strahlung.

Der von Taylor und Elam beschriebene Allgemeinfall des Dehnungsvorganges ist von uns sowohl bei tiefen Temperaturen (—185° C) als auch bei erhöhten Temperaturen (bis zu 400° C) stets wiedergefunden worden. Auch in bezug auf die Verspätung des zweiten Translationssystems zeigte sich kein merklicher Einfluß der Versuchstemperatur. Die Verfolgung der Gitterdrehung bei der Dehnung zeigte, daß stets innerhalb der Fehlergrenzen ($\infty 1\frac{1}{2}°$) die Symmetrale um denselben Betrag (3°) überschritten wurde. Da die Größe der Überschreitung ein Maß des Unterschiedes der Verfestigung von wirksamer und latenter Translationsfläche darstellt, ergibt sich somit, daß dieser Verfestigungsunterschied im Bereich von —185 bis 400° C weitgehend temperaturunabhängig ist.

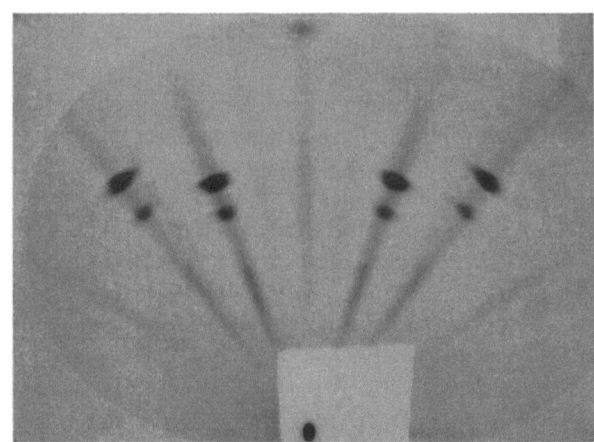

Abb. 3. Endlage [111] eines bei 500° C gedehnten Aluminiumkristalls. Mo-Strahlung.

Die Annäherung an die theoretische Endlage [112] bleibt zwischen —185 und 400° C ungefähr gleich. In der Regel zerreißen die Kristalle bereits lange vor Erreichung dieser Endlage. Auch im Fließkegel der Kristalle ist bei diesen Temperaturen die Orientierung der Längsachse parallel [112] noch nicht vorhanden.

Sehr viel besser wird diese Endlage von Kristallen, die bei 400° C gedehnt sind, erreicht. Außer im Fließkegel wird sie hier gelegentlich auch schon im gleichmäßig gedehnten Teil von Kristallen beobachtet (vgl. Abb. 2). Neu hinzu kommt bei dieser Temperatur eine Endlage parallel der Raumdiagonalen im Fließkegel von Kristallen. Diese neue Endlage wird bei noch höherer Versuchstemperatur (500 bis 600° C) auch schon im gleichmäßig gedehnten Teil von Kristallen erreicht (Abb. 3). Voraussetzung dazu ist, daß die Ausgangsorientierung der Kristalle im Teil A des Orientierungsdreiecks (Abb. 1b) liegt.

Auch das Verhalten von Kristallen mit Orientierungen aus dem der Würfelachse [100] zu gelegenen Teil B des Orientierungsdreiecks weicht von dem für niedrigere Temperaturen charakteristischen ab. Die Orientierung der gedehnten Kristalle nähert sich hier der Würfelkante; eine Erreichung dieser Lage haben wir nicht beobachtet.

Zu den beiden Fällen, die zu einer Abweichung von dem Taylor-Elamschen Normalfall führen, ist noch zu bemerken, daß wiederholt auch schon vom Beginn der Dehnung ab die Gitterdrehung nicht der Betätigung des günstigst liegenden Oktaedertranslationssystems allein entspricht, sondern als Resultierende mehrerer gleichzeitig wirkender Translationen aufgefaßt werden muß.

Im Falle der Annäherung an die Raumdiagonale tritt mit der Abweichung von der gewohnten Gitterdrehung deutlich auch eine neue Formänderung der Kristalle auf (Abb. 4). Das Kristallband schnürt sich seitlich ein und zeigt im eingeschnürten Teil deutlich eine neue Translationsstreifung. Besonders klar tritt diese neue Streifung auf dem in Abb. 5 dargestellten Bild eines bei 600° C gedehnten Kristalls auf.

Die Bestimmung der Translationselemente der neuen Gleitung erfolgte auf röntgenographischem Wege. Die Translationsrichtung wurde durch eine Drehkristallaufnahme um die durch die Gestaltsänderung des Kristallbandes gegebene Richtung der Abgleitung erschlossen, die Translationsfläche durch eine Laueaufnahme senkrecht zur neuen Gleitebene. Abb. 6 und 7 stellen die so erhaltenen Bilder dar. Sie zeigen, daß die Gleitrichtung die Flächendiagonale, die Gleitfläche der neuen Translation die Würfelfläche ist. Die Betätigung der Würfelfläche als zweitbester Translationsfläche des Aluminiumkristalls gibt wieder ein Beispiel für die bisher stets gefundene Beziehung zwischen Belegungsdichte und Gleitfähigkeit, da ja die Würfelfläche die zweitdichtest belegte Ebene kubischflächenzentrierter Kristalle darstellt.

Auch die oben erwähnte Abwanderung nach der Würfelkante beruht auf der Wirksamkeit mehrerer Translationssysteme während der Dehnung der Kristalle. Da die neue Streifung hier jedoch nur sehr schwach erkennbar ist, konnte eine analoge röntgenographische

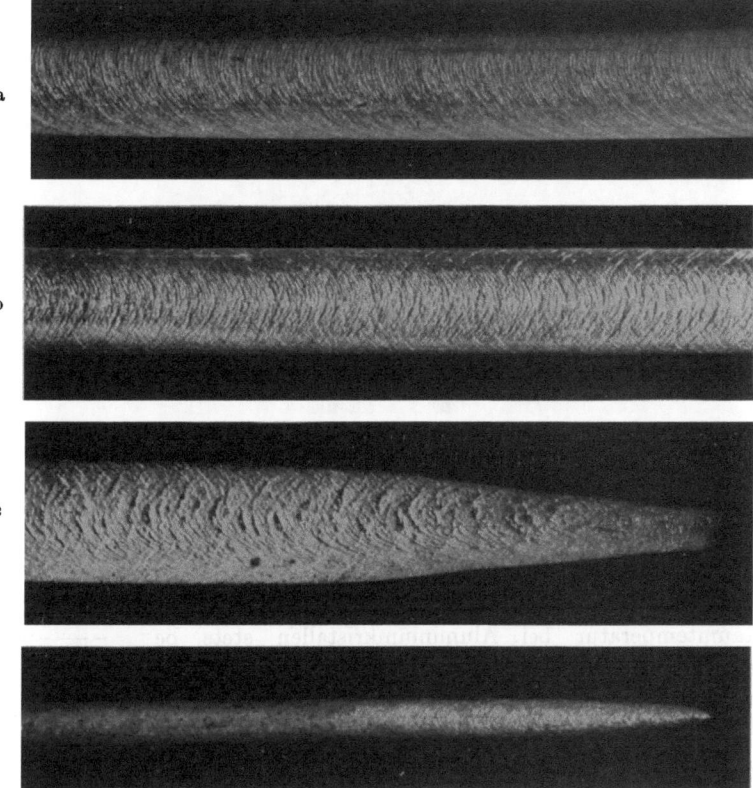

Abb. 4. Bei 400° C gedehnter Aluminiumkristall.
a) Einfache Oktaedergleitung. b) Doppelte Oktaedergleitung. c) und d) Neue Translation im Blick senkrecht und parallel der ursprünglichen Bandebene. $v = 6$.

Analyse nicht durchgeführt werden. Es besteht jedoch kein Grund, hier an der Betätigung eines weiteren Oktaedersystems als neues Translationssystem zu zweifeln. Wie Abb. 8 zeigt, ist in dem in Frage

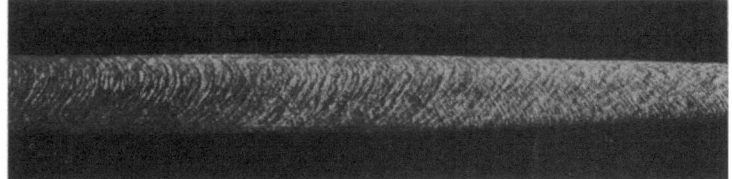

Abb. 5. Bei 600° C gedehnter Aluminiumkristall.
a) Einfache Oktaedergleitung. $v = 9$. b) Neue Translation. $v = 5$.

stehenden Orientierungsgebiet (B) ja in vier Oktaedergleitsystemen (welchen drei verschiedene Oktaederflächen angehören) die wirksame Schubspannung ungefähr gleich groß. Für Orientierungen in der Nähe von [112] sind dagegen die beiden geometrisch günstigst liegenden Oktaedersysteme gegenüber den nächstfolgenden stark bevorzugt, so daß hier ein kristallographisch ungleichwertiges Translationssystem mit ins Spiel kommen kann.

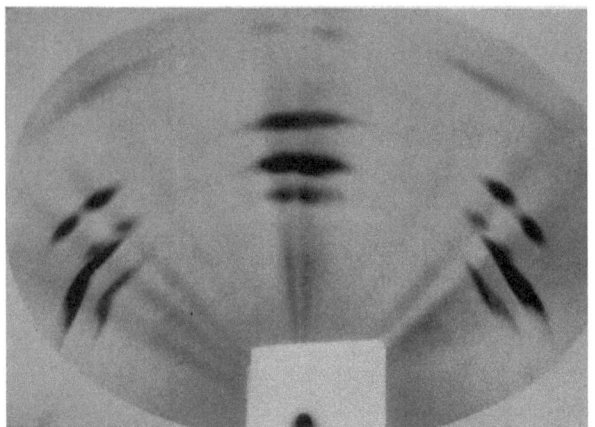

Abb. 6. Drehkristallaufnahme um die Translationsrichtung des neuen Translationssystems; [101] ∥ Drehachse. Mo-Strahlung.

II. Dynamik der Translation.

Bei der dynamischen Kennzeichnung der Oktaedertranslation ist zunächst hervorzuheben, daß das bei Raumtemperatur bei Aluminiumkristallen stets beobachtete Fehlen einer ausgeprägten Streckgrenze auch für alle anderen hier verwendeten Temperaturen gilt. Auf Angabe von Initialschubspannungen für Aluminiumkristalle wurde daher verzichtet. Die Aluminiumkristalle stehen damit in bemerkenswertem Gegensatz zu den hexagonalen Metallkristallen, bei denen mit Temperaturerhöhung die Deutlichkeit der Streckgrenze erheblich zunimmt.

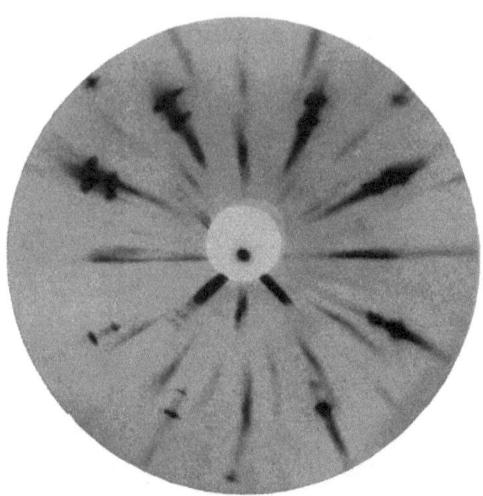

Abb. 7. Laueaufnahme senkrecht zur neuen Translationsfläche. Vierzähliges Bild.

In Abb. 9 sind zunächst als Beispiel Gesamtdehnungskurven einer Reihe ähnlich orientierter Kristalle wiedergegeben. Man sieht, daß die Verfestigung mit steigender Temperatur stark abnimmt, daß aber die Dehnung zwischen —185 und 300°C merklich konstant bleibt. Auch hierin unterscheiden sich die Aluminiumkristalle von den hexagonalen Kristallen, bei denen Temperaturerhöhung im allgemeinen mit starker Vergrößerung der Dehnung verknüpft ist. Eine starke Zunahme erfährt das Ausmaß der Dehnung bei 400 und 500°C; es folgt bei 600°C ein

erhebliches Wiederabsinken, das darauf zurückzuführen ist, daß sich hier zufolge des frühzeitigen Hinzutretens neuer Translationen die primäre und sekundäre Oktaedertranslation nicht voll auswirken können. Durch eintretende Rekristallisation ist der Ablauf der Dehnung in keinem Falle, auch nicht bei 600°, gestört worden. Lediglich an der äußersten Spitze der Fließkegel wiesen die bei 500 und 600° gedehnten Kristalle Kornzerfall auf.

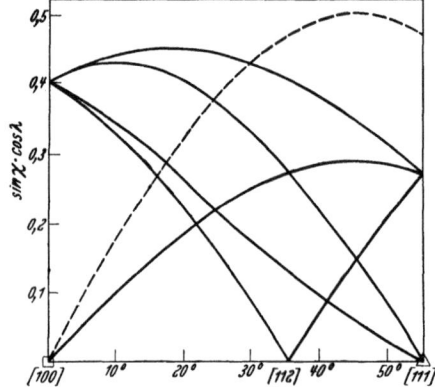

Abb. 8. Geometrische Begünstigung verschiedener Translationssysteme (für Kristallorientierungen in der (01̄1)-Fläche zwischen [100] und [111])[1].
——— Oktaedergleitsysteme (jeder Kurve entsprechen zwei Systeme).
- - - - Bestes Würfelgleitsystem.
χ = Winkel zwischen Zugrichtung und Translationsfläche.
λ = Winkel zwischen Zugrichtung und Translationsrichtung.

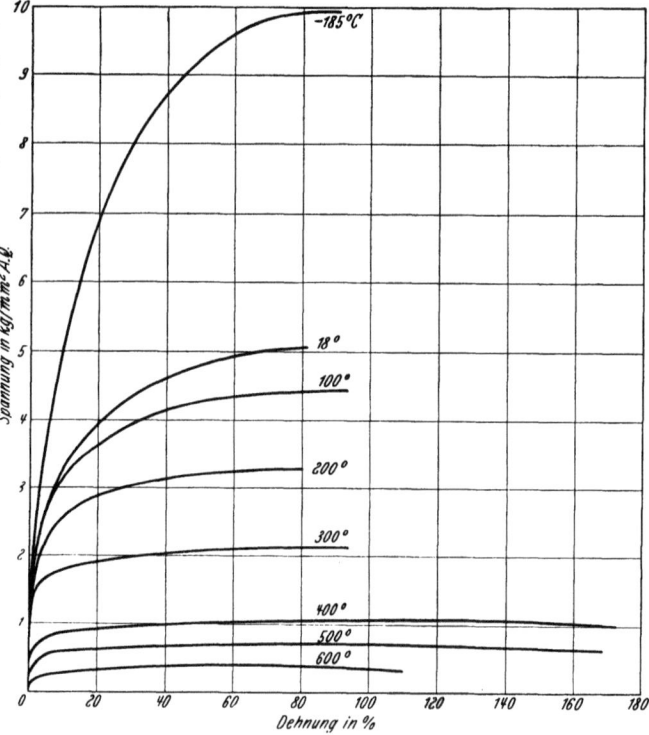

Abb. 9. Dehnungskurven von Aluminiumkristallen bei verschiedenen Temperaturen.
$82°\,50' \leq \varrho_1 \leq 89°\,30'$; $51°\,40' \leq \varrho_2 \leq 62°\,40'$; $28° \leq \varrho_3 \leq 38°\,20'$
(ϱ_i = Neigungswinkel der Längsachse zu den drei Würfelachsen).

In Abb. 10 sind alle aufgenommenen Dehnungskurven als „Verfestigungskurven" wiedergegeben, soweit es sich um die primäre Oktaedertranslation (Abgleitung auf dem zuerst wirksam gewordenen System) handelt. Die in die Abbildung eingezeichneten Streubereiche umfassen je 8 bis 10 Einzelkurven. Wenn auch der Beginn

---

[1] Vgl. W. Boas und E. Schmid, Z. techn. Phys. Bd. 12, S. 71. 1931.

ausgiebiger Translation wegen der Unschärfe der Streckgrenze nicht zahlenmäßig angegeben werden kann, so ist doch aus der Abbildung erkennbar, daß der Einfluß der Temperatur von derselben Größenordnung ist wie bei den hexagonalen Metallen. Jedenfalls genügt auch bei —185°C bereits eine Schubspannung von ~ 800 g/mm² zur Herbeiführung deutlicher Oktaedertranslation. Im Gegensatz zur verhältnismäßig geringen Temperaturabhängigkeit des Dehnungsbeginns weist der Anstieg der Schubfestigkeit mit zunehmender Abgleitung ungefähr die gleiche starke Abhängigkeit von der Versuchstemperatur auf, wie sie von den Untersuchungen an hexagonalen Metallen her bekannt ist. Auch hier ist eine zahlenmäßige Darstellung durch Angabe von

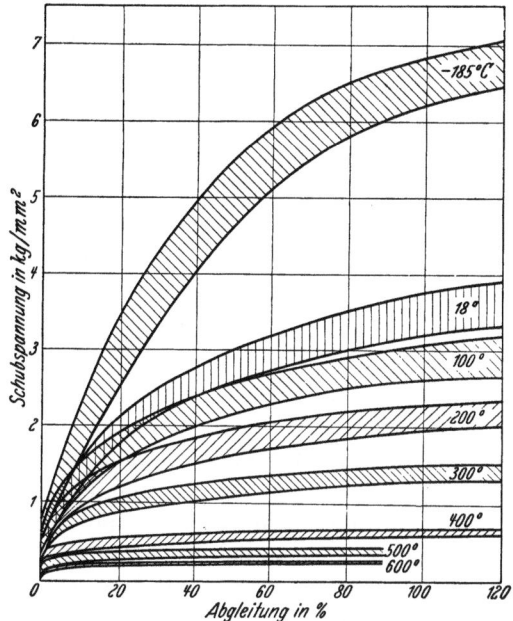

Abb. 10. Verfestigungskurven von Aluminiumkristallen bei verschiedenen Temperaturen.

Verfestigungskoeffizienten unmöglich, da eine Annäherung der Verfestigungskurven durch gerade Linien nicht zulässig ist. Die von uns für Raumtemperatur erhaltene Verfestigungskurve liegt zwischen den von Karnop und Sachs[1] und den von Weerts[2] angegebenen Mittelkurven.

Ebensowenig wie für das Oktaedergleitsystem können wir für das bei hohen Temperaturen auftretende Würfelgleitsystem die Initialschubfestigkeit angeben. Wohl aber können wir aus der Gitterlage, bei der sicher die Würfelgleitung einsetzt, eine Abschätzung ihrer Gleitfähigkeit im Verhältnis zu der einer Oktaederfläche durchführen. Allerdings handelt es sich dabei vorläufig noch um gedehnte Kristalle, so daß das entsprechende Verhältnis im unversehrten Ausgangskristall nicht notwendig dasselbe zu sein braucht. Der Abschätzung legen wir die Tatsache zugrunde, daß in der zunächst durch Oktaedertranslation erstrebten Endlage [112] Würfelgleitung einsetzt, die zur neuen Endlage [111] führt.

---
[1] R. Karnop und G. Sachs: Z. Phys. Bd. 41, S. 116. 1927.
[2] J. Weerts, Forsch.-Arb. Ing. H. 323. 1929.

Im Falle einer Zugrichtung parallel [112] herrscht, wenn Z die angelegte Spannung ist, in den zwei günstigsten Oktaedertranslationssystemen eine Schubspannung

$$S_{(111)} = Z \cdot \sin 28° \cdot \cos 30° = 0,408\, Z,$$

im günstigst liegenden Würfelgleitsystem (vgl. die gestrichelte Kurve in Abb. 8)

$$S_{(100)} = Z \cdot \sin 54° 44' \cdot \cos 54° 44' = 0,471\, Z.$$

Das Eintreten der Würfelgleitung in der [112]-Lage sagt demnach aus, daß die Schubfestigkeit der Würfelfläche in Richtung einer Flächendiagonalen die eines Oktaedertranslationssystems nur um etwa 15% übertrifft.

Welche technische Bedeutung dieser hier nachgewiesenen Würfeltranslation zukommt, kann heute noch nicht beantwortet werden. Insbesondere ist die Frage nach ihrem Anteil beim Zustandekommen der Deformationstexturen polykristallinen Materials noch offen.

Zusammenfassung.

Die Untersuchung der Dehnung von Aluminiumkristallen im Temperaturgebiet von —185 bis 600°C zeigt, daß das Verhalten der Kristalle sich bei etwa 400°C in auffälliger Weise ändert. Im Temperaturgebiet bis 400°C bleibt der von Taylor und Elam beschriebene Normalfall der Translation bestehen. Eine Temperaturabhängigkeit des Unterschiedes in der Verfestigung von wirksamem und latentem Oktaedergleitsystem ist nicht festzustellen. Das Ausmaß der Dehnung nimmt in diesem Temperaturgebiet mit steigender Temperatur nicht zu. Auch die Ausbildung einer Streckgrenze wird bei Temperaturerhöhung keineswegs schärfer. Die Temperaturabhängigkeit der Verfestigung ist ungefähr gleich der früher an hexagonalen Metallkristallen gefundenen.

Bei Temperaturen oberhalb 400°C zeigen die Kristalle je nach ihrer Orientierung verschiedenes Verhalten. Bei Kristallen mit Ausgangsorientierungen aus dem Gebiet zwischen Raumdiagonale, Flächendiagonale und [112]-Richtung tritt im Anschluß an die Oktaedergleitung eine neue Translation nach der Würfelfläche (mit der Flächendiagonalen als Gleitrichtung) auf, die es mit sich bringt, daß die Endlage derart orientierter Kristalle nicht mehr die [112]-Lage, sondern die Raumdiagonale ist. Eine Abschätzung der Gleitfähigkeit dieses neuen Translationssystems zeigt, daß seine Schubfestigkeit (allerdings nach vorangegangener Oktaedergleitung) nur um etwa 15% größer ist als die des Haupttranslationssystems. Auch bei Orientierungen aus dem Gebiet zwischen Würfelkante, Flächendiagonale und [112]-Richtung treten bei den hohen Temperaturen neue Translationen auf, die eine Abweichung der Endlage von der [112]-Richtung zur Würfelkante hin bedingen. Hier dürfte es sich um Betätigung weiterer Oktaedertranslationssysteme handeln.

Fräulein H. Möbes hat uns bei der Durchführung dieser Arbeit bestens unterstützt, wofür wir ihr herzlichen Dank sagen.

Der Notgemeinschaft der Deutschen Wissenschaft sind wir für Bewilligung von Mitteln zu großem Dank verpflichtet.

Rückbildung des Rekristallisationsvermögens durch Rückformung.

Von P. Beck und M. Polanyi[1].

Die ersten Beobachtungen, aus denen geschlossen wurde, daß das Rekristallisationsvermögen durch Rückgängigmachung der Formänderung, die es herbeigeführt hatte, unter Umständen zurückgebildet werden kann, liegen schon fast ein Jahrzehnt zurück[2]. Dennoch hat die Literatur den Nachweis dieser Erscheinung nicht anerkannt. Es haben sogar neuerdings die Herren van Arkel und Ploos van Amstel auf Grund der Nachprüfung der ursprünglichen experimentellen Unterlagen ihre Existenz durchaus in Abrede gestellt[3]. Wir haben es daher als geboten erachtet, diese Frage, die uns von grundsätzlicher Bedeutung schien, einer neuen eingehenden Untersuchung zu unterziehen. Wir haben geprüft, inwiefern man das Rekristallisationsvermögen, das durch Biegung eines Kristallstabes einsetzt, durch Rückbiegung desselben beseitigen kann, und ob, wenn dies zutrifft, dabei auch die Verfestigung zurückgeht oder diese (wie bisher angenommen) auch bei rückläufigen Rekristallisationsvermögen weiter fortschreitet.

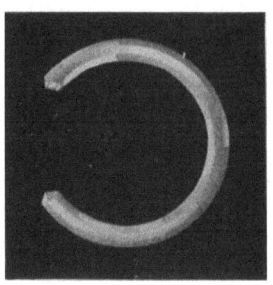

Abb. 1. Rekristallisation (außen und innen) an einem hakenförmig gebogenen Aluminiumkristall.

Wir haben zunächst Aluminiumeinkristallstäbe von etwa 0,5 cm Durchmesser und etwa 15 cm Länge um zylindrische Dorne kreisförmig gebogen und dann durch halbstündiges Ausglühen bei 640° C zur Rekristallisation gebracht. Bei ausreichender Schärfe der Krümmung erhält man auf die Weise an den äußeren und inneren Seiten der Kristalle Rekristallisationszonen, wie im Beispiel der Abb. 1 gezeigt ist. Man erkennt die Konfiguration besonders deutlich an einer Probe, bei der es gelang, die rekristallisierte Zone in der Hitze mechanisch abzulösen (Abb. 2). Wir sehen, daß die Rekristallisation bei gegebener Verformung nur bis zu einer gewissen Tiefe vorschreitet, und daß man diese Tiefe t aus der Breite der rekristallisierten Zone b mit ausreichender Genauigkeit ermitteln kann (Abb. 3). Auf die Korrekturgrößen, die dabei einzuführen waren, wollen wir hier nicht näher eingehen.

Man sieht also, daß das Wachstum der neuen Kristalle an einer wohldefinierten Grenzfläche haltmacht. Da diese Kristalle nach den verschiedensten kristallographischen Richtungen wachsend an diese Grenzfläche stoßen, so muß die Ursache dafür, daß das Wachstum an dieser Stelle aufhört, an dem zur Aufzehrung gelangenden Kristalle selbst gelegen sein. Die Rekristallisationszone kann also als das Bereich betrachtet werden, in dem die Kaltbearbeitung eine „Aufzehrbarkeit" des verformten Kristalles hervorgerufen hat. Als zahlenmäßiges Maß der Aufzehrarbeit ist in der Folge der aufgezehrte Anteil des Durchmessers $V = \dfrac{t_1 + t_2}{d}$ eingeführt worden.

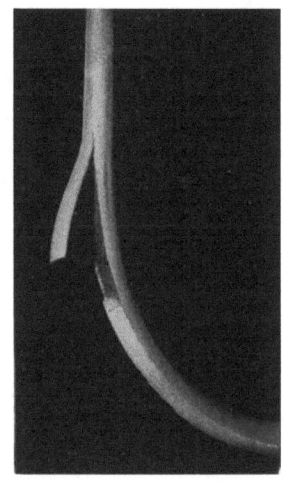

Abb. 2. Sichtbarmachung der Begrenzungsfläche der Rekristallisationszone (Probestück hakenförmiger Kristall, wie in Abb. 6).

Da aus älteren Erfahrungen anzunehmen war, daß die gesuchte mechanische Rückbildung des Rekristallisationsvermögens bei hochgradiger Kaltbearbeitung nicht vorhanden ist, so waren wir bestrebt, für unsere Versuche das Gebiet aufzusuchen, in dem die Formänderung gerade ausreicht, um (bei höchst zulässigen Glühtemperaturen) eine Rekristallisation anzuregen. Es trat dabei eine Schwierigkeit auf, indem sich zeigte, daß die Kristalle, wenn man sie biegt, im allgemeinen auch eine Drillung erfahren, durch die die Formänderung ungleichmäßig wird. Um dies zu vermeiden, muß man die Biegung in bestimmten kristallographischen Ebenen vornehmen, die je nach der kristallographischen Orientierung der Stabachse verschieden sind. Im ganzen stellten sich dabei vier Gruppen heraus, deren Kennzeichen in der untenstehenden kleinen Tabelle aufgeführt sind. Für jeden dieser Fälle ist das Maß der Krümmung, bei der die Rekristallisation einsetzt, verschieden, und es

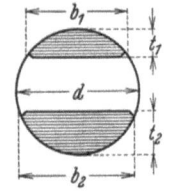

Abb. 3. Schema, nach dem die Tiefen t_1 und t_2, bis zu denen die Rekristallisation vordringt, aus den Breiten b_1 und b_2 der rekristallisierten Zonen berechnet wurden.

wechselt auch die Lage der Rekristallisationszone, indem der Stab bei der einen Gruppe zunächst innen, bei der anderen zunächst außen rekristallisiert. Der Kürze halber beschränken wir uns darauf, das Verhalten nur einer Gruppe (der Gruppe I) darzustellen, deren Bild sich jedoch bei den anderen Gruppen typisch wiederholt.

Gruppe	Orientierung der Stabachse in Nähe von	Biegungsebene in Nähe von
I	[100]	(001)
II	[110]	(001)
III	[111]	(011)

Die Kurve A (Abb. 4) zeigt das Einsetzen und weitere Anwachsen der Aufzehrbarkeit mit fortschreitender Ver-

---

[1] Original: Z. Elektroch. Bd. 37, Nr. 8/9, S. 521. 1931.
[2] Vgl. Ergebn. Exakt. Naturw. Bd. 2. 1923. Artikel: Masing-Polanyi: „Kaltreckung und Verfestigung". Die betreffenden Abschnitte IV, 7, 8 und 9 beruhen auf einem Vortrag von M. Polanyi: Rekr. Ausschuß d. Ges. f. Metallk. 1922 (s. Fußnote 52). Die Untersuchung ist gemeinsam mit E. Schmid an Sn-Kristallen ausgeführt worden. (Verh. d. Dt. Phys. Ges. Bd. 4. 1923; Z. Phys. Bd. 32, S. 684. 1925.) Versuche über die Al-Kristalle von J. Czochralski: Proc. Int. Congr. Appl. Mec. Delft, 1924, und Z. Metallk. Bd. 17, S. 1, 1925, lieferten neuartige Bestätigung der Erscheinung. Ergänzung durch G. Sachs, Z. Metallk. Bd. 18, S. 209. 1926. Siehe auch M. Polanyi: Naturwissensch. Bd. 16, S. 285. 1928.
[3] Z. Phys. Bd. 62, S. 46. 1930.

formung (die zahlenmäßig durch die prozentuelle Dehnung der äußersten Faser ausgedrückt ist) — wobei zunächst (bei 1) die Rekristallisation an der Innenseite beginnt und dann (bei 2) auch auf der Außenseite eintritt.

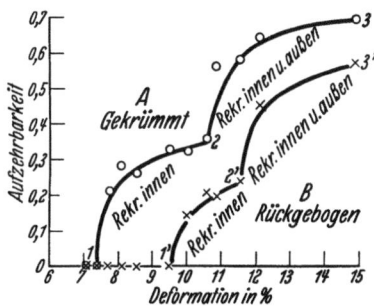

Abb. 4. Entstehung des Rekristallisationsvermögens durch Biegung und seine Rückbildung durch Rückbiegung bei wachsender Deformation.

Beim Einsetzen dieser zwei Rekristallisationsetappen steigt jeweils die Aufzehrbarkeit sehr rasch an, und zwar so, daß nach einem knickförmigen Ansatz ein stark konvexer Kurventeil folgt. In der Abb. 5 sind drei verschieden stark gebogene und dann ausgeglühte Kristalle photographiert, von denen der erste gar nicht, der zweite nur innen, der dritte sowohl innen als auch außen rekristallisiert ist.

Abb. 5. Einsetzen des Rekristallisationsvermögens bei wachsender Krümmung.

Nach diesen Vorbereitungen konnte die Wirkung der Rückbiegung auf das Rekristallisationsvermögen (Aufzehrbarkeit) vorher gebogener Kristalle untersucht werden. Der besseren Kontrolle halber wurden diese Messungen so ausgeführt, daß gebogene Kristalle etwa zur Hälfte wieder gerade gebogen wurden und man den so gewonnenen hakenförmigen Körper zur Rekristallisation brachte. So konnte an diesen Probestücken nebeneinander die Rekristallisation des gebogenen und des zurückgebogenen Teiles unter völlig gleichen Bedingungen untersucht werden. Man hat dabei noch in den Übergangsstellen zwischen dem gekrümmten und wieder geradegerichteten Teil Anhaltspunkte dafür, in welcher Weise das Rekristallisationsvermögen durch die Rückbiegung allmählich beeinflußt wird. Die Abb. 6 zeigt solche hakenförmige Probekörper, die wir untersucht haben.

Die Ergebnisse der Rekristallisationsversuche an den geradegerichteten Kristallteilen sind für die Gruppe 1 in der Abb. 4 durch Kreuze eingetragen und durch den Kurvenzug B dargestellt. Die Abszissen geben diesfalls das Maß der Verformung an, die vor der Rückbiegung bestand. Man sieht, daß es einen erheblichen Bereich (im Intervall 1 bis 1' gibt) innerhalb dessen, das durch Biegung erzeugte Rekristallisationsvermögen durch Geraderichtung völlig beseitigt wird. Bei schärferen Krümmungen ist die Wirkung der Wiederaufrichtung nicht mehr so vollständig, äußert sich aber doch auch hier sehr deutlich insofern, als die Aufzehrbarkeit überall erheblich unter die Werte herabgedrückt erscheint, die bei der Biegung entstanden waren. Auch für den Kurvenast B gilt, wie für A, daß die Rekristallisation zuerst auf der Innenseite und dann (vom Knickpunkt 2' ab) auf der Außenseite erscheint. Da der Knickpunkt 2' in der B-Kurve in bezug auf den Knickpunkt 2 der A-Kurve deutlich nach höheren Verformungen zu versetzt ist, so besteht bezüglich der Außenrekristallisation ebenfalls ein Intervall, in dem die Rückformung das Rekristallisationsvermögen völlig beseitigt. Beispiele für die in den verschiedenen Bereichen verschiedenartigen Wirkungen der Rückformung sind in Abb. 6 gezeigt. Im ganzen liefern die Beobachtungen den Nachweis, daß ein Verformungsintervall von rund 7% bis mindestens 15% gibt, innerhalb dessen das Rekristallisationsvermögen der gebogenen Kristalle durch Geraderichtung entweder ganz beseitigt oder jedenfalls erheblich herabgesetzt wird. Bei den stärksten Verformungen zeigt sich ein Abfall der Wirkung, was,

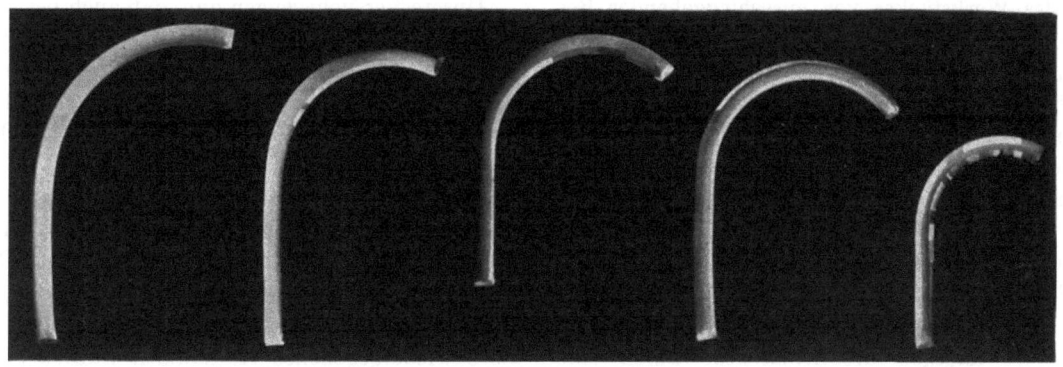

Abb. 6. Hakenförmige Probekörper bei wachsendem Krümmungsgrad. Illustration zum Schaubild Abb. 4.

Nr.	Deformation	Im gekrümmten Teil	Im rückgebogenen Teil
1	7,05%	Keine Rekristallisation	Keine Rekristallisation
2	8,55%	Rekristallisation innen	Rekristallisation innen
3	10,05%	Rekristallisation innen	Rekristallisation innen
4	10,90%	Rekristallisation innen und außen	Rekristallisation innen und außen
5	12,15%	Rekristallisation innen und außen	Rekristallisation innen und außen

wie gesagt, für sehr weitgehende Formänderungen auch früheren Erfahrungen entspricht.

Wie bereits erwähnt, kann man das Intervall, das zwischen den Kurven A und B gelegen ist, auf Grund der Beobachtungen der Rekristallisation an den zwischen den krummen und geradegerichteten Kristallteilen gelegenen Übergangsstellen wenigstens orientierungsweise überbrücken, indem man die hier allmählich steigende Wirkung der Rückbiegung an dem Schmalerwerden des rekristallisierten Bereiches verfolgt. Das Ergebnis solcher Feststellungen ist graphisch in der Abb. 7 und 8 für die

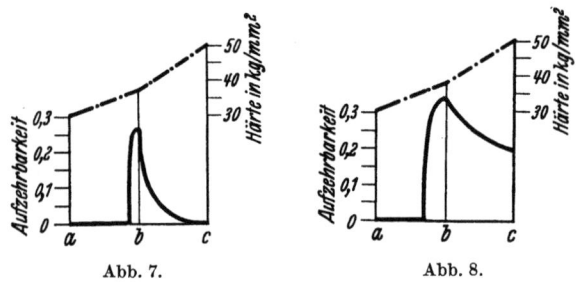

Abb. 7 und 8. Änderung der Aufzehrbarkeit und der Härte bei Biegung (Abschnitt *a* bis *b*) und bei Rückbiegung (Abschnitt *b* bis *c*).

Verformungen 8% bzw. 10% dargestellt. Die Kurvenzüge folgen im ansteigenden Teil der Kurve A aus Abb. 4, die abfallenden Kurventeile sind aus dem Übergangsgebiet zwischen gebogenen und geradegerichteten Kristallteil abgelesen. Die Kurven zeigen zwar nichts wesentlich Neues, dürften aber zur Einprägung der Erscheinung dienen.

In denselben Abbildungen ist zum Vergleich auch noch der Verlauf der Härte bei Biegung und Rückformung dargestellt. Es handelt sich um das Ergebnis von Prüfungen mit Hilfe der Kugeldruckprobe, die zuerst an dem Ausgangskristall (*a*), dann an dem hakenförmigen Probekörper, und zwar an dem gekrümmten (*b*) und auch an den geradegerichteten Teilen (*c*) ausgeführt wurden. Die Ergebnisse liefern den deutlichsten Beweis dafür, daß die Rückformung, die das Rekristallisationsvermögen ganz oder teilweise beseitigt, auf die von der Formänderung erhöhte Festigkeit keinen ähnlichen Einfluß hat, sondern diese noch weiter steigert.

Zur Erklärung des ganzen Sachverhaltes greifen wir, wie das schon bei früheren Gelegenheiten geschehen ist, darauf zurück, daß jede Verformung von einer Biegung der Gleitschichten begleitet ist, die zu zwei Arten von Abweichungen vom normalen Bau führt, nämlich erstens zur Ansammlung von Spannungen in den gebogenen Gleitschichten und zweitens zu einer Unterteilung des Gitters durch innere Trennungsflächen. Durch Geraderichtung des Kristalls kann der im Innern der Gleitschichten angehäufte Spannungsgehalt weitgehend ausgeglichen werden. Dagegen ist es unwahrscheinlich, daß man auf diese Weise die entlang der inneren Trennungsfläche aus der Reihe gebrachten Atome wieder in den Gitterbau einfügen kann. Da das Rekristallisationsvermögen durch Rückformung zurückgeht, die Verfestigung dagegen nicht, wird man naturgemäß annehmen, daß erstere durch den Spannungsgehalt der Gleitschichten verursacht ist, wogegen die Verfestigung auf den Trennungsflächen beruht.

Zur Rekristallisation von Aluminiumblech.

Von E. Schmid und G. Wassermann[1].

So wie bei der Kaltreckung entstehen auch bei der Rekristallisation bearbeiteter Metalle häufig Gefügeregelungen (Rekristallisationstexturen), welche für das Verhalten des Werkstückes von ausschlaggebender Bedeutung sein können.

Die kubisch-flächenzentrierten Metalle lassen sich hinsichtlich der Rekristallisationstexturen gewalzter Bleche ebenso in zwei Gruppen einteilen wie hinsichtlich der Walztexturen. Silber- und α-Messingblech, bei denen eine Walzlage mit der (110)-Ebene in der Walzebene, der [112]-Richtung in der Walzrichtung auftritt, zeigen eine Rekristallisationstextur, welche durch die Lage [112] parallel der Walzrichtung, (113) parallel der Walzebene beschrieben werden kann. In Kupfer- und Nickelblech ist dagegen die Walztextur durch eine doppelte Kristallitanordnung zu beschreiben. Außer der oben angegebenen Orientierung tritt hier auch die (112)-Ebene in der Walzebene mit der [111]-Richtung in der Walzrichtung auf. Die Rekristallisationstextur dieser beiden Metalle ist die „Würfellage", bei der in der Walzebene eine Würfelfläche, in der Walzrichtung eine Würfelkante liegt. Aluminium, das mit seiner Walztextur zur zweiten Gruppe gehört, schien bisher hinsichtlich der Rekristallisationstextur eine Ausnahme zu bilden. Hier wurde bei der Glühung gewalzter Bleche stets Übergang in die regellose Orientierung beobachtet[1]. Eine von der Walztextur verschiedene Rekristallisationstextur konnte bisher nicht aufgefunden werden[2].

Unsere Versuche zeigen nun, daß auch bei Aluminium die Würfellage als Rekristallisationstextur auftritt. Das Material, das diese Textur aufwies, war technisches Aluminiumband von 0,09 mm Dicke, das durch einsinniges Walzen hergestellt worden war. Der Reinheitsgrad betrug 99,74% (0,05 Si, 0,21% Fe[3]).

Die Bestimmung der Textur erfolgte mit Hilfe von Drehaufnahmen, da für das übliche Verfahren der Durchstrahlung feststehender Proben das Gefüge zu grob war. Die Würfellage trat bereits nach 4½ stündiger Glühung bei 400° C sehr deutlich zutage. Die in Abb. 1 bis 3 wiedergegebenen Aufnahmen wurden an Material erhalten, das 5 Std. bei 500° C ausgeglüht worden war. Als Drehachse wurden die Walzrichtung, die Querrichtung und die Winkelhalbierende dieser Richtungen benutzt. Walz- und Querrichtung gaben hierbei übereinstimmende Bilder. Aus den auftretenden Interferenzen ergibt sich einwandfrei, daß jeweils Würfel-

---

[1] Original: Metallwirtsch. Bd. 10, S. 409. 1931.

[1] R. Glocker und H. Widmann: Z. Metallkunde Bd. 18, S. 41. 1927.
[2] Frhr. v. Göler und G. Sachs: Z. Physik Bd. 56, S. 485. 1929.
[3] Für Überlassung des Materials sind wir der Vereinigte Aluminium-Werke A.-G., insbesondere Herrn H. Röhrig, zu bestem Dank verpflichtet.

achsen in der Drehachse lagen. Die Drehaufnahme um die 45°-Richtung ergibt dementsprechend ein Schichtliniendiagramm um die Flächendiagonale. Wie man aus den Aufnahmen erkennt, ist die Schärfe der Einstellung der Würfellage gut. Eine genaue Angabe der Streuungen läßt sich aus den Drehaufnahmen allerdings nicht machen. Da das Diagramm der um die Walzrichtung gedrehten Probe deutlicher ausgeprägte Maxima aufweist als das bei Drehung um die Querrichtung erhaltene, scheint die Streuung um die Walzrichtung die größere zu sein.

Unsere Vorstellungen über das Zustandekommen der Rekristallisationstexturen sind heute noch sehr unentwickelt. Ein interessanter Versuch in dieser Richtung ist kürzlich von W. G. Burgers[1] unternommen worden. Allerdings wird dabei auch von der durch die vorliegenden Versuche widerlegten Ansicht ausgegangen, daß Walz- und Rekristallisationstextur des polykristallinen Aluminiums übereinstimmen.

Entsprechend der Anisotropie der Kristallitanordnung ist naturgemäß auch eine Anisotropie vektorieller Eigenschaften im rekristallisierten Blech zu erwarten. Die als Beispiel von uns untersuchten Festigkeitseigenschaften ließen denn auch deutlich den Einfluß der Richtung in der Blechebene erkennen. Zahlentafel 1 gibt die unter verschiedenen Winkeln zur Walzrichtung erhaltenen Werte von Festigkeit und Dehnung wieder.

Die Anisotropie des Bleches tritt aus den Zahlen deutlich hervor. Dem Sinne nach ist sie durchaus auf Grund der vorliegenden Textur und der von v. Göler und Sachs[1] am Einkristall festgestellten Orientierungsabhängigkeit von Festigkeit und Dehnung zu verstehen. Die im Blech gefundenen niedrigen Absolutwerte sind wohl auf die hohe Glühtemperatur und den großen Reinheitsgrad unseres Materials zurückzuführen.

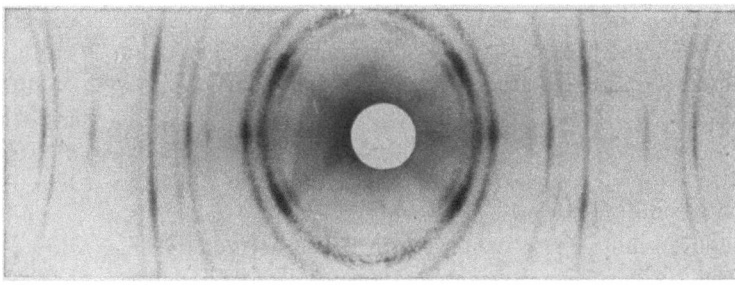

Abb. 1. Drehungsachse // Walzrichtung.

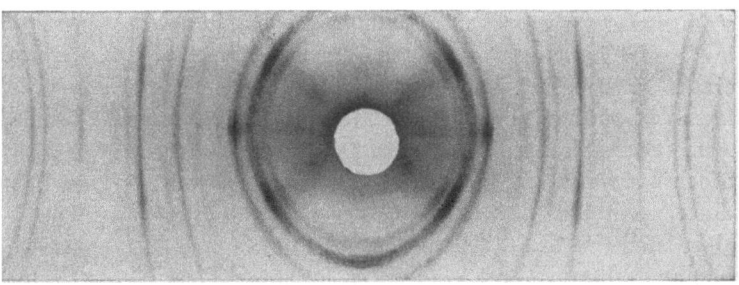

Abb. 2. Drehungsachse // Querrichtung.

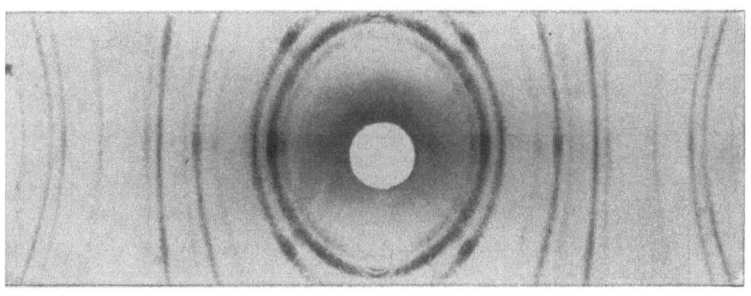

Abb. 3. Drehungsachse // 45°-Richtung.

Abb. 1–3. Drehdiagramme rekristallisierten Aluminiumbleches, 5 Std. bei 500° C geglüht.

Zahlentafel I.

Winkel zur Walzrichtung	Festigkeit kg/mm²	Dehnung in Prozent
0	5,80	6,1
22,5°	5,98	9,8
45°	6,54	12,0
67,5°	6,17	11,1
90°	6,00	7,4

[1] W. G. Burgers: Z. Physik Bd. 67, S. 605. 1931.

[1] Frhr. v. Göler und G. Sachs: Z. techn. Physik Bd. 8, S. 586. 1927.

Einfluß von Kaltreckung auf die Plastizität bei erhöhten Temperaturen.

Von E. Schmid und G. Wassermann[1].

Der atomistische Grundvorgang der plastischen Verformung ist völlig verschieden, je nachdem es sich um kristalline oder amorphe Körper handelt. In den Kristallen ist die Translation der Träger der großen Formänderungen. Sie besteht darin, daß einzelne Schichten parallel wichtiger Netzebenen in Richtung dicht besetzter Gitterkanten aneinander abgleiten. Im Gegensatz zu dieser typisch kristallographischen Verformungsart scheint die Plastizität amorpher Körper thermischer Natur zu sein (R. Becker[1]). Die unregelmäßige Temperaturbewegung der einzelnen Atome und Molekeln führt hier zu Platzwechseln, von denen unter Einfluß von Spannungen naturgemäß jene bevorzugt sein werden, die zur Entlastung bzw. Verformung im Sinne der Beanspruchung führen.

Becker (a. a. O) hat nun darauf hingewiesen, daß diese „amorphe Plastizität" auch bei kristallinen Körpern (Metallen) vorkommen kann, nämlich dann, wenn

[1] Original: Z. Metallkunde Bd. 23, S. 242. 1931.

[1] Z. techn. Phys. Bd. 7, S. 547. 1926.

ein durch Verfestigung gestörtes Gitter bei geeigneten Temperaturen mit Hilfe von Platzwechseln der Gitterpunkte wieder in den ungestörten Ausgangszustand zurückzukehren sucht (Kristallerholung, Rekristallisation). Einige Versuche von F. Koref[1] an Wolframdrähten waren in guter Übereinstimmung mit dieser Auffassung. Ein Nachweis der amorphen Plastizität auch an anderen Metallen scheint bisher nicht vorzuliegen.

Unsere Versuche zeigen nun, daß die erhöhte Plastizität während der Rekristallisation (und Erholung) keineswegs auf Wolfram allein beschränkt ist. Schon vor einigen Jahren beobachteten wir, daß bei erhöhter Temperatur bei gleicher Belastung eines harten und eines ausgeglühten Kupferdrahtes der harte Draht stärker floß als der rekristallisierte. Die Versuche wurden nun mit einer etwas verbesserten Anordnung wieder aufgenommen. Die Fassungen am unteren Ende der vertikal in einem Röhrenofen gespannten Drähte (30 cm Länge) lagen auf den kurzen Armen von Hebeln auf, deren lange Arme Schreibfedern trugen. Die Dehnungen wurden so 5fach vergrößert auf einer mit gleichmäßiger Geschwindigkeit gedrehten Trommel aufgezeichnet. Das Ergebnis einer Reihe von Fließversuchen an Kupfer- und Aluminiumdrähten, die sich auf eine Beobachtungsdauer von 60 Min. erstrecken, ist in Tabelle 1 wiedergegeben. Mit einer einzigen Ausnahme ergibt sich stets stärkeres Fließen des harten Drahtes.

Tabelle 1. Dehnung von Drähten beim Fließen unter konstanter Last.

Kupferdraht 1.75 mm Durchmesser				Aluminiumdraht 1 mm Durchmesser			
Last in kg	Versuchs-temperatur	Dehnung (willkürl. Einheiten)		Last in kg	Versuchs-temperatur	Dehnung (willkürl. Einheiten)	
		harter Draht	weicher Draht			harter Draht	weicher Draht
2		19	17	1		14,5	14
2		19	19	1	300°	14	12
3		19	16	1,5		31	29,5
3	500°	18	16	1,5		28	24
3		18,5	17,5				
5		29,5	27	1,5		61	56
5		39,5	38	1,5	350°	56	44
5		30,5	27,5	1,5		59	61

Noch sehr viel deutlicher tritt die Erscheinung bei der Aufnahme von Fließkurven im Polanyischen Fadendehnungsgerät[2] zutage. In der von uns verwendeten Form ist dieses Dehnungsgerät in Abb. 1 dargestellt. Die Durchführung der Versuche geschah in der Weise, daß die Spannung des Drahtes, die als Durchbiegung des die obere Fassung tragenden Stahlbleches mit Fernrohr und Skala abgelesen werden kann, durch Drehung der die untere Fassung tragenden Mikrometerschraube konstant gehalten wurde. Die Einrichtung des Gerätes gestattet es, daß der Versuchsdraht mit beiden Fassungen in ein Bad von der gewünschten Temperatur gebracht werden kann. Die Aufnahme der Fließkurven erfolgte durch Ablesung der Schraubenstellung in gleichen Zeitabständen.

[1] Z. techn. Phys. Bd. 7, S. 544. 1926.
[2] Z. techn. Phys. Bd. 6, S. 171. 1925.

Die zu den Versuchen benutzten Kupferdrähte hatten einen Durchmesser von 0,15 mm. Die Ausgangsspannung betrug stets 1,6 kg/mm², die Einspannlänge 18 mm; das Fließen wurde bis zu 15 Min. nach Aufbringen der Spannung beobachtet. Die als weich bezeichneten Drähte waren zuvor 3 Std. bei 600° im Vakuum geglüht worden. Im Röntgenbild ließen sie deutlich den Beginn der Rekristallisation erkennen. Ihre Zugfestigkeit betrug 24 kg/mm², die Dehnung 30% gegenüber den für den harten Ausgangsdraht gültigen Werten von 46 kg/mm² und $\infty 1\%$. Das Ergebnis der Versuche ist in Abb. 2 dargestellt. Bei Temperaturen zwischen 250° bis 400° zeigt sich ein ganz erheblich stärkeres Fließen des harten Drahtes, der sich z. B. bei 350° nach 15 Min. mehr als 4 mal so weit gedehnt hat wie der geglühte. Bei 200° sind die Unterschiede nur gering; hier ist der weiche Draht der plastischere. Bei hohen Temperaturen fließen beide Drähte mit ungefähr gleicher Fließgeschwindigkeit.

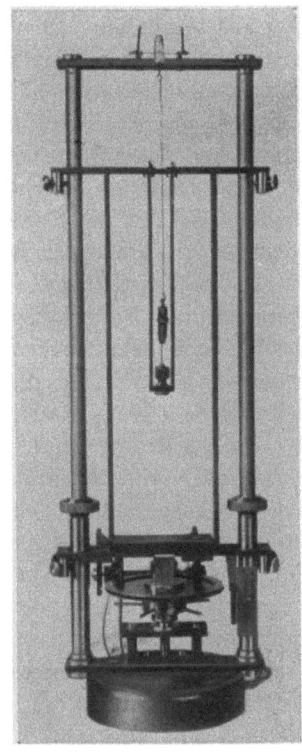

Abb. 1. Fadendehnungsapparat nach M. Polanyi zur Fließkurvenaufnahme bei verschiedenen Temperaturen.

Die Kurven der Abb. 2 stellen mittlere Fließkurven aus 3 bis 10 Einzelkurven dar. Die Streuungen dieser Einzelkurven sind verhältnismäßig klein; bereits bei 250° liegt die flachste, einem harten Draht zugehörige Kurve noch erheblich über der steilsten, mit einem geglühten Draht erhaltenen.

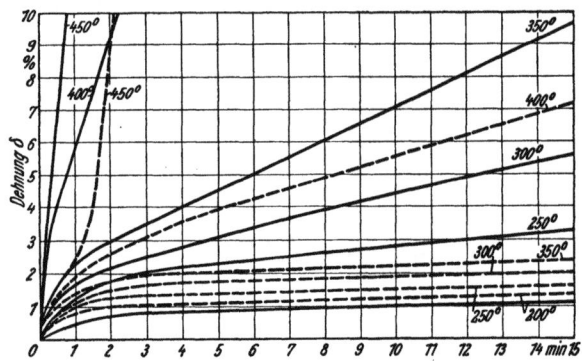

Abb. 2. Temperaturabhängigkeit der Fließkurven von hartem und weichem Kupferdraht.
——— hart, --- weich.

Im Sinne der Beckerschen Auffassung scheint der hier beobachtete Tatbestand gut erklärbar zu sein. Bei tiefen, weder Erholung noch Rekristallisation bewirkenden Temperaturen tritt allein die Kristallplastizität zutage. Demgemäß fließt der geglühte Draht hier stärker als der harte. Mit steigender Versuchstemperatur tritt nun die thermische Kristallerholung (und Rekristallisation) immer mehr in Erscheinung. Die durch Platzwechsel bedingte Plastizität erreicht sehr bald die kristalline Plastizität des geglühten Drahtes und übertrifft sie bei weiterer Temperatursteigerung ganz außerordentlich. Bei sehr hohen Temperaturen, bei denen die Rekristallisation in einer im Vergleich zur Versuchsdauer kurzen Zeit erfolgt, tritt schließlich auch im Falle des ursprünglich harten Drahtes sehr bald nur die dem geglühten eigentümliche, kristalline Plastizität auf.

Für die Praxis scheinen uns die Ergebnisse nicht unwichtig zu sein. Sollte nämlich die erhöhte Formbeständigkeit geglühter Werkstoffe bei höheren Temperaturen in der Tat eine allgemeine Erscheinung sein[1], so könnte in vielen Fällen, in denen der Werkstoff im Gebiet der Erholungs- bzw. Rekristallisationstemperatur beansprucht wird, seine Verwendung in geglühtem Zustand der in kaltbearbeitetem vorzuziehen sein.

---

[1] Versuche mit Aluminiumdrähten im Fadendehnungsapparat sind noch nicht zum Abschluß gelangt. Es zeigte sich auch hier, daß der harte Draht im allgemeinen stärker fließt als der weiche (s. a. Tab. 1).

Über die Walztextur von Cadmium.

Von E. Schmid und G. Wassermann[1].

Von den Walztexturen hexagonaler Metalle sind die des Zinks und Magnesiums bereits bestimmt und auch auf Grund der Vorgänge bei der plastischen Verformung einzelner Kristalle gedeutet worden[2]. Über die Walztextur des Cadmiums liegen einige Angaben von G. D. Preston[3] vor, denen zufolge große Unterschiede gegenüber der Textur von Zinkblechen bestehen würden. Daraufhin von uns durchgeführte, orientierende Versuche brachten uns jedoch zu der Ansicht, daß die Kristallitenorientierung in gewalzten Zink- und Cadmiumblechen sehr ähnlich ist[4]. Bei der so weitgehenden Analogie der Deformationsmechanismen beider Metalle waren tiefgreifende Unterschiede in den Deformationstexturen wenig wahrscheinlich. Über die vollständige Bestimmung der Walztextur des Cadmiums wird im nachfolgenden berichtet.

Als Versuchsmaterial diente Cadmium „Kahlbaum", das kalt und unter Erhaltung der Walzrichtung von 10 mm Dicke auf 0,05 mm heruntergewalzt worden war. Wie in den Versuchen von Jenkins und Preston wurde das Blech nach jedem Walzstich in Wasser gekühlt. Trotzdem weisen die erhaltenen Diagramme deutliche Rekristallisation nach. Wegen der an hexagonalen Metallen bisher stets beobachteten Übereinstimmung von Deformations- und Rekristallisationslage dürfte hierdurch wohl keinerlei Unsicherheit in der Ermittlung der Walztextur bedingt sein.

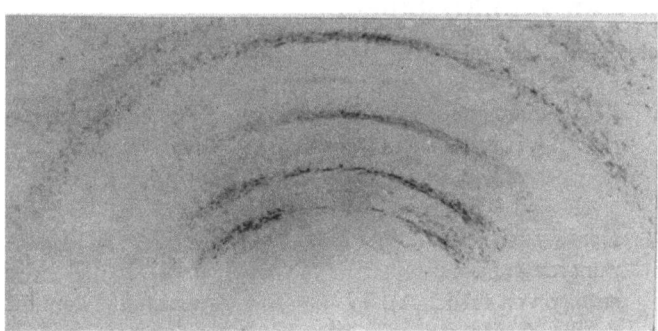

Abb. 1. Um die Querrichtung um 83° geneigt. (Mo-Strahlung.)

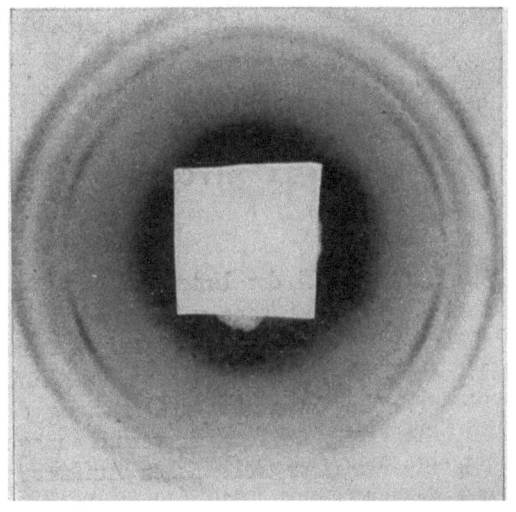

Abb. 2. Um die Walzrichtung um 83° geneigt. (Mo-Strahlung.)   Abb. 3. Drehaufnahme um die Walzrichtung (Cu-Strahlung).

Abb. 1—3. Diagramme gewalzter Cadmiumbleche.

---

[1] Original: Metallwirtschaft Bd. 9, S. 735. 1931.

[2] E. Schmid und G. Wassermann: Metallwirtschaft Bd. 9, S. 698. 1930. — E. Schiebold und G. Siebel: Z. Physik Bd. 69, S. 458. 1931.

[3] C. H. M. Jenkins und G. D. Preston: J. Inst. of Met. Bd. 45, S. 307. 1931.

[4] E. Schmid und G. Wassermann: J. Inst. of Met. Bd. 45, S. 342. 1931.

Zur genauen Feststellung der Textur wurde eine Reihe von Aufnahmen unter verschiedenem Einfallswinkel des Röntgenstrahles in bezug auf die Blechebene gemacht. Zwei Beispiele der so erhaltenen Diagramme sind in den Abb. 1 und 2 dargestellt. Abb. 1 zeigt eine Aufnahme, bei der das Blech um 83° um die Querrichtung gedreht war. (Mo-Kα-Strahlung; $\vartheta/2_{(0001)} = 7° 17'$.) Diese Aufnahme entspricht also der Fig. 33 der Arbeit von Jenkins und Preston und zeigt durch das Fehlen des Basis-Debye-Scherrer-Kreises nochmals, daß die

Walzebene frei von Basislagen ist. Abb. 2, die nach Neigung des Bleches um 83° um die Walzrichtung erhalten worden ist, zeigt, daß in der Ebene Blechnormale-Walzrichtung im Gegensatz zu der Ebene Blechnormale-Querrichtung hexagonale Achsen ausstechen. Die Lage größter Häufigkeit befindet sich nach dieser Aufnahme unter einem Winkel von 30° zur Blechnormalen. Dieser Wert ist in guter Übereinstimmung mit dem aus der Drehaufnahme (Abb. 3) erschlossenen Winkel von 27°.

Das Ergebnis der Texturbestimmung mit Hilfe von 12, unter verschiedenen Einfallswinkeln erhaltenen Diagrammen ist in Abb. 4 als Polfigur der Basis wiedergegeben. Die große Ähnlichkeit mit der Walztextur des Zinks (Abb. 5) fällt unmittelbar ins Auge. Wieder ist die Ebene Blechnormale-Querrichtung frei von Basisloten, während die Ebene zur Walzrichtung am dichtesten belegt ist. Die Belegungsdichte fällt in dieser Ebene von dem Maximum nach der Walzrichtung zu in einem großen Winkelbereich allmählich, nach der Blechnormalen zu in kleinem Winkelbereich sehr rasch ab. Die Unterschiede, die gegenüber der Walztextur des Zinks bestehen, sind im einzelnen folgende: Das Maximum der Belegungsdichte, das beim Zink etwa 20° von der Blechnormalen entfernt liegt, tritt beim Cadmiumblech in einem Winkelabstand von etwa 30° auf. Diese Verschiebung bedingt bei dem steilen Abfall der Belegungsdichte zur Normalen hin, daß beim Cadmium die Blechebene praktisch frei von Basislagen ist. Die Streuung gegen die Walzrichtung hin reicht beim Cadmiumblech nur etwa halb so weit wie beim Zink.

Im großen und ganzen halten wir die für die Entstehung der Walztextur von Zink gegebene Deutung auch für den Fall von Cadmium für zu Recht bestehend. Worauf die geringen Unterschiede der beiden Texturen beruhen, können wir heute noch nicht angeben. Möglicherweise spielt hier doch die beim Cadmium eintretende Rekristallisation eine Rolle.

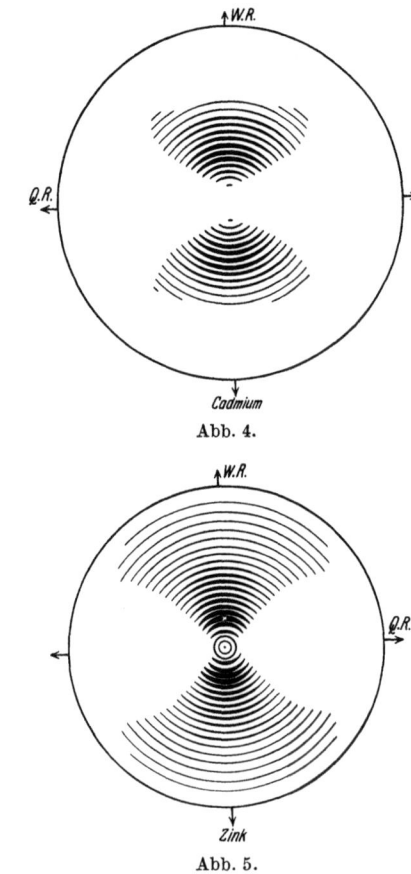

Abb. 4 u. 5. Walztextur von Cadmium und Zink. Polfigur der Basis. W.R. = Walzrichtung, Q.R. = Querrichtung.

Der Notgemeinschaft der Deutschen Wissenschaft sind wir für Unterstützung unserer Versuche zu großem Dank verpflichtet.

Wechseltorsionsversuche an Zinkkristallen.

Von W. Fahrenhorst und E. Schmid[1].

Trotzdem die Zahl der Untersuchungen über den Dauerbruch heute schon ganz außerordentlich groß ist, verfügen wir doch noch keineswegs über eine befriedigende physikalische Erklärung dieser technisch so gefürchteten Erscheinung. Eine kurze Gegenüberstellung der verschiedenen vorgebrachten Deutungsversuche mag zeigen, wie weit wir von einer einheitlichen Auffassung noch entfernt sind.

Am zahlreichsten sind die Versuche, die Dauerfestigkeit mit Größen, die den Verformungswiderstand des Materials kennzeichnen, zu verknüpfen. Es seien hier nur die Namen Welter (Elastizitätsgrenze), Stribeck, Herold, Mailänder und Houdremont (Streckgrenze und Festigkeit) genannt[2]. Kuntze[3] gibt eine Formel, in der die Schwingungsfestigkeit durch die „Schwingungsfließgrenze" und die „Kohäsionsverfestigung" (die empirisch aus dem Verhalten der Trennfestigkeit gewonnen wird) ausgedrückt ist.

Haigh[1] vermutet, daß das spröde Zerreißen im Dauerbruch auf dem Auftreten eines dreiachsigen Spannungszustandes — Allseitiger Zug — beruht, der zufolge von örtlichen Dichteänderungen zustande kommt.

Im Gegensatz zu diesen Anschauungen wird von Ljungberg und Ono die dem Probestab im Schwingungsversuch zugeführte Energie als verantwortlich für den Dauerbruch herangezogen. Während nach Ljungberg[2] die Zufuhr einer bestimmten Gesamtenergiemenge (sei es bei statischer, dynamischer oder Wechselbeanspruchung) stets zum Bruch führen soll, macht Ono[3] lediglich den geringen Bruchteil der zugeführten Energie, der zur Erhöhung der potentiellen Energie führt, für das Versagen verantwortlich.

---

[1] Original: Z. Metallkunde Bd. 23, S. 323. 1931.
[2] Vgl. z. B. die Zusammenfassung von R. Mailänder: Werkstoffausschußbericht Bd. 38. 1924. — W. Herold: Z. V. d. I. Bd. 73, S. 1261. 1929. — E. Houdremont und R. Mailänder: Z. V. d. I. Bd. 74, S. 231. 1930.
[3] W. Kuntze: Z. V. d. I. Bd. 74, S. 231. 1930.

---

[1] P. B. Haigh und F. W. Thorne: Verh. 3. Int. Kongr. techn. Mech. Stockholm 1930. S. 300.
[2] K. Ljungberg: ebenda S. 294.
[3] A. Ono: ebenda S. 305.

Eine mehr modellmäßige Auffassung liegt schließlich den Anschauungen zugrunde, welche die Ursachen des Dauerbruches in **Veränderungen des Kristallgitters** suchen. Ludwik[1] nahm schon frühzeitig eine Gitterauflockerung als Ursache des Versagens bei Wechselbeanspruchung an. Gough, Hanson und Wright[2] machen die (verfestigenden) Gitterstörungen, die sich längs Gleitflächen ausbilden und die sich auch bei der Entlastung verstärken, verantwortlich für den Bruch. In einem gewissen Stadium führen diese Störungen zur Ausbildung eines Risses, der dann durch Kerbwirkung den Bruch weiterleitet. Schmid[3] hielt für das Versagen bei Wechselbeanspruchung ein Sprödewerden der Kristalle (deren Reißverfestigung erheblich hinter der Schubverfestigung zurückbleibt) maßgeblich.

Für eine Förderung unserer Erkenntnisse auf diesem so bedeutsamen, aber auch noch so ungeklärten Gebiet scheint uns die Herausarbeitung der Elementarvorgänge besonders wichtig. Wir haben es daher erneut unternommen, Wechselbeanspruchungs-Versuche an einzelnen Kristallen durchzuführen. Als Versuchsmaterial wählten wir wieder Zink (Marke „Kahlbaum"), das bereits mehrfach zu ähnlichen Untersuchungen herangezogen worden ist[4].

I. Durchführung der Versuche.

Die Herstellung der Kristalle erfolgte nach dem Czochralskischen Ziehverfahren. Der Durchmesser der annähernd kreiszylindrischen Kristalldrähte betrug etwa 1 mm. Da die Kristalle bis zu einer Länge von 35 cm gezogen wurden, war es möglich, jeden Kristall in mehreren Stücken zu untersuchen. Die Bestimmung der Gitterlage in den Kristalldrähten erfolgte röntgenographisch nach dem Drehkristallverfahren. Abb. 1 gibt eine Übersicht über die Orientierungen der verwendeten Kristalle.

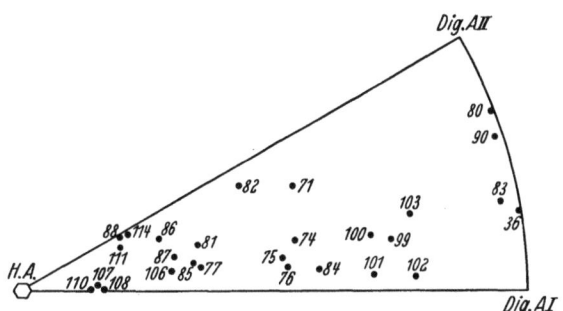

Abb. 1. Orientierung der untersuchten Kristalle.

Die Dauerbeanspruchung der sehr weichen und biegsamen Kristalle erfolgte durch Wechselverdrillung. Die benutzte Torsionsmaschine stellt eine erhebliche Verbesserung des schon früher verwendeten Gerätes dar. Sie ist in Abb. 2 in der Aufsicht dargestellt. Die Bewegung wird mittels Schubstangen (S) auf 4 Fassungen (F_d drehende Fassung, F_r ruhende Fassung) übertragen.

---

[1] P. Ludwik: Z. Metallkunde Bd. 15, S. 68. 1923; vgl. auch Wiener akad. Ber. IIa, Bd. 135, S. 587. 1926.
[2] H. J. Gough, D. Hanson und S. J. Wright, Roy. Soc. Trans. A, Bd. 226, S. 1. 1926.
[3] E. Schmid: Z. Metallkunde Bd. 20, S. 69. 1928.
[4] E. Schmid, l. c., H. J. Gough und H. T. Cox: Proc. Roy. Soc. Bd. 123, S. 143. 1929; Bd. 127, S. 453. 1930.

Es können gleichzeitig 4 Kristalle beansprucht werden. Die Lager dieser Maschine sind großenteils als Kugellager ausgeführt, die Maschine hat keinerlei Spiel und läuft fast geräuschlos. Sie wird direkt vom Motor mit 2350 n/Min. angetrieben. Von der Motorwelle wird gleichzeitig ein Umdrehungszähler (T) mitangetrieben.

Abb. 2. Verdrillungsmaschine (etwa auf $^1/_6$ verkleinert).

Zur Veränderung des Torsionswinkels kann der Exzenter (E) auf der Schwungscheibe verschoben werden. Er trägt zur genauen Einstellung eine in 0,5 mm geteilte Skala. Die Länge der Verbindung (V) zwischen der Fassungsachse und der Schubstange ist so gewählt, daß einer Verschiebung des Exzenters um 0,5 mm eine Winkeländerung von genau 1° nach jeder Seite entspricht.

Die Einspannung der Kristalle erfolgte mit den in Abb. 3 dargestellten Fassungen, in die die Versuchsstücke mit Woodschem Metall eingelötet wurden. Die Einspannlänge war in allen Fällen 40 mm, da hierbei die Verdrillung noch auf der ganzen Länge annähernd gleichmäßig erfolgte.

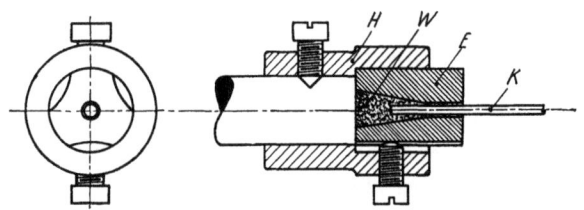

Abb. 3. Schnitt durch eine der verwendeten Fassungen. (K = Kristall, W = Woodsches Metall, E = Einsatzstück, H = Hülse zur Verbindung des Einsatzstückes mit der drehenden bzw. ruhenden Achse).

Der Torsionswinkel betrug 4° nach jeder Seite, da Kristalle mittlerer Orientierung dabei noch etwa 10 Millionen Wechsel der Beanspruchung aushielten. Eine Messung des dazu notwendigen Momentes konnte in der vorhandenen Anordnung nicht durchgeführt werden. Damit entfiel auch die Möglichkeit, den (geringen) Anteil der elastischen Verformung abzuschätzen, bei der sich der Torsion im allgemeinen auch noch eine Biegung der Kristalle überlagert.

Zur Untersuchung der Veränderung der Festigkeitseigenschaften im Verlauf der Dauerbeanspruchung wurden die Kristalle nach verschiedener Wechselzahl einem statischen Zerreißversuch (in einem Schopperschen Festigkeitsprüfer) unter Aufzeichnung der Gesamtdehnungskurve unterworfen. Bei der Durchführung dieser Versuche machte sich bei Kristallen mit großem Winkel (χ_B) zwischen Drahtachse und Basis, die mit zunehmender Wechselzahl steigende Sprödigkeit der Kristalle sehr störend bemerkbar. Trotz größter Vorsicht bei der Einspannung in die Zerreißmaschine (Übertragung des Kristalls mit seinen Fassungen aus der Torsionsmaschine in die Zerreißmaschine) gelang es hier nicht immer, den Bruch in der freien Meßlänge zu erzielen.

II. Experimentelle Ergebnisse.

a) Äußerliche Untersuchung der Kristalle.

Bei der Wechseltorsion treten an der Oberfläche der Kristalle eine Anzahl von Veränderungen auf. In der Regel ist der Kristall mit einer sehr feinen elliptischen Streifung (vgl. Abb. 6a) bedeckt, die sich stets als die Spur vorausgegangener Basistranslation zu erkennen gab. Auch die von den Dehnungsversuchen her bekannten Zwillingsstreifen finden sich vereinzelt wieder.

Während damit beim Zugversuch die Zahl der Erscheinungen erschöpft ist, treten bei der Drillung noch

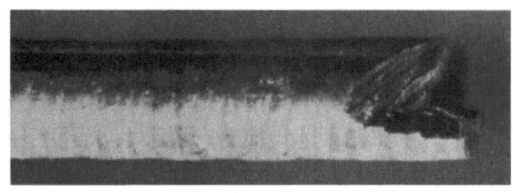

a

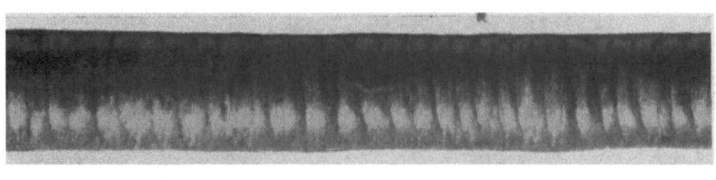

b

Abb. 4a u. b. Querrisse an wechseltordierten Zinkkristallen, $v = 16$.

drei Arten von Rissen auf. Bei Kristallen mit einem Basiswinkel (χ_B) kleiner als 20° treten Querrisse auf, die in Abb. 4a und b dargestellt sind. Sie bedecken nicht den ganzen Umfang der Kristalle, sondern lassen zwei einander gegenüberliegende schmale Zonen frei. Wie man besonders aus Abb. 4b erkennt, bestehen zwei Scharen von Rissen, die wie die Zähne zweier Zahnräder ineinandergreifen. Eine schematische Nachzeichnung der Risse und ihrer Fortsetzung auf der Basisspaltfläche gibt Abb. 5.

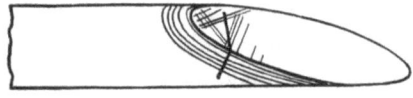

Abb. 5. Nachzeichnung eines Querrisses.

Welche Flächen bei der Bildung der Risse mitgewirkt haben, ergibt sich daraus, daß diese Risse senkrecht auf der Basisfläche stehen und daß die Fortsetzung dieser Risse auf der Basisfläche mit einer Seite des Dreiecks der Zwillingsspuren, welche den drei diagonalen Achsen 1. Art entsprechen, einen Winkel von 30° einschließt. Somit ist die Ebene dieser Risse als Prismenfläche 2. Art erkannt.

Bei Basiswinkeln zwischen 20 und 40° treten allgemein keine oder doch nur wenige Risse auf.

Bei Winkeln über 40° werden Schrägrisse (Abb. 6a und 6b) und Längsrisse (Abb. 7) beobachtet.

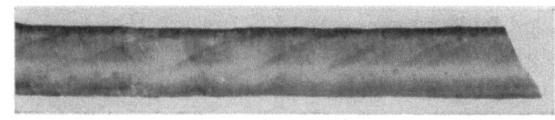

a

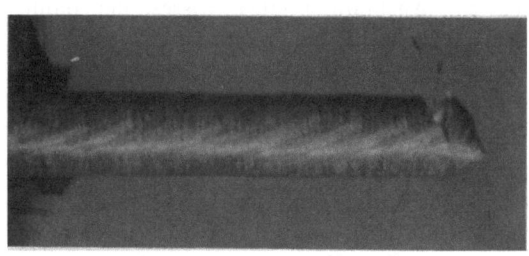

b

Abb. 6a u. b. Schrägrisse wechseltordierter Zinkkristalle. a) $v = 10$, b) $v = 12$.

Um entscheiden zu können, welche Flächen bei der Bildung dieser beiden Rißarten aufeinander abgeglitten sind, wurden bei einer Reihe von Kristallen die Winkel der Risse zur Drahtachse vermessen und mit den auf dem stereographischen Netz abgelesenen Winkeln zwischen Prismen 1. bzw. 2. Art[1] und der Drahtachse verglichen. (Zahlentafel 1.) In dieser Tafel sind die passenden Winkel der Prismen zur Drahtachse, denen der Winkel zwischen Schrägriß und Drahtachse entspricht, einfach unterstrichen worden, diejenigen, denen der Winkel zwischen Längsriß und Drahtachse entspricht, doppelt. Es ergibt sich, daß beide Rißarten sowohl durch Betätigung der Prisme 1. wie auch 2. Art entstehen können. Eine röntgenographische Bestätigung dieses Befundes konnte bisher wegen des starken Asterismus der erhaltenen Laue-Bilder nicht erbracht werden.

Die Längsrisse wurden schon früher von Gough[2] bei einem Kristall mit einem Basiswinkel $\chi_B = 75°$ gefunden und von ihm als den Prismenflächen 2. Art folgend erkannt.

Über die Entstehung der Risse ist folgendes zu sagen: Beim hexagonalen Zinkkristall ist bisher nur eine Trans-

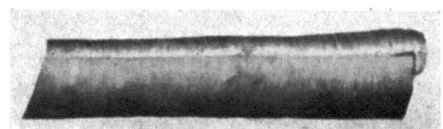

Abb. 7. Längsriß, $v = 19$.

lationsfläche (die Basis) beobachtet. Ihre Betätigung reicht auch im Verein mit der Zwillingsbildung nach (1012) nicht aus, um den Kristall der ihm bei der Verdrillung aufgezwungenen Deformation folgen zu lassen.

---

[1] Abb. 6a zeigt durch das Senkrechtstehen der Schrägrisse auf der Basistranslationsstreifung, daß es sich nur um Prismenflächen handeln kann.

[2] H. J. Gough und H. T. Cox: l. c.

Zahlentafel 1. Zusammenstellung der gemessenen und berechneten Winkel zwischen Drahtachse und Prisme I bzw. II.

Kristall Nr.	χ_B °	Winkel zwischen Drahtachse und			
		Schräg-richtung °	Längs-richtung °	Prisme I °	Prisme II °
81	51,5	17 10	fehlt	6 36 28	18 37 12
87	55	27	cr. 0	7 32 24	22 33 10
86	57	27,5	cr. 0	12 32 19	25 29 4
114	63	25	cr. 0	13 26 12	23 22 0
88	65	23	cr. 0	8 24 15	18 23 4
108	72	19	cr. 2	0 15 15	8 17 8
107	73	16	fehlt	0 15 15	8 18 9

Die Beobachtung der Bruchstellen von Kristallen, die während des Torsionsversuches entstanden waren, zeigte, daß der Bruch auf verschiedene Arten erfolgen kann. Traten ebene Bruchflächen auf, so gaben sie sich durch ihre Neigung zur Drahtachse und durch das

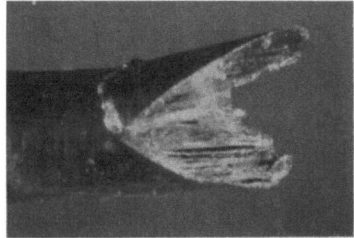

Abb. 8. Reißstelle eines wechseltordierten Zinkkristalles, $v = 18$.

Auftreten der Dreiecksstreifen als Basisflächen oder als verzwillingte Basisflächen zu erkennen.

In einzelnen Fällen traten Brüche auf, die teils nach der ursprünglichen Basis und teils nach der verzwillingten erfolgt waren. Ein solcher Fall ist in Abb. 8 dargestellt. Solche Flächen stehen dann keilförmig gegeneinander und schließen einen Winkel von etwa 85° ein. Wie aus Abb. 4a hervorgeht, kommen auch treppenförmige Brüche vor, an denen wohl immer die Basis, aber außer ihr noch eine oder mehrere andere Flächen beteiligt sind.

Es müssen also weitere Bewegungselemente auftreten. Nach der Basisfläche sind die Prismen 2. und 1. Art die nächst dicht besetzten Flächen, und es ist nicht verwunderlich, daß sie nach Versagen der Basis als nächste in Funktion treten. Eine genaue Betrachtung der Risse zeigt, daß es sich fast immer nicht um eigentliche Spalten handelt, sondern eher um flache Mulden, die von zwei rundlichen Wülsten eingeschlossen sind. Bei stärkerer Verformung tritt auf dem Grunde dieser Mulden auch ein Spalten ein. Außerdem bemerkt man, daß die Gleitflächen sich nach Überschreiten eines derartigen Risses nicht in gleicher Richtung fortsetzen. Diese Tatsachen sprechen dafür, daß es sich bei solchen Rissen nicht um eigentliches Aufspalten handelt, sondern um ein Abgleiten grober Teile des Kristalles aufeinander nach kristallographischen Ebenen (block shear movement, nach Gough).

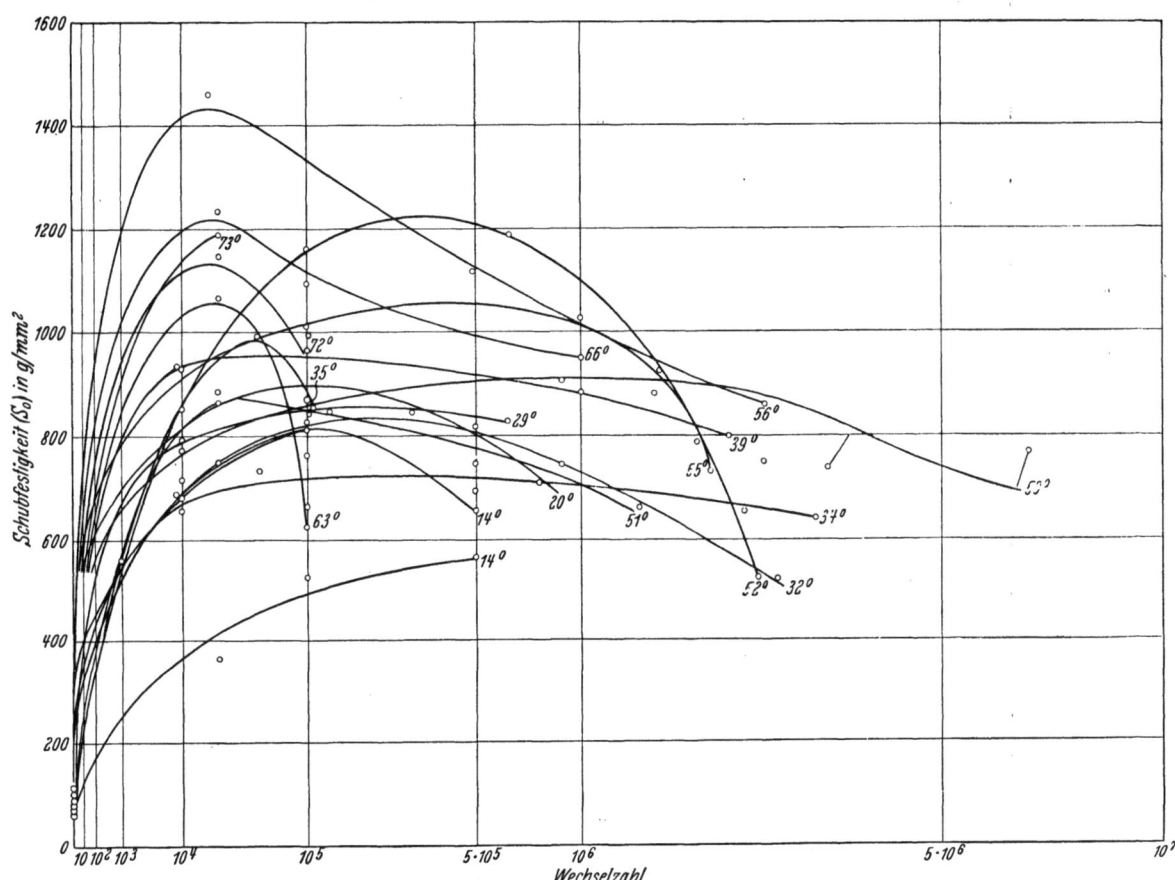

Abb. 9. Schubfestigkeit der Basisfläche von Zinkkristallen nach Wechseltorsion.

b) Verhalten der Schubfestigkeit der Basisfläche.

Die Veränderung der plastischen Eigenschaften der Kristalle mit zunehmender Wechselbeanspruchung wurde zunächst mit Hilfe der wichtigsten, das plastische Verhalten bestimmenden Größe, der Schubfestigkeit des

Zahlentafel 2.

Schubfestigkeit der Basisfläche von Zinkkristallen nach Wechseltorsion.

Kristall Nr.	χ_B	Zahl der Wechsel $\times 10^{-4}$	Schubspannung g/mm²	Zerreißfestigkeit[1] kg/mm²	Kristall Nr.	χ_B	Zahl der Wechsel $\times 10^{-4}$	Schubspannung g/mm²
80	0	0		13,4	75	35	0	91
		1		14,0			0,1	560
		2		15,0			1	680
		5		12,1			5	730
		54		2,6			10	825
90	0	0		10,5	82	39	0	86
		1		10,0			1	930
		10		3,6			10	960
		37		4,5			100	887
		42,5		2,9			188	792
103	14	0	62				215	800
		2,5	750		77	50	0	81
		10	808				1	775
		50	652				10	847
102	14	0	86				40	772
		2,5	367				90	900
		10	528				322,9	726
		50	565				675,2	786
99	17	0	72		85	50,5	0	92
		10		6,7			2,5	880
		20		5,4			50	746
		40		6,2			130	666
		50		6,2	81	51,5	0	86
		75		3,5			1	850
		80		3,5			10	1160
100	20	0	77				60	1170
		2,5	865				226	650
		10	820				242	516
		50	813		87	55	0	93
		75	710				1	933
101	20	0	68				10	1010
		2	910				100	1030
		14,6		1,8[2]			150	875
		15		3,5			200	733
		77		1,8[2]				
84	29	0	88		106	56	0	94
		1	788				2	1460
		10	694				43	1110
		37	847				156	905
		60	825				254	876
71	30	0	92		88	65	0	101
		1	665				10	1020
		4,8	985				30	>970[3]
		10	860				100	>810
74	32,5	0	106				150	>800
		1	680				200	>630
		10	755		111	66	0	102
		30	850				2,5	1230
		90	740				10	1090
		265	523				100	950
76	34	0	80		108	72	0	92
		1	709				2,5	1140
		10	664				10	994
		50	690		107	73	0	88
		150	520				2,5	1190
		250	750					
		310	641					

[1] Hierunter wird die Last je mm² Querschnitt verstanden, unter der manche sehr längsorientierte Kristalle nach mehreren Flächen (treppenförmig) spalten.

[2] Diese Kristalle sind nach sehr frühzeitiger Zwillingsbildung in der Grenze Zwilling/Nichtzwilling gespalten.

[3] In diesen Fällen trat sprödes Zerreißen nach der Basisfläche ohne vorherige Translation ein.

Basistranslationssystems, verfolgt. Zahlentafel 2 gibt die an der Streckgrenze herrschende Schubspannung für die einzelnen Kristalle in Abhängigkeit von der Wechselzahl wieder. Abb. 9 zeigt eine graphische Darstellung der Ergebnisse. Es zeigt sich einheitlich, daß die Schubfestigkeit schon nach geringen Wechselzahlen auf das Vielfache ihres Ausgangswertes ansteigt und nach Erreichung eines Maximums wieder abfällt. Die Lage der Kurven zueinander streut sehr stark, doch ist zu ersehen, daß die Kurven der Kristalle „querer Orientierung" im oberen Teil des Streubereiches liegen, umgekehrt, die der „längsorientierten" im unteren Teil.

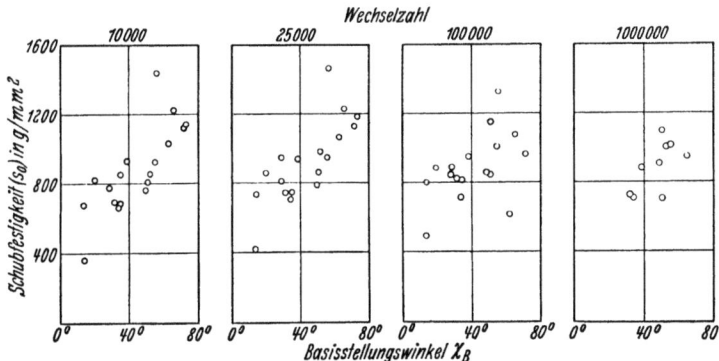

Abb. 10. Die Schubfestigkeit in Abhängigkeit von der Kristallorientierung nach verschiedenen Wechselzahlen.

Um diese Tatsache mit größerer Deutlichkeit hervortreten zu lassen, sind durch die Kurvenschar an vier Stellen Schnitte gelegt, die Abb. 10 zeigt.

Im Gegensatz zur Schubfestigkeit im unverformten Zustand, die orientierungsunabhängig die Streckgrenze des Einkristalles bestimmt, ist die Schubfestigkeit nach erfolgter Wechselbeanspruchung orientierungsabhängig. Die Abhängigkeit ist in der Richtung vorhanden, daß mit steigendem Winkel zwischen Basis und Drahtachse die Schubspannung nach gleicher Wechselzahl ansteigt. Ob auch das Wiederabsinken der Schubfestigkeit jenseits ihres Maximums, das in allen Fällen beobachtet wurde, von der Lage der Translationsfläche abhängig ist, kann aus dem vorliegenden Material noch nicht entschieden werden.

c) Verhalten der Normalfestigkeit der Basisfläche.

Die Abhängigkeit der kritischen Normalspannung der Basisreißfläche von der Wechselzahl wurde ermittelt durch Zerreißen der beanspruchten Kristallstücke bei der Temperatur der flüssigen Luft, da bei Zimmertemperatur fast immer noch sehr erhebliche Dehnungen vor dem Eintritt des Bruches auftraten. Die so erhaltenen Ergebnisse (Zahlentafel 3 und Abb. 11) zeigen das gleiche Verhalten, das schon bei der Schubspannung erkannt wurde. Die Normalspannung als Funktion der Wechselzahl steigt bis zu einem Maximum, um dann wieder abzufallen. Mit steigendem Basiswinkel steigt auch die maximal erreichte Normalspannung (der höchste erreichte Wert betrug etwa 4000 g/mm²). Es scheint ferner, daß das Maximum der Normalspannung mit um so kleineren Wechselzahlen erreicht wird, je größer der Winkel zwischen Basis und Drahtachse ist. Bei gleichen Orientierungen treten die Maxima der Schub- und Normalspannungen etwa nach den gleichen Wechselzahlen auf.

Eine Erklärung findet der Gang der kritischen Schub- und Normalspannung mit der Wechselzahl darin, daß zunächst wie bei der statischen Beanspruchung eine Schub- bzw. Reißverfestigung auftritt. Als Konkurrenz tritt bei höheren Wechselzahlen eine Entfestigung immer mehr in Erscheinung und überwiegt schließlich die Verfestigung. Ob die Ursache dieser Entfestigung in einer allmählich mit zunehmender Beanspruchung (Spröderwerden) steigenden Änderung im Gitter zu suchen ist oder im wesentlichen auf den Kerbwirkungen der oben beschriebenen Risse beruht, kann nicht mit Sicherheit entschieden werden. Die Tatsache jedoch, daß das Auftreten der Risse stets erst nach sehr hohen Wechselzahlen beobachtet wird, die weit über dem dem Maximum der Schub- bzw. Normalfestigkeit zugehörigen Wert liegen, zeigt, daß jedenfalls schon lange vor dem Sichtbarwerden solcher Risse Entfestigung auftritt.

Bisweilen gelingt es durch weitgehende Beanspruchung, einzelne Stücke von Kristallen hoher Orientierungen so weit zu verfestigen, daß sie auch bei Zimmertemperatur beim Zerreißversuch ohne vorausgehende Dehnung nach der Basis spalten. Diese Tatsache gibt die Möglichkeit, die Normalspannung bei Zimmertemperatur ($N_{+18°}$) mit der bei der Temperatur der flüssigen Luft vorhandenen ($N_{-185°}$) zu vergleichen. Die erhaltenen Zahlenwerte sind in Zahlentafel 4 dargestellt. Dieser Vergleich zeigt, daß die Normalspannung

Zahlentafel 3. Normalfestigkeit der Basisfläche von Zinkkristallen nach Wechseltorsion.

Kristall Nr.	χ_B	Zahl der Wechsel $\times 10^{-4}$	Normalspannung g/mm²
85	50,5	0	123
		2,5	788
		50	1 040
		130	1 030
		250	720
106	56	0	213
		2	1 630
		43	1 730
		156	1 390
		254	1 305
114	63	0	274
		2,5	2 540
		10	>1 220
		195	1 950
111	66	0	375
		2,5	3 660
		10	3 070
		50	2 750
		100	2 060
108	72	0	530
		2,5	3 610
		10	1 590
		50	2 620
107	73	0	393
		2,5	3 990
		50	3 150
		100	2 980

bei Zimmertemperatur immer niedriger ist als beim Zerreißen in flüssiger Luft. In einzelnen Fällen betrug diese Differenz bis 50%. Die Ursache für diese Erscheinung dürfte in der gerade bei Zinkkristallen schon früher nachgewiesenen „Reißerholung" zu suchen sein[1].

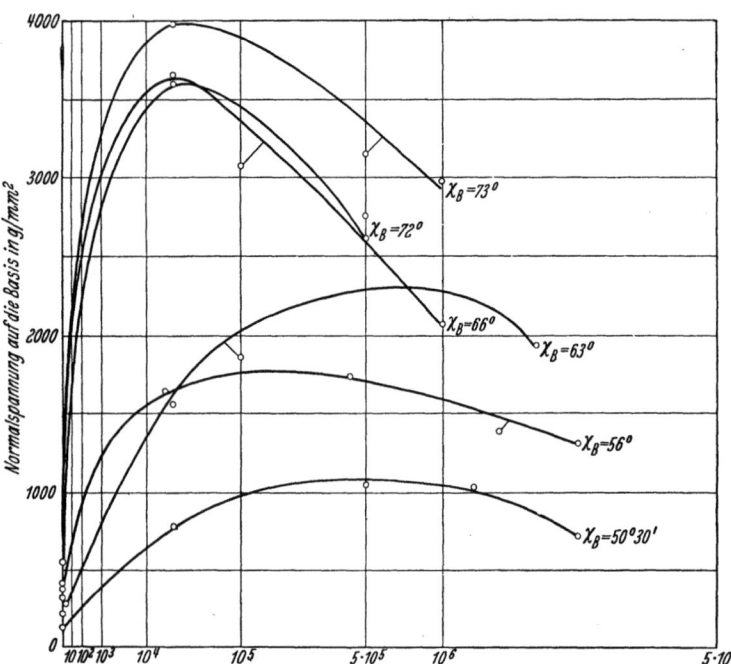

Abb. 11. Normalfestigkeit der Basisfläche von Zinkkristallen nach Wechseltorsion.

Zahlentafel 4. Temperaturabhängigkeit der kritischen Normalspannung nach Wechseltorsion.

Kristall Nr.	χ_B	Zahl der Wechsel $\times 10^{-4}$	$N_{+18°}$ g/mm²	$N_{-185°}$ g/mm²
111	66	50	1 480	2 750
108	72	50	2 020	2 620
107	73	50	2 810	3 150
107	73	100	1 420	2 980
114	63	195	1 780	1 950

d) Gesamtverformbarkeit.

Bisher wurde der Beginn plastischer Deformation bzw. das spröde Zerreißen der Kristalle nach verschiedenen Wechselbeanspruchungen besprochen. Zur Untersuchung der Veränderung der plastischen Verformbarkeit wurden Gesamtdehnungskurven aufgenommen, von denen drei Beispiele in Abb. 12a—c dargestellt sind. Abb. 13a—c gibt die entsprechenden Verfestigungskurven wieder.

Auf Grund des gesamten Materials der Dehnungskurven ergibt sich, daß die Bruchdehnung der Kristalle nach verschiedenen Wechselbeanspruchungen in ausgeprägter Weise von der Ausgangsorientierung abhängt. Wie das Beispiel von Kristall Nr. 103 ($\chi_B = 14°$) (vgl. Abb. 11a u. 12a) zeigt, ist bereits nach 100000 Wechselbeanspruchungen die Dehnung eines längsorientierten Kristalles auf den etwa 8. Teil gesunken. Ähnlich verhalten sich Kristalle mit sehr querliegender Basis ($\chi_B \geqq 65°$), während bei mittleren Orientierungen bis zu

[1] E. Schmid: Z. Phys. Bd. 32, S. 918. 1925.

sehr hohen Wechselzahlen die Dehnbarkeit einigermaßen erhalten bleibt (vgl. Abb. 11b u. c und Abb. 12b u. c).

Abb. 14 zeigt für zwei Kristalle mittlerer Orientierung die Schubspannung und die Dehnung in Abhängigkeit von der Wechselzahl. Es ist ersichtlich, daß bei diesen Orientierungen die Gesamtdehnung nach Erreichung eines Minimums mit der bei sehr hohen Wechselzahlen absinkenden Schubspannung sogar wieder ansteigen kann.

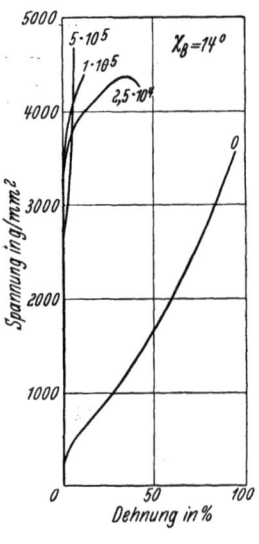

a

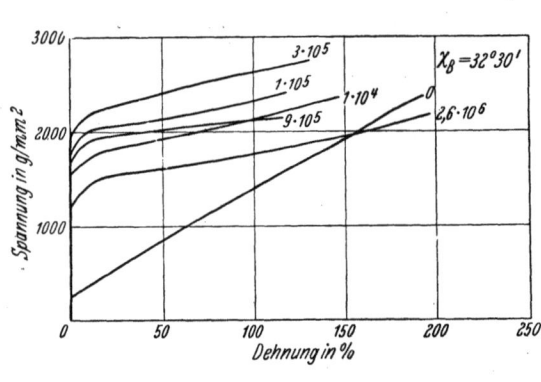

b

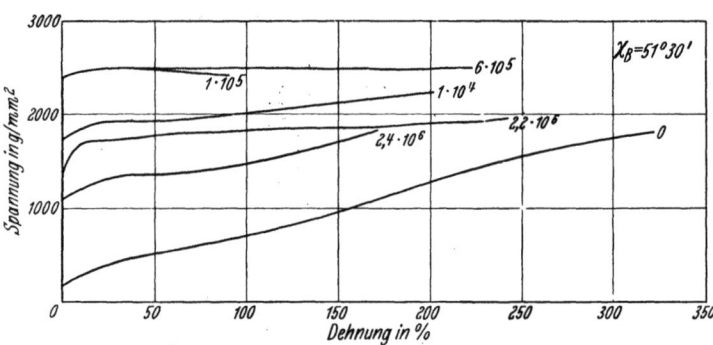

Abb. 12a—c. Dehnungskurven von Zinkkristallen nach Wechseltorsion.

Wie aus den Verfestigungskurven hervorgeht, nimmt die Schubverfestigung $\left(\dfrac{S_e - S_0}{S_0}\right)$ (S_0 = Anfangsschubfestigkeit, S_e = Endschubfestigkeit) im Zerreißversuch mit zunehmender vorangegangener Wechseltorsion erheblich ab. Ebenso wie S_0 zeigt auch S_e nach Erreichung eines Maximums bei mittleren Wechselzahlen einen Abfall mit weiter steigender Vorbeanspruchung. Die maximale Endschubfestigkeit übersteigt in den untersuchten Fällen die Endschubfestigkeit des untordierten Kristalles um etwa 35%.

Auf die Angabe der Verformungsarbeit, die den wechseltordierten Kristallen im statischen Zerreißversuch zugeführt werden kann, wird verzichtet. Diese Größe ist sehr wesentlich von der Lage des Endpunktes

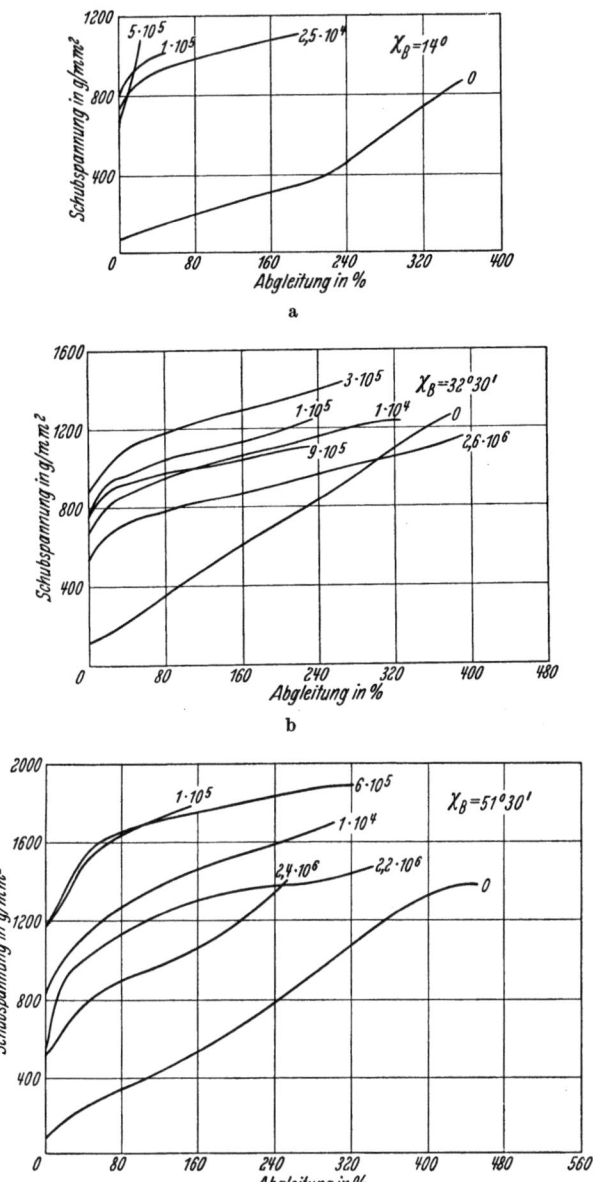

Abb. 13a—c. Aus den Dehnungskurven der Abb. 12 berechnete Verfestigungskurven.

der Dehnungskurve abhängig, die bei diesen Versuchen großen Streuungen ausgesetzt ist. Bei den durch die Verdrillung spröder gewordenen Kristallen führen Äußerlichkeiten häufig zu vorzeitigem Bruch.

III. Besprechung der Ergebnisse.

Im Verlaufe dieser Arbeit wurden in Erweiterung früherer Feststellungen folgende, das Verhalten eines Zinkeinkristalles bei Wechseltorsion kennzeichnende Tatsachen aufgefunden. Außer den vom statischen Zerreißversuch her bekannten Deformationsvorgängen treten nach Dauerbeanspruchung mehrere Arten von Rissen auf, die im wesentlichen den Prismen 1. und 2. Art folgen.

Bedeutsam für die physikalische Kennzeichnung des Dauerbruches halten wir die Feststellungen, die wir an den Größen, welche für das plastische Verhalten der Kristalle bestimmend sind, im Verlaufe der Wechseltorsion gewonnen haben. Sowohl die Schubfestigkeit der Basisfläche wie auch ihre (bei tiefer Temperatur festgestellte) Normalfestigkeit zeigen zunächst mit zunehmender Wechselzahl einen starken Anstieg, der jedoch im Verlauf des Versuchs ständig kleiner wird. Schub- und Normalfestigkeit gehen sodann bei ungefähr gleicher Wechselzahl durch ein Maximum, um schließlich bei weiterer Beanspruchung des Kristalles stark abzufallen. Während also anfangs die Wechselbeanspruchung eine erhebliche Verfestigung des Kristalles bedingt, tritt im weiteren Verlauf eine neue Erscheinung immer mehr in den Vordergrund, die sich in einer Entfestigung des

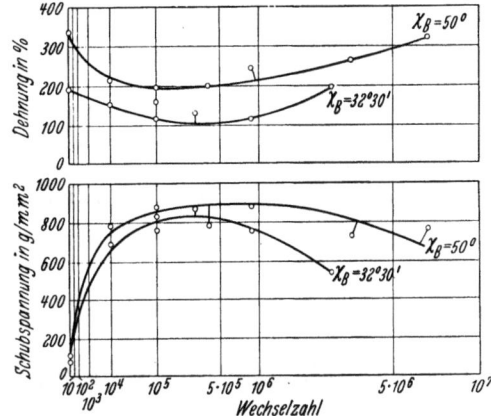

Abb. 14. Schubspannung und Enddehnung in Abhängigkeit von der Wechselzahl.

Kristalles äußert. Daß auch der die Schwächung bedingende Vorgang im Gitter zu suchen ist und nicht nur im Auftreten makroskopischer Anrisse, glauben wir daraus schließen zu können, daß die Erreichung des Maximums der Festigkeitswerte der Basis weit vor dem Auftreten sichtbarer Risse liegt, die übrigens in der Regel senkrecht zur Basisfläche verlaufen[1].

Zur physikalischen Definition der Dauerfestigkeit der Kristalle dürfte somit jene Beanspruchung geeignet sein, die auch bei unendlich häufiger Wechselzahl noch nicht zur Überschreitung des Maximums der Festigkeitswerte führt.

Eine zahlenmäßige Angabe dieser Dauerfestigkeit von Zinkkristallen kann auf Grund der vorliegenden Versuche, bei denen der Torsionswinkel nicht verändert wurde, nicht gegeben werden. Insbesondere kann auch die interessantere Frage nach einer Orientierungsabhängigkeit der Dauerfestigkeit noch nicht beantwortet werden. Gerade eine Beantwortung dieser Frage wäre von technischer Wichtigkeit, da dadurch die Bedeutung der Textur für die Dauerfestigkeit der Werkstoffe geklärt werden könnte[2].

---

[1] Vgl. hierzu auch: D. Hanson und M. A. Wheeler: J. Inst. of Met. Bd. 45, S. 229. 1931.

[2] Versuche hierüber sind an vielkristallinem Blech in Angriff genommen.

Die Annahme der Überlagerung zweier Vorgänge bei der Dauerbeanspruchung, die uns das Verhalten des Einkristalles nahegelegt hatte, deckt sich mit der

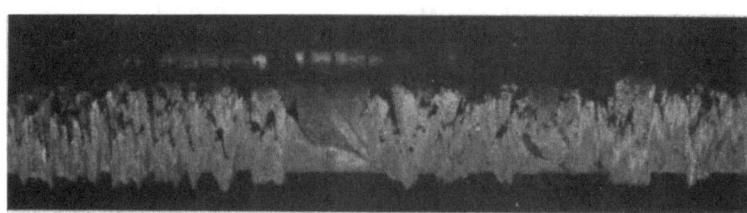

Abb. 15a u. b. Dauerverdrillter Zinneinkristall. $v = 10$.

von Kuntze[1] auf Grund seiner Untersuchungen über die „Trennfestigkeit" an polykristallinem Material.

IV. Orientierende Versuche an Zinnkristallen.

Schließlich sei noch kurz über einige orientierende Versuche an Zinnkristallen berichtet. Bei der Beanspruchung mit großen Torsionswinkeln bis zu etwa 8×10^6 Wechseln konnte ein Bruch der Kristalle nicht erzielt werden, doch zeigte sich durchweg die auffällige Erscheinung, daß zwei einander gegenüberliegende Quadranten der Kristalloberfläche jeweils matt wurden, während die beiden anderen blank blieben. Um die Erscheinung deutlicher hervortreten zu lassen, wurde ein dickerer Zinnkristall (von ungefähr 2 mm Durchmesser) beansprucht. Hierbei rauhten sich nach kurzer Laufzeit auch wieder zwei gegenüberliegende Quadranten auf, nach weiterer Beanspruchung traten in diesen Quadranten hohe Lamellen aus der Kristalloberfläche heraus, wie die Abb. 15 zeigt.

Die Regelmäßigkeit des Auftretens der Lamellen deutet auf einen kristallographisch bestimmten Vorgang, dessen Aufklärung weiteren Untersuchungen vorbehalten bleiben muß.

Frl. H. Möbes danken wir auch an dieser Stelle für ihre freundliche Mitarbeit. Der Notgemeinschaft der Deutschen Wissenschaft sind wir für Unterstützung unserer Versuche zu großem Dank verpflichtet.

---

[1] W. Kuntze: Z. V. d. I. Bd. 45, S. 285. 1931.

Röntgenographische Bestimmung der Löslichkeit von Magnesium in Aluminium.

Von E. Schmid und G. Siebel[1].

Eine besonders sorgfältige metallographische Bestimmung der Temperaturabhängigkeit der Löslichkeit von Magnesium in Aluminium ist von E. H. Dix jr. und F. Keller unter Verwendung reinster Ausgangsmaterialien (Al 99,95proz., Mg 99,98proz.) durchgeführt worden[2]. Wenn auch die Länge der von diesen Forschern angewendeten Anlaßdauer stets eine Koagulation der Ausscheidung zu mikroskopisch auflösbaren Körnern wahrscheinlich macht, so schien uns doch eine röntgenographische Nachprüfung der Entmischungslinie nicht überflüssig. Durch Präzisionsbestimmung der Gitterkonstanten ist man ja in der Lage, Entmischungen auch schon festzustellen, bevor die Korngröße der ausgeschiedenen Kristallart mikroskopische Sichtbarkeit erlangt hat.

Unsere Versuchslegierungen wurden mit Ausgangsmaterialien von je 99,83% Reinheitsgrad in Graphittiegeln erschmolzen und in einer Eisenkokille vergossen. Eine Übersicht der verwendeten Konzentrationen gibt Tabelle 1.

Änderung der Gitterkonstanten von Aluminium durch Mischkristallbildung mit Magnesium.

Zur Präzisionsbestimmung von Gitterkonstanten werden zweckmäßig Reflexionen mit möglichst großem Ab-

---

[1] Original: Z. Metallkunde Bd. 23, S. 202. 1931.
[2] E. H. Dix und F. Keller: Am. Inst. Min. Met. Eng. Techn. Publ. Nr. 187. 1929.

Tabelle 1.
Konzentration der geprüften Legierungen.

Gew.-% Mg	Gew.-% Fe	Gew.-% Si
0	0,10	0,07
0,95	0,10	0,07
1,71	0,10	0,05
3,38	0,10	0,07
5,39	0,10	0,06
7,72	0,10	0,09
9,75	0 11	0,09
12,29	0,10	0,08
13,61	0,10	0,06
15,91	0,09	0,08
17,96	0,09	0,08
22,07		

lenkungswinkel (ϑ) herangezogen. Hier spricht, wie aus der Braggschen Gleichung $n\lambda = 2d \sin \vartheta/2$ ($\lambda =$ Wellenlänge, $d =$ Netzebenenabstand der reflektierenden Ebene) hervorgeht, der Ablenkungswinkel und der ihm entsprechende Halbmesser des Debye-Scherrer-Kreises am empfindlichsten auf Änderungen von d an. Bei der von uns verwendeten Kamera befindet sich dementsprechend der senkrecht zum einfallenden Strahl stehende, plane Film zwischen Röntgenrohr und Präparat[1].

Die Auswertung der Röntgendiagramme, d. h. die Bestimmung der verschiedenen Konzentrationen zuge-

---

[1] G. Sachs und J. Weerts: Z. Phys. Bd. 60, S. 481. 1930.

hörigen Gitterkonstanten erfolgte nach dem Vorgang von van Arkel[1] durch lineare Extrapolation auf den Ablenkungswinkel $\vartheta = 180°$.

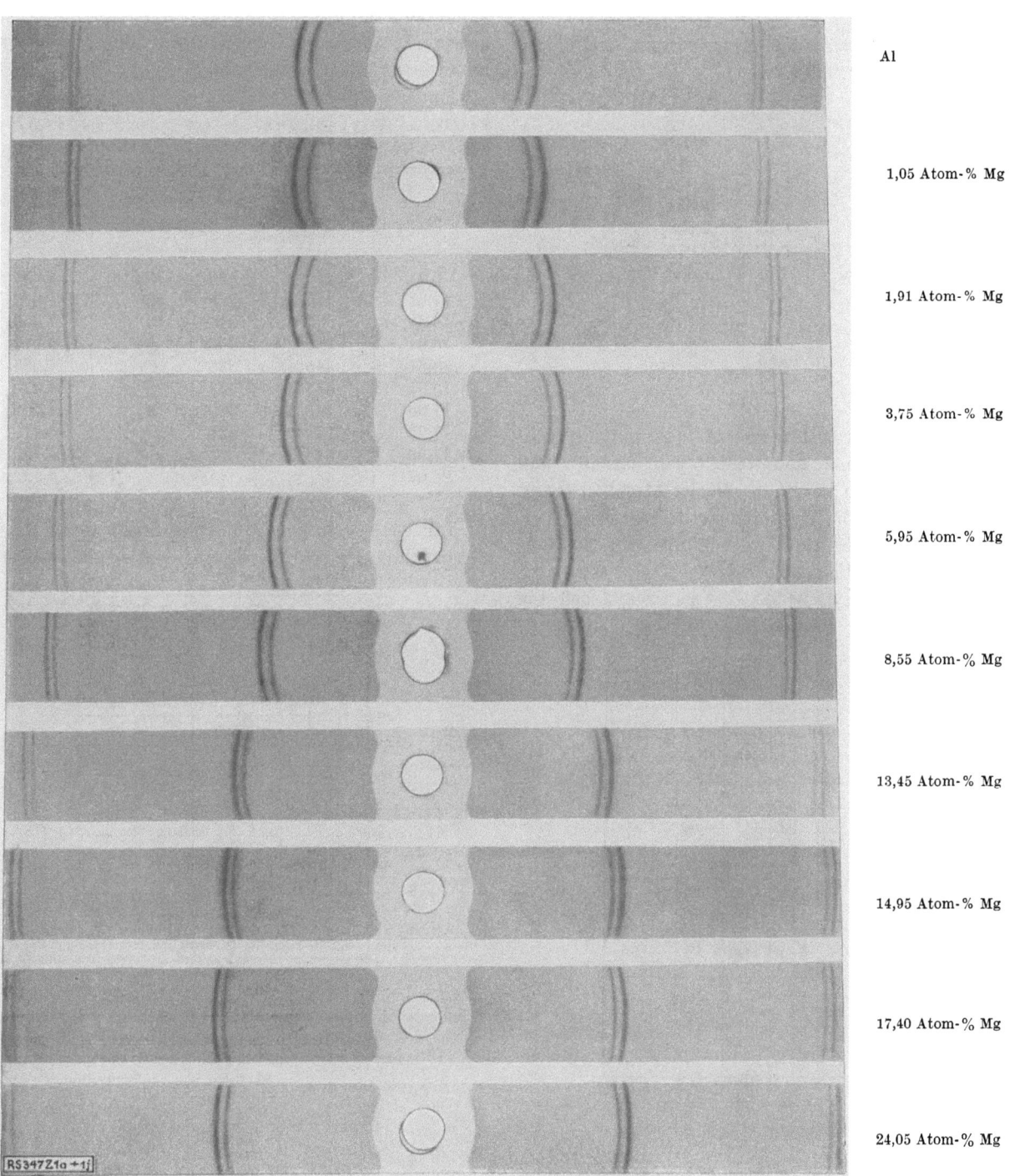

Abb. 1a—1j. Röntgendiagramme der in Tabelle 1 angegebenen Mg-Al-Legierungen. Gitteraufweitung mit zunehmendem Magnesiumgehalt.

Die bei unseren Versuchen stets eingehaltenen Bedingungen waren Kupferstrahlung ($\lambda_{K\alpha_1} = 1{,}53729$ Å), Abstand der Platte von der reflektierenden Präparatenoberfläche 80 mm, Durchmesser der Blendenöffnung

[1] A. E. van Arkel: Z. Krist. Bd. 67, S. 235. 1928; vgl. auch G. Sachs und J. Weerts, a. a. O.

1 mm. Zur Homogenisierung der Präparate wurden die auf 5 mm Durchmesser abgedrehten, in Glasröhrchen eingeschmolzenen Stäbchen bis zu $1\frac{1}{2}$ Tagen in siedendem Schwefel (445° C) geglüht und hierauf in Wasser abgeschreckt. Die höherprozentigen Legierungen wurden vor der Homogenisierung kalt durchgeschmiedet. Während der Aufnahme wurden die Präparate gedreht und gleichzeitig in der Vertikalen auf und ab bewegt, um Ungleichmäßigkeiten der Schwärzung durch einzelne gröbere Körner möglichst zu beseitigen.

In Abb. 1 ist die Reihe der mit den in Tabelle 1 angegebenen Legierungen erhaltenen Diagramme wiedergegeben. Die mit zunehmendem Magnesiumgehalt eintretende Gitteraufweitung tritt aus der Abbildung deutlich hervor. Die quantitative Auswertung der mit Hilfe eines Zyklometers vermessenen Aufnahmen erfolgte auf Grund der Reflexion der K_{α_1}-Linie aus den Ebenen (422) bzw. (511) und (333). Eine Temperaturkorrektur wurde nicht angebracht; sie würde bei Temperaturschwankungen von $\pm 5°$ C bis zu 0,0005 Å betragen.

Tabelle 2.
Gitterkonstanten von Mg-Al-Mischkristallen.

Mg-Gehalt		Gitterkonstante a in Å-Einh.
Gew.-%	Atom-%	
0	0	$4,041_2$
0,95	1,05	$4,045_1$
1,71	1,91	$4,049_1$
3,38	3,75	$4,058_0$
5,39	5,95	$4,068_1$
7,72	8,55	$4,079_1$
9,75	10,75	$4,089_9$
12,29	13,45	$4,104_6$
13,61	14,95	$4,112_1$
15,91	17,40	$4,122_4$
17,96	19,65	$4,122_1$
22,07	24,05	$4,122_0$

Das Ergebnis der Gitterkonstantenbestimmung ist in Tabelle 2 und Abb. 2 dargestellt. Man erkennt, daß die Gitteraufweitung fast linear mit der Atomkonzentration fortschreitet. Die Vergrößerung der Gitterkonstanten beträgt hierbei bis zu der, der Temperatur von 445° entsprechenden Sättigungskonzentration von etwa 16,8 Atom-% (rd. 15,3 Gew.-%) 0,0047 Å je Atom-% gelösten Magnesiums. Dieser Wert ist in guter Übereinstimmung

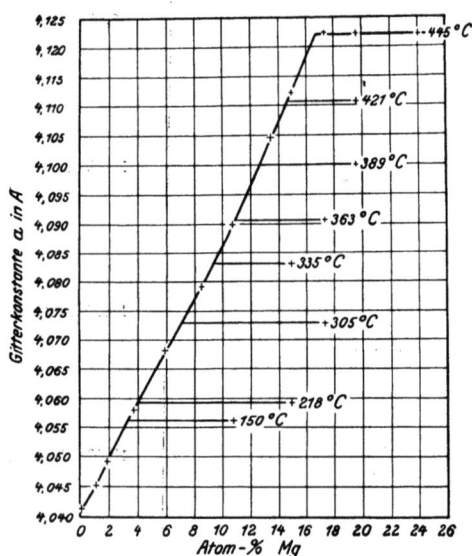

Abb. 2. Gitterkonstanten von Mg-Al-Mischkristallen.

mit Beobachtungen von G. Wassermann, der bis 3 Atom-% Mg eine Gitteraufweitung von 0,0045 Å je Atom-% fand[1].

---

[1] G. Wassermann: Z. Metallk. Bd. 22, S. 158. 1930. Frühere Bestimmungen liegen von E. A. Owen und G. D. Preston (Proc. Roy. Soc. Bd. 36, S. 14. 1923 und V. M. Gayler und G. D. Preston (J. Inst. Met. Bd. 41, S. 191. 1929 vor, welche Gitteraufweitungen von 0,0057 bzw. 0,0034 Å/Atom-% Mg fanden. Z. Nishiyama (Sc. Rep. Tok. Imp. Univ. Bd. 18, S. 359. 1929) gibt 0,0028 Å/Atom-% Mg an.

Bestimmung der Sättigungskonzentration der Magnesium-Aluminium-Mischkristalle.

Zur röntgenographischen Bestimmung der Temperaturabhängigkeit der Sättigungskonzentration von Mischkristallen wird nun die Gitterkonstante der durch entsprechendes Anlassen bei verschiedenen Temperaturen ins Gleichgewicht gesetzten Proben bestimmt. Ist die Konzentrationsabhängigkeit der Gitterkonstanten bekannt, so kann aus den gefundenen Werten die den einzelnen Temperaturen zugehörige Grenzkonzentration unmittelbar angegeben werden.

Tabelle 3. Gitterkonstanten von Mg-Al-Mischkristallen nach verschiedener Anlaßbehandlung.

Mg.-Konz. Gew.-%	Thermische Behandlung		Gitterkonstante in Å. E.
	Abgeschreckt von	Geglüht bei	
9,75	445°[1]	150°, 1170 Std.	$4,056_1$[2]
13,61	445°	218°, 52 „	$4,059_2$
13,61	445°	218°, 110 „	$4,059_0$
15,91	445°	305°, 6 „	$4,072_8$
13,61	445°	335°, 8 „	$4,083_1$
15,91	445°	363°, 8 „	$4,090_6$
17,96	445°	389°, 8 „	$4,099_9$
17,96	445°	421°, 8 „	$4,110_7$
17,96	445°	—	$4,122_1$
22,07	445°	—	$4,122_0$

Tabelle 3 gibt die Glühbehandlung der von uns untersuchten Proben und die aus den Diagrammen nach

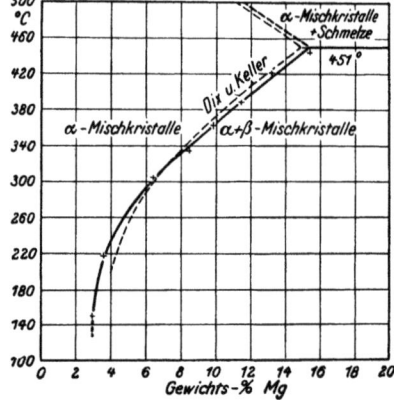

Abb. 3. Röntgenographisch ermittelte Sättigungskonzentration der Mg-Al-Mischkristalle. Die Grenzkurve von Dix und Keller wurde zum Vergleich eingezeichnet.

Tabelle 4. Temperaturabhängigkeit der Löslichkeit von Magnesium in Aluminium.

Temperatur °C	Magnesiumgrenzkonzentration	
	Gew.-%	Atom-%
150	2,95	3,35
200	3,38	3,80
250	4,38	4,88
300	6,25	7,05
350	9,05	10,05
400	12,05	13,25
445	15,00	16,45
451	15,35	16,85 (extrapoliert)

[1] Die Dauer der Homogenisierungsglühung war mit 1 bis 2 Tagen überreichlich bemessen.
[2] Interferenzen verwaschen.

dem oben angegebenen Verfahren ermittelten Gitterkonstanten wieder.

Mit Hilfe der in Abb. 2 dargestellten Konzentrationsabhängigkeit der Gitterkonstanten a können nun zu den bei den verschiedenen Temperaturen beobachteten a-Werten, wie ebenfalls Abb. 2 zeigt, die zugehörigen Grenzkonzentrationen unmittelbar abgelesen werden. Abb. 3 gibt die auf diese Weise ermittelte Temperaturabhängigkeit der Löslichkeit von Magnesium in Aluminium wieder. Eine zahlenmäßige Darstellung ist in Tabelle 4 enthalten.

Abb. 3 zeigt, daß die röntgenographisch ermittelte Temperaturabhängigkeit der Sättigungskonzentration der α-Mischkristalle eine gute Bestätigung der mikroskopischen Beobachtungen von Dix und Keller darstellt. Die Unterschiede betragen höchstens 0,7 Atom-%; sie liegen im Sinne einer stärkeren Temperaturabhängigkeit der Löslichkeit.

Wenn auch möglicherweise der verschiedene Reinheitsgrad der benutzten Ausgangsmetalle für diese Unterschiede verantwortlich ist, so möchten wir doch nochmals hervorheben, daß insbesondere für niedrige Anlaßtemperaturen die röntgenographische Methode empfindlicher ist, als das grundsätzlich an das Auftreten mikroskopisch sichtbarer Ausscheidungen gebundene mikrographische Verfahren.

Die Gitterkonstanten der Silber-Palladium- und Gold-Palladium-Legierungen.

Von W. Stenzel und J. Weerts[1].

Die Frage, welche Gesetze den Raumbedarf der Atome in Substitutionsmischkristallen regeln, ist mit der nach dem Wesen der Mischkristalle überhaupt aufs engste verknüpft. Sie ist bis heute noch nicht geklärt. Während zuerst Retgers[2] die Regel aufstellte, daß das spezifische Volumen der Mischkristalle sich aus dem der Komponenten additiv entsprechend den Gewichtsanteilen berechnen lasse, vermutete Groth[3], daß die topischen Parameter sich geradlinig mit der Konzentration in Volumprozent ändern müßten. Vegard[4] stellte später auf Grund von Röntgenuntersuchungen sein „Additivitätsgesetz" auf, das seitdem vielfach zur Beurteilung der Atomabstände in Mischkristallen herangezogen wurde: Die Gitterparameter von Mischkristallen sind annähernd lineare Funktionen ihrer in Mol- bzw. Atomprozenten anzugebenden Konzentration. V. M. Goldschmidt[5] ließ jedoch die Frage, ob die Volumina oder die Radien der Atome sich additiv einstellen, zunächst offen. In den letzten Jahren haben genauere Röntgenuntersuchungen ergeben, daß viele, wohl die meisten binären Legierungsreihen keiner einfachen Additivitätsregel gehorchen, was übrigens schon auf Grund von Dichtemessungen für manche Reihen zu vermuten war.

Westgren und Almin[6] stellten eine Anzahl von Untersuchungen über Legierungsreihen, deren Komponenten in dichtester Atompackung kristallisieren, zusammen und fanden, daß in Systemen mit begrenzter Mischkristallbildung die Abweichungen von den Additivitätsregeln im Sinne einer Kontraktion verlaufen, wenn intermediäre Verbindungen gebildet werden. Die Silber-Kupfer-Legierungen[1] haben dagegen deutlich größere Gitterkonstanten, als dem Vegardschen Additivitätsgesetz entsprechen würde.

Selbst in lückenlosen Mischkristallen stellen sich die Atomabstände durchweg nicht nach einem Additivitätsgesetz ein. Bei der Reihe Gold-Silber[2] ergab sich eine dem absoluten Betrage nach geringe Kontraktion, die etwa gleich der Differenz der Atomabstände in den reinen Komponenten ist, so daß die Legierungen in einem erheblichen Bereich an der Goldseite eine kleinere Gitterkonstante haben als die kleinere der beiden Komponenten (Au), was bisher noch in keinem anderen Falle beobachtet wurde. Ist diese Kontraktion bei der nahen Verwandtschaft von Gold und Silber schon auffallend, so nicht minder die Aufweitung des Gold-Kupfer-Gitters[3], die nach neueren Messungen[4] maximal etwa $2/3$% der additiv berechneten Gitterkonstanten beträgt. In der Reihe Gold-Platin ergaben unsere Messungen[5] praktisch Additivität der Gitterkonstanten, während Johansson-Linde[6] vor kurzem eine ganz geringe Aufweitung feststellten. Im System Kupfer-Nickel[7] endlich fand sich eine erhebliche Kontraktion, die auffallenderweise an der Kupferseite erheblich stärker ist als an der Nickelseite.

Zur Klärung dieser unübersichtlichen Erscheinungen schien es notwendig, einige weitere Präzisions-Röntgenmessungen an lückenlosen Mischkristallreihen durchzuführen. Die Gelegenheit, neben der Reihe Gold-Platin

---

[1] Original: Siebert-Festschrift S. 288—299. 1931.

[2] J. W. Retgers: Z. phys. Chem. Bd. 3, S. 497—561. 1889; Bd. 4, S. 593—630. 1889; Bd. 5, S. 436—466. 1890.

[3] P. Groth: Einleitung in die chemische Kristallographie, Leipzig 1904, S. 67.

[4] L. Vegard: Z. Phys. Bd. 5, S. 17—26. 1921. L. Vegard und H. Dale, Skrifter utg. a. d. Norske Vid. Ak. Oslo, I. Mat. Nat. Kl. 1927, Nr. 14. — Vgl. F. Kirchner, Ann. Physik. (4) Bd. 69, S. 59—68. 1922.

[5] V. M. Goldschmidt: Z. phys. Chem. Bd. 133, S. 397 bis 419. 1928.

[6] A. Westgren und A. Almin: Z. phys. Chem. Bd. B 5, S. 14—28. 1929.

[1] N. Ageew und G. Sachs: Z. Phys. Bd. 63, S. 293—303. 1930. N. Ageew, M. Hansen und G. Sachs: Z. Phys. Bd. 66, S. 350—376. 1930.

[2] G. Sachs und J. Weerts: Z. Phys. Bd. 60, S. 481—490. 1930.

[3] L. Vegard und H. Dale: Z. Krist. Bd. 67, S. 148—162. 1928.

[4] A. E. van Arkel und J. C. M. Basart: Z. Krist. Bd. 68, S. 475—476. 1926.

[5] W. Stenzel und J. Weerts: Siebert-Festschrift S. 300 bis 308. 1931; Mitt. d. dtsch. Materialprüfungsanstalten, Sonderheft XIX, S. 51—54. 1932.

[6] C. H. Johansson und J. O. Linde: Ann. Physik (5) Bd. 5, S. 762—792. 1930.

[7] W. G. Burgers und J. C. M. Basart: Z. Krist. Bd. 75, S. 155—157. 1930.

auch die Legierungen des Palladiums mit Gold und Silber genauer zu untersuchen, war uns zunächst deshalb besonders willkommen, weil der Atomabstand im Palladium, wie auch im Platin, kleiner als im Gold bzw. Silber, aber größer als im Kupfer ist. Es bot sich also die Möglichkeit, zu prüfen, ob sich die Abweichungen vom Vegardschen Additivitätsgesetz mit der Differenz der Atomradien der Komponenten verknüpfen lassen.

Bisherige Untersuchungen.

Über die Gitterkonstanten der Silber-Palladium-Legierungen haben bisher McKeehan[1] sowie Krüger und Sacklowski[2], über die der Gold-Palladium-Legierungen Holgersson und Sedström[3] gearbeitet. Sie fanden für beide Reihen eine erhebliche Kontraktion des Mischkristallgitters. Die Abweichungen vom Additivitätsgesetz erscheinen indessen sehr gering und unsicher, wenn

Abb. 1. Gerät für Präzisions-Röntgenaufnahmen von ebenen Proben.
B Blende, D Drehkassette, F Film, P Probenträger (mit Schliffprobe),
R Röntgenröhre mit geerdetem Mittelteil, S Schiene.

man in diese Meßreihen die später neu bestimmten Gitterkonstanten des Silbers[4] ($a = 4{,}077_7$ statt $4{,}08$ Å), des Goldes[4] ($a = 4{,}070$ statt $4{,}08$ Å) und des Palladiums[5] ($a = 3{,}879$ statt $3{,}90$ Å) einführt. Die verhältnismäßig große Streuung der Einzelwerte um eine glatte Ausgleichskurve ist durch die Unsicherheit der damaligen Röntgenverfahren nicht ganz zu erklären. Sie beruht wahrscheinlich auch auf dem Probenzustand, worauf besonders die Versuche von McKeehan[6] hindeuten. Da-

---

[1] L. W. McKeehan: Phys. Rev. Bd. 20, S. 424—432. 1922.

[2] F. Krüger und A. Sacklowski: Ann. Physik (4) Bd. 78, S. 72—82. 1925.
Diese Forscher bringen leider keine genaueren Zahlenangaben.

[3] S. Holgersson und E. Sedström: Ann. Physik (4) Bd. 75, S. 143—162. 1924.

[4] G. Sachs und J. Weerts: A. a. O.

[5] G. Bredig und R. Allolio: Z. phys. Chem. Bd. 126, S. 41—71. 1927.

[6] L. W. McKeehan: A. a. O.

bei kommen folgende Fehlerquellen in Frage: Entgast man die Legierungen im Vakuum bei hohen Temperaturen — ein Ausglühen ist zur Homogenisierung ohnedies erforderlich —, so sublimiert die leichterflüchtige Komponente. Die Oberfläche einer Probe hat dann eine andere Konzentration, als der chemischen Analyse entspricht, was bei der geringen Eindringungstiefe der Röntgenstrahlen und der starken Konzentrationsabhängigkeit der Gitterkonstanten die Ergebnisse erheblich beeinflussen kann. Ferner ist damit zu rechnen, daß die Entgasung des Palladiums und der ebenfalls gasempfindlichen palladiumreichen Legierungen nur unvollkommen gelingt. Darauf deuten die außergewöhnlich großen Unterschiede in den älteren Literaturangaben[1] über die Gitterkonstante des reinen Palladiums hin. Endlich ist es schwierig, hochschmelzende Legierungen selbst nach starker Kaltverformung genügend zu homogenisieren.

Eigene Versuche.

Uns standen Proben von Silber-Palladium- und Gold-Palladium-Legierungen verschiedener Konzentrationen in Form von 0,4 mm dicken, einige Quadratzentimeter großen Blechstreifen zur Verfügung[2]. Um über den Einfluß der erwähnten Fehlerquellen Aufschluß zu gewinnen, wurden von jeder Probe 4 Stücke nach verschiedener Glühbehandlung untersucht, eines nach Ausglühen im Hochvakuum, ein zweites nach anschließendem Walzen um 50% und Glühen in reinem Argon[3] bei Atmosphärendruck, das dritte und vierte nach einfacher Homogenisierung in Luft bzw. in Argon. Die Glühtemperatur betrug bei der Reihe Silber-Palladium 920° C, bei Gold-Palladium 1000° C, die Glühdauer 1 Stunde. Die Proben wurden in einem Quarzrohr, in Quarzschiffchen verpackt, in den heißen Ofen eingebracht und nach der Glühbehandlung im herausgenommenen Quarzrohr auf Raumtemperatur abgekühlt. Vor Verbiegung und gegenseitiger Berührung während des Glühens waren sie durch dazwischen gelegte plangeschliffene Quarzplättchen geschützt. Im Hochvakuum verdampften bei 920° C aus den Silber-Palladium-Legierungen erhebliche Mengen Silber, bei 1000° C aus Gold-Palladium-Proben geringe Mengen Gold. Walzplättchen mittlerer Konzentration zeigten nach dem Ausglühen im Vakuum vielfach Aufblähungen, wohl infolge von Gasbläschen in den Reguli, so daß sie nach geeigneter mechanischer Behandlung nochmals geglüht werden mußten.

Die Röntgenuntersuchungen haben wir mit dem vereinfachten und verbesserten Präzisionsverfahren ausgeführt, das erstmalig bei der Bestimmung der Gitter-

---

[1] Vgl. P. P. Ewald und C. Hermann: Strukturbericht 1923—1926 (erschien als Beilage zur Z. Krist.) S. 70.

[2] Die Herstellung und Analyse der Proben erfolgte im Laboratorium der Firma G. Siebert, G. m. b. H., Platinschmelze, Hanau a. M. Die Legierungen wurden im Hochfrequenzofen in freier Luft mit einem Einsatz von je 50 g erschmolzen. Die Schmelztiegel bestanden aus Kalk. Des geringen Einsatzes wegen ließ man die Schmelzen im Tiegel erstarren. Die so gewonnenen Reguli wurden unter Zwischenglühung im Gasofen ausgewalzt. Die Analysenproben wurden den Blechen neben den Röntgenproben entnommen.

[3] Die Firma Linde, Höllriegelskreuth, stellte uns reines Argon in dankenswerter Weise zur Verfügung.

konstanten der Reihe Gold-Silber[1] benutzt wurde. Abb. 1 zeigt das neuerdings vervollkomnte Aufnahmegerät, mit dem Proben von beliebiger Form und Größe untersucht werden können. Plättchenförmige Proben, wie die vorliegenden, oder auch Schliffstücke werden auf einem Drehteller, dessen Achse der des Röntgenstrahlenbündels parallel und gegen diese um einige Millimeter versetzt ist, so aufgekittet, daß die angestrahlte Oberfläche senkrecht zur Drehachse liegt und das Röntgenstrahlenbündel auf ihr einen Kreisring erfaßt. Der Drehfilm[2] ergibt auch bei grobkörnigen Proben die Interferenzen mit größten Glanzwinkeln in Form kontinuierlich geschwärzter Linien, die sich leicht und genau ausmessen und überdies photometrieren lassen.

Abb. 2 zeigt einige unserer Aufnahmen. Da im Filmbereich von den palladiumreichen Proben nur jedesmal eine Flächenschar, (211) in zweiter Ordnung, das $K\alpha$-Dublett der Kupferstrahlung zur Interferenz bringt, sind je eine Pd-arme und eine Pd-reiche Probe zusammen aufgenommen. Zur Ermittlung der beiden Gitterkonstanten und des aus der Filmschrumpfung und ungenauer Einstellung des Abstandes zwischen Probe und Film sich ergebenden Fehlers[2] genügen dann die drei Dublettliniendurchmesser. Die Unsicherheit der unmittelbar korrigierten Gitterkonstanten (palladiumarme Legierungen) beträgt bis zu $\pm 0,0003$ Å, die der mittelbar korrigierten bis zu $\pm 0,0005$ Å. Die aus den $K\alpha_1$- und den $K\alpha_2$-Linien getrennt ermittelten Werte stimmten durchweg gut überein; sie konnten häufig noch mit Hilfe der $K\beta_1$-Linien kontrolliert werden.

Ergebnisse.

In Tabelle 1 und 2 sind die an Hand der thermischen Ausdehnungskoeffizienten[3] auf 20° C reduzierten Versuchsergebnisse zusammengestellt. Die Gitterkonstanten des Silbers und des Goldes entsprechen den früher gefundenen Werten[4]. Wider Erwarten ist die Gitterkonstante des Palladiums nach unseren Messungen unabhängig von der Glühbehandlung. Es scheint also, daß wir ein von vornherein ziemlich gasfreies Material vor uns hatten und daß das Palladium bei 900° C aus der Luft bei Atmosphärendruck entweder keine leichtatomigen Gase aufnimmt oder sie bei der Abkühlung ziemlich vollständig wieder abgibt. Die von uns gefundene Gitterkonstante

des reinen Palladiums, $a = 3,880_9$, stimmt mit der älteren Angabe von Bredig-Allolio[1], $a = 3,87_2 \pm 0,004$ gut überein.

Auch bei den Legierungen zeigen die Unterschiede in den Gitterkonstanten verschieden behandelter Proben keinen systematischen Gang. Dies gilt im Gegensatz zu den Beobachtungen von McKeehan[2] an Silber-Palladium-Legierungen auch für solche Proben, die nach der ersten Röntgenaufnahme um 50% weitergewalzt und nochmals geglüht wurden. Die Streuung der Gitterkonstanten verschiedener Proben derselben Legierung führen wir daher auf Konzentrationsschwankungen zurück. In

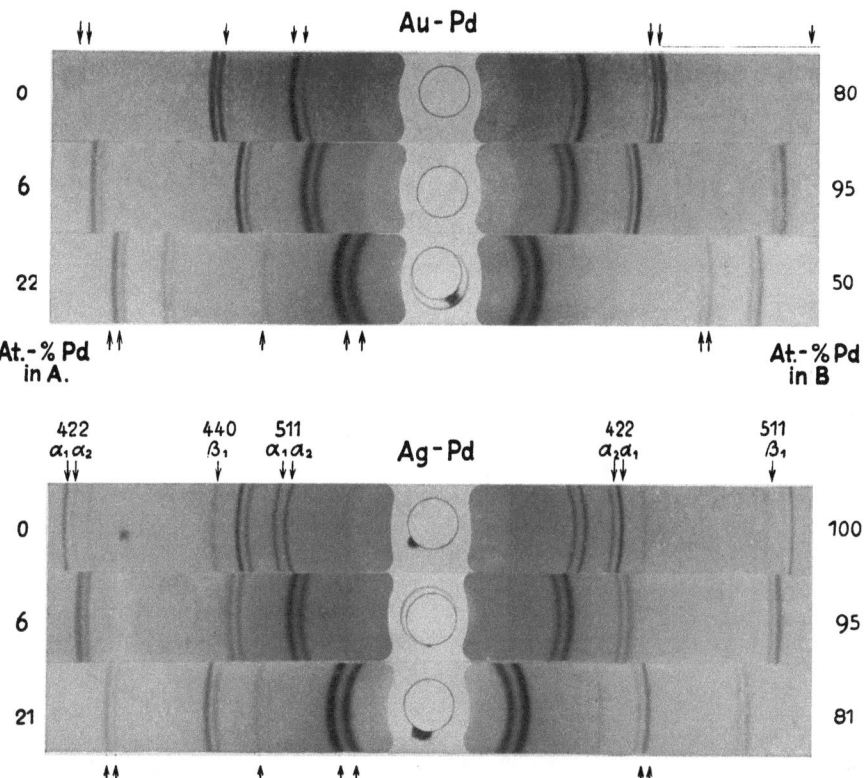

Abb. 2. Röntgenaufnahmen von Silber-Palladium- und Gold-Palladium-Legierungen (Cu-K-Strahlung). (Etwa ⁶/₁₀ natürlicher Größe.)

der Tat zeigten die nachträglich ausgeführten Einzelanalysen einiger Röntgenproben Unterschiede bis zu 1%, die aber keine befriedigende Erklärung für die Unterschiede der Gitterkonstanten gaben. Wir haben daher der Auswertung die Hauptanalysen (vgl. Anm. S. 48) zugrunde gelegt.

Die in Abb. 3 dargestellte Konzentrationsabhängigkeit der Gitterkonstanten zeigt, daß infolge der unsicheren Analysen auch die Mittelwerte der Gitterkonstanten in beiden Reihen erheblich streuen, und zwar um Beträge von einem Mehrfachen der Ungenauigkeit der Auswertung. Trotzdem läßt sich noch eine einigermaßen sichere Aussage über die Abweichungen der Gitterkonstanten von der Vegardschen Additivitätsregel machen. Bei den Silber-Palladium-Legierungen ergibt sich eine geringe Kontraktion, die nach der parabolischen Ausgleichskurve bei 50 Atom-% ungefähr 0,007 Å, also kaum 0,2% der additiv berechneten Gitterkonstanten beträgt. Bei der Reihe Gold-Palladium finden wir wie bei Gold-Platin praktisch Additivität.

---

[1] G. Sachs und J. Weerts: A. a. O.
[2] G. Sachs und J. Weerts: Z. Phys. Bd. 64, S. 344—358. 1930.
[3] C. H. Johansson: Ann. Physik (4) Bd. 76, S. 445—454. 1925.
[4] G. Sachs und J. Weerts: A. a. O.

---

[1] G. Bredig und R. Allolio: A. a. O.
[2] L. W. McKeehan: A. a. O.

— 50 —

Tabelle 1.
Gitterkonstanten der Silber-Palladium-Legierungen.

Palladiumgehalt		Behand-lung	Gitterkonstante (bei 20° C)		
Gew.-%	At.-%		Einzelwerte Å	Mittelwert Å	Abweichung Å
0 (Reines Silber)	0	1	4,077$_5$	4,077$_3$	+0,0002
		1	77$_5$		+ 02
		2	77$_2$		— 01
		3	77$_6$		+ 30
		4	76$_8$		— 05
5,6	5,7	1	4,065$_1$	4,064$_7$	+0,0004
		2	64$_6$		— 01
		3	64$_6$		— 01
		4	64$_4$		— 03
20,7	20,9	1	4,029$_9$	4,028$_8$	+0,0011
		2	29$_2$		+ 04
		3	28$_8$		00
		4	27$_1$		— 17
52,6	52,9	1	3,969$_9$	3,970$_1$	—0,0002
		2	70$_7$		+ 06
		3	—		
		4	69$_7$		— 04
80,7	80,9	1	3,914$_9$	3,914$_3$	+0,0006
		2	13$_7$		— 06
		2*	12$_3$		— 20
		3	15$_0$		+ 07
		4	15$_7$		+ 14
		4*	14$_2$		— 01
95,1	95,1	1	3,894$_3$	3,891$_2$	+0,0031
		2	90$_5$		— 07
		3	89$_2$		— 20
		4	90$_9$		— 03
100 (Reines Palladium)	100	1	3,880$_6$	3,880$_9$	—0,0003
		2	3,880$_8$		— 01
		3	(3,881$_7$?)		(+ 08)
		4	3,881$_1$		+ 02
		5	3,881$_2$		+ 03

Behandlung:
1: 920° 1 Stunde im Hochvakuum geglüht.
2: wie 1, dann 50% gewalzt und 920° 1 Stunde in Argon geglüht.
3: 920° 1 Stunde in Luft geglüht.
4: 920° 1 Stunde in Argon geglüht.
5: 1200° 1 Stunde im Hochvakuum geglüht.
*: Behandlung wiederholt.

Tabelle 2.
Gitterkonstanten der Gold-Palladium-Legierungen.

Palladiumgehalt		Behand-lung	Gitterkonstante (bei 20° C)		
Gew.-%	At.-%		Einzelwerte Å	Mittelwert Å	Abweichung Å
0 (Reines Gold)	0	1	4,070$_0$	4,070$_0$	0,0000
		2	70$_1$		+ 01
		3	70$_0$		00
		4	70$_0$		00
3,7	6,6	1	4,059$_9$	4,059$_7$	+0,0002
		2	59$_5$		— 02
		2*	59$_8$		+ 01
		3	60$_0$		+ 03
		4	59$_3$		— 04
12,9	21,5	1	—	4,027$_3$	
		2	—		
		3	4,028$_5$		+0,0012
		4	26$_0$		— 13
35,1	50,0	1	3,972$_7$	3,973$_0$	—0,0003
		2	72$_3$		— 08
		3	74$_0$		+ 10
		4	73$_2$		+ 02
68,5	80,1	1	3,920$_3$	3,919$_3$	—0,0010
		2	19$_5$		+ 02
		3	18$_7$		— 06
		4	18$_8$		— 05
90,9	94,9	1	3,892$_4$	3,893$_2$	—0,0008
		2	92$_8$		— 04
		3	91$_3$		— 19
		4	96$_2$		+ 30
100 (Reines Palladium)	100	Siehe Tabelle 1		3,880$_9$	—

Behandlung:
1: 1000° 1 Stunde im Hochvakuum geglüht.
2: wie 1, dann 50% gewalzt und 1000° 1 Stunde in Argon geglüht.
3: 1000° 1 Stunde in Luft geglüht.
4: 1000° 1 Stunde in Argon geglüht.
*: Behandlung wiederholt.

Abb. 4 bringt eine Übersicht über die Abhängigkeit der Gitterkonstanten einiger lückenloser kubisch-flächenzentrierter Mischkristallreihen von der Konzentration in Atomprozent. Danach sind die Abweichungen vom additiven Verlauf in der Reihe der Goldlegierungen deutlich abhängig von der relativen Atomgröße der Legierungskomponenten. Die bei Gold-Silber beobachtete Kontraktion geht mit zunehmendem Unterschied der Gitterkonstanten der Komponenten über die additiven Reihen (Gold-Platin und Gold-Palladium) in eine Aufweitung (Gold-Kupfer) über[1]. Im großen und ganzen verhalten sich die Silberlegierungen ähnlich, da, wie eingangs erwähnt, auch die Silber-Kupfer-Mischkristalle eine Gitteraufweitung zeigen. Die Kontraktion der Silber-Palladium-Legierungen scheint aber weiter darauf hinzudeuten, daß auch die gegenseitige Stellung der

[1] Auf diese zunächst rein formale Gesetzmäßigkeit hat zuerst Herr G. Sachs gelegentlich einer Aussprache hingewiesen.

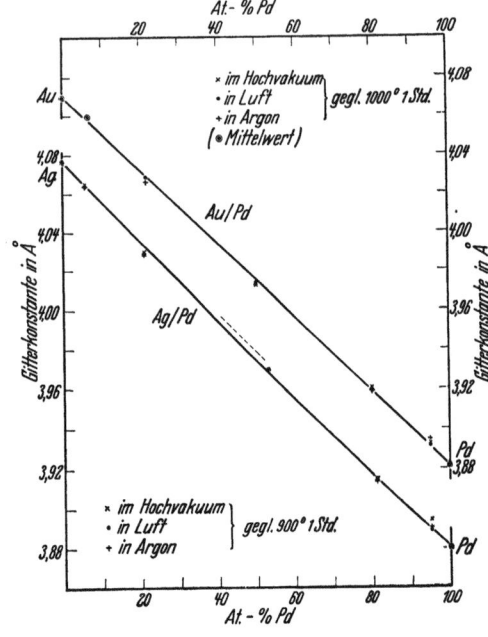

Abb. 3. Gitterkonstanten der Silber-Palladium- und Gold-Palladium-Legierungen.

Komponenten im periodischen System der Elemente eine Rolle spielt.

Diese Ergebnisse legen es nahe, die einfachen Additivitätsregeln durch eine physikalisch besser begründete Darstellung zu ersetzen. Einen ersten Versuch in dieser Richtung haben wir gemeinsam mit Herrn G. Sachs in Angriff genommen.

Zusammenfassung.

Die Gitterkonstanten der lückenlosen Mischkristallreihen Silber-Palladium und Gold-Palladium wurden neu bestimmt. Sie sind weitgehend unabhängig von der Art der Glühbehandlung. Für reines Palladium ergab sich der Wert:

$$a_{20°} = 3{,}880_9 \pm 0{,}000_5 \text{ Å}.$$

Im Falle der Gold-Palladium-Legierungen ändern sich die Gitterkonstanten praktisch linear mit der Konzentration in Atomprozent. Demgegenüber zeigen die Silber-Palladium-Legierungen eine geringe Kontraktion, die bei 50 Atom-% etwa 0,007 Å beträgt.

Die Anregung zu vorliegender Arbeit verdanken wir Herrn Professor Dr.-Ing. G. Sachs, der uns auch wertvolle Ratschläge und Hinweise gab. Herrn Dr.-Ing. H. Houben danken wir bestens für seine Bemühungen um die Herstellung der Legierungen und für deren freundliche Überlassung. Bei der Inangriffnahme der Arbeit förderte uns Herr Dr. L. Nowack † mit Rat und Tat. Herr Ing. F. Beck unterstützte uns bei der Durchführung der Glühungen in dankenswerter Weise.

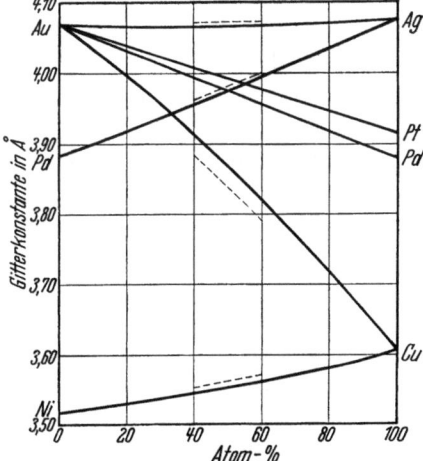

Abb. 4. Gitterkonstanten von lückenlosen Mischkristallreihen kubisch flächenzentrierter Metalle.

Der Notgemeinschaft der Deutschen Wissenschaft sind wir für die Bereitstellung von Mitteln zur Beschaffung von Aufnahmegeräten für die Röntgenuntersuchungen zu besonderem Danke verpflichtet.

Röntgenuntersuchungen im System Gold-Platin.

Von W. Stenzel und J. Weerts[1].

Über das Zustandsdiagramm der Gold-Platin-Legierungen herrschte bis vor kurzem noch einige Unklarheit. Doerinckel[2] hatte lückenlose Mischbarkeit, Grigorjew[3] eine Mischungslücke zwischen 25 und 80% Platin angegeben. Nowack[4] fand beim Anlassen abgeschreckter Legierungen mit 20 und 25 Gew.-% Platin eine Härtesteigerung. Wir stellten uns daher die Aufgabe, die genauere Begrenzung der Mischungslücke röntgenographisch zu bestimmen. Die Konzentrationsabhängigkeit der Gitterkonstanten in den Homogenitätsbereichen interessierte uns überdies im Zusammenhang mit der Frage nach den Gesetzen des Raumbedarfes der Atome in Mischkristallen[5]. Wir hatten in Vorversuchen bereits festgestellt, daß bei hohen Temperaturen lückenlose Mischbarkeit vorliegt und die Mischungslücke sich mit fallender Temperatur stark verbreitert, als uns die umfangreiche Arbeit von Johansson und Linde[6] bekannt wurde, die das Zustandsdiagramm der Gold-Platin-Legierungen oberhalb von 800° C weitgehend geklärt hat. Diese Forscher fanden bei mittleren Konzentrationen oberhalb 1160° C homogene Mischkristalle. Sie bestimmten die Mischungslücke aus der Konzentrations- und Temperaturabhängigkeit des elektrischen Widerstandes abgeschreckter Legierungen und kontrollierten das Ergebnis durch Messungen der Härte und einiger anderer Eigenschaften nach verschiedener Wärmebehandlung. Ferner bestimmten sie die Gitterkonstanten der abgeschreckten, homogenen Legierungen und stellten röntgenographisch die Löslichkeit bei 800° C fest, wobei sich Übereinstimmung mit den elektrischen Messungen ergab. Bei tieferen Temperaturen fanden sie in orientierenden Anlaßversuchen gewisse Anzeichen für das Bestehen intermediärer Homogenitätsgebiete in den Bereichen einfacher Mischungsverhältnisse, die, wie im System Silber-Platin[1], möglicherweise geordnete Atomverteilung aufweisen.

Unsere Untersuchungen haben diese Ergebnisse im wesentlichen bestätigt. Die Verhältnisse bei niedrigen Temperaturen (unterhalb etwa 650° C) haben wir vorläufig nicht untersucht.

Eigene Versuche.

Die Legierungen wurden im Metallaboratorium der Deutschen Gold- und Silber-Scheideanstalt, Pforzheim, aus chemisch reinem Gold und Platin im Tamman-Ofen in Magnesiatiegeln erschmolzen und dort zum Teil fertig ausgewalzt. Bei mittleren Konzentrationen waren Zwischenglühungen bei hohen Temperaturen erforderlich. Proben mit 50 und 60% Pt konnten wir erst nach mehrstündigem Ausglühen bei 800° C kalt auswalzen. Eine

---

[1] Original: Siebert-Festschrift S. 300—308. 1931.
[2] F. Doerinckel: Z. anorg. Chem. Bd. 54, S. 333—366. 1907.
[3] A. T. Grigorjew: Z. anorg. Chem. Bd. 178, S. 97—107. 1929.
[4] L. Nowack: Z. Metallkunde Bd. 22, S. 94—103. 1930.
[5] Vgl. W. Stenzel und J. Weerts: Siebert-Festschrift S. 288—299. 1931. Mitt. d. dtsch. Materialprüfungsanstalten, Sonderheft XIX S. 47—51. 1932.
[6] C. H. Johansson und I. O. Linde: Ann. Physik (5) Bd. 5, S. 762—792. 1930.

[1] C. H. Johansson und I. O. Linde: Ann. Physik (5) Bd. 6, S. 458—486. 1930.

Probe mit 75% Pt blieb auch nach dieser Behandlung, im Gegensatz zu den Beobachtungen von Johansson und Linde, spröde. Wir schmolzen sie im Tamman-Ofen nochmals ein, ließen sie im Magnesiatiegel erstarren und schreckten sie nach einstündigem Ausglühen bei 1200° C ab. Auch nach dieser Behandlung ließ sie sich nicht auswalzen. Auf weitere Versuche mit dieser Legierung haben wir vorläufig verzichtet.

Sämtliche Röntgenproben waren Walzplättchen von etwa 0,4 mm Dicke und etwa 2 cm² Größe. Die Glühungen erfolgten in einem gut verschlossenen Quarzrohr, das in einem verhältnismäßig großen, waagerechten Platinofen lag. Die Proben waren in einem Quarzschiffchen zwischen plangeschliffenen Quarzplättchen verpackt, so daß sie beim Abschrecken bis zum Auftreffen auf die Oberfläche des etwa 1 m tiefen Eiswassers annähernd auf der Glühtemperatur geblieben sein dürften. Unmittelbar nach dem Eintauchen in die Abschreckflüssigkeit fiel dann das Paket auseinander. Die Ofentemperatur wurde beim Glühen der heterogenen Proben mittels eines Reglers möglichst konstant gehalten. Sie schwankte bei 700° C um etwa $\pm 5°$, bei 1000° um etwa $\pm 8°$, bei 1200° um etwa $\pm 10°$. Gemessen wurde die Temperatur an der Außenwand des Quarzrohres neben dem darinliegenden Quarzschiffchen. Der Unterschied gegen die Probentemperatur wurde gesondert bestimmt.

Die Röntgenaufnahmen wurden mit Kupferstrahlung hergestellt. Über das Aufnahmeverfahren berichten wir an anderer Stelle[1]. Für die Reduktion der Gitterkonstanten auf 20° C haben wir angenommen, daß die thermischen Ausdehnungskoeffizienten der Legierungen, wie bei allen bisher untersuchten lückenlosen Mischkristallreihen[2], etwas kleiner sind, als wenn sie linear von der Konzentration abhängen würden.

Homogene Legierungen.

Wir bestimmten zunächst die Gitterkonstanten der homogenen Reihe nach dem Abschrecken von hohen Temperaturen (Glühdauer 1 Stunde). Tabelle 1 bringt eine Übersicht über diese Versuche und ihre Ergebnisse.

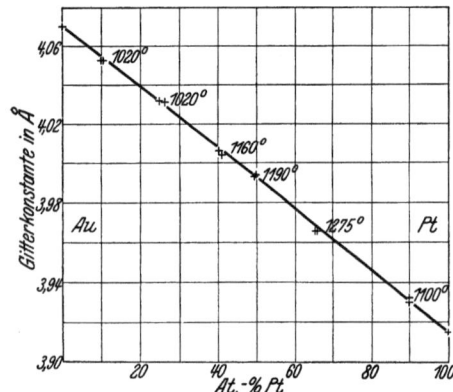

Abb. 1. Gitterkonstanten homogener Gold-Platin-Legierungen.

Die Konzentrationsabhängigkeit der Gitterkonstanten ist nach Abb. 1 praktisch linear, bei durchweg erheblicher Streuung der Einzelwerte. Da die Analysen von je zwei

[1] W. Stenzel und J. Weerts: A. a. O.
[2] Vgl. W. Guertler: Metallographie Bd. 2, Abschnitt 5, Lieferung 2, S. 183, Berlin 1926.

Proben, die den Walzblechen nebeneinander entnommen waren, Unterschiede bis zu 1% und mehr zeigten, führen wir diese Streuung auf eine mangelhafte Homogenisierung zurück, wie sie auch bei Palladiumlegierungen[1] beobachtet wurde. Johansson und Linde fanden bei ihren Röntgenuntersuchungen ebenfalls eine derartige Streuung. Sie glauben auf eine ganz geringe Abweichung vom Vegardschen Additivitätsgesetz nach größeren Gitterkonstanten hin schließen zu sollen. Im übrigen stimmen die beiden Meßreihen gut überein.

Tabelle 1. Gitterkonstanten homogener Gold-Platin-Legierungen.

Platingehalt		Abschreck-temperatur	Gitterkonstanten a (bei 20° C)		Unterschied $a_{gem} - a_{ber}$
Gew.-%	At.-%	° C	gemessen Å	additiv berechnet Å	Å
0 (Reines Gold)	0	—	4,070$_0$	(4,070$_0$)	—
9,9$_1$	9,8$_2$	1020	4,052$_7$	4,054$_8$	−0,002$_1$
10,2$_1$	10,1$_1$		2$_9$	4$_3$	− 1$_4$
25,1$_7$	24,9$_9$	1020	4,031$_9$	4,031$_2$	+0,000$_6$
26,5$_3$	26,3$_5$		1$_5$	29$_2$	+ 2$_3$
41,1$_2$	40,8$_9$	1160	4,004$_0$	4,006$_7$	−0,002$_7$
40,4$_9$	40,2$_6$		6$_6$	7$_7$	− 1$_1$
49,9$_7$	49,6$_8$	1190	3,994$_2$	3,993$_1$	+0,001$_1$
49,8$_8$	49,6$_3$		3$_2$	3$_2$	0$_0$
65,4$_7$	65,2$_4$	1275	3,966$_1$	3,968$_9$	−0,002$_8$
65,9$_8$	65,7$_4$		5$_8$	8$_1$	− 2$_3$
90,1$_0$	90,0$_1$	1100	3,929$_9$	3,930$_6$	−0,000$_7$
90,1$_4$	90,0$_5$		32$_3$	0$_5$	+ 1$_8$
100 (Reines Plat.)	100	1) 2) 3) 4) 5)	3,915$_3$ 3,915$_3$ 3,915$_2$ (3,914$_0$?) 3,914$_6$	Mittelwert: 3,915$_1$	—

1) 930°, 1 Stunde } im Hochvakuum geglüht und abgekühlt.
2) 1200°, 1 Stunde
3) 1020°, 1 Stunde in Luft geglüht, abgeschreckt in Eiswasser.
4) 1000°, 1 Stunde in Argon geglüht.
5) 1000°, 1 Stunde im Hochvakuum geglüht und abgekühlt auf R. T., anschließend 1000°, 1 Stunde in Argon geglüht.

Die Gitterkonstante des reinen Platins ist, wie die des Palladiums, praktisch unabhängig von der Glühbehandlung und beträgt bei 20° C

$$a_{Pt} = 3,915_1 \pm 0,000_5 \text{ Å}.$$

Bestimmung der Mischungslücke.

Die erstmalig von Ageew und Sachs[2] bei Silber-Kupfer-Legierungen benutzte röntgenographische Methode zur Bestimmung von Löslichkeitsgrenzen im festen Zustand konnte nunmehr sinngemäß für die Feststellung der Grenze des heterogenen Gebietes angewandt werden. Dazu wurden homogene abgeschreckte Proben mit ungefähr 40, 50 und 60% Platin bei verschiedenen Temperaturen angelassen und abgeschreckt (vgl. Abb. 2). Die Ergebnisse der einzelnen Röntgenaufnahmen und die aus der Konzentrationsabhängigkeit der Gitterkonstanten

[1] W. Stenzel und J. Weerts: A. a. O.
[2] N. Ageew und G. Sachs: Z. Physik Bd. 63, S. 293—303. 1930.

(Abb. 1) ermittelten Gleichgewichtsgehalte der beiden Phasen sind in Tabelle 2 zusammengestellt.

Tabelle 2. Röntgenographische Bestimmung der Mischungslücke im System Gold-Platin.

Abschreck-temperatur °C	Probe Nr.	Goldreiche Phase		Platinreiche Phase	
		Gitter-konstante a Å	Kon-zentration At.-% Pt	Gitter-konstante a Å	Kon-zentration At.-% Pt
1108 (1 Std.)	54	$4{,}003_6$	42,9	—	
	55	—		$3{,}045_7$	80,6
1065 ($1^1/_2$ Std.)	54	$4{,}007_6$	40,3	$3{,}938_6$	
	55	—		$3{,}940_5$	84,4
985 ($4^1/_2$ Std.)	53	$4{,}017_5$		$3{,}929_5$	
	54	$4{,}017_5$	33,5	$3{,}929_3$	91,0
	55	—		$3{,}928_6$	
875 (40 Std.)	53	$4{,}024_8$		$3{,}923_4$	
	54	$4{,}024_2$	29,3	$3{,}923_6$	94,0
	55	—		$3{,}925_9$	
675 (170 Std.)	53	$4{,}032_4$		$3{,}920_3$	
	54	$4{,}032_2$	24,5	$3{,}920_0$	96,8
	55	$4{,}031_4$		$3{,}920_7$	

Nr. 53: 40 At.-% Pt   Nr. 54: 50 At.-% Pt   Nr. 55: 65 At.-% Pt.

Bem.: 0,001 Å Änderung der Gitterkonstanten entspricht einer Konzentrationsänderung von 0,65 At.-%.

Die in Abb. 2 eingetragenen Versuchswerte lassen sich durch die beiden stark ausgezogenen Linien gut wiedergeben, die wir oberhalb von 1110° C zwanglos durch die gestrichelte Kurve mit einem Maximum bei etwa 1180° C verbunden haben. Auf der Goldseite ist die Übereinstimmung mit der dünn gestrichelten Löslichkeitsgrenze nach Johansson-Linde recht gut. Auf der Platinseite finden wir dagegen oberhalb 700° C eine deutlich geringere Löslichkeit. Worauf diese mangelhafte Übereinstimmung beruht, läßt sich nicht ohne weiteres sagen. Die Mittelwerte der vier röntgenographischen Kontrollbestimmungen, die Johansson-Linde bei 800° C ausführten, liegen auf der Goldseite in unserer Kurve, fallen auf der Platinseite dagegen in die von ihnen elektrisch bestimmte. Der obenerwähnte geringe Unterschied in der Konzentrationsabhängigkeit der Gitterkonstanten fällt nicht ins Gewicht. Die Unterschiede in der Wärmebehandlung der Proben und in den Abschreckbedingungen scheinen ebenfalls keine Rolle zu spielen. Wir haben allerdings teilweise längere Glühzeiten gewählt. Die Frage, inwieweit in beiden Fällen Gleichgewichtszustände erfaßt sind, müssen wir offen lassen. Auf Grund der Linienschärfe der einzelnen Röntgenaufnahmen, von denen einige in Abb. 3 zusammengestellt sind, läßt sich allgemein nur etwa folgendes aussagen: Die ziemlich scharfen Linien der oberhalb etwa 1000° C abgeschreckten Proben deuten darauf hin, daß der Gleichgewichtszustand erreicht und auch beim Abschrecken erhalten geblieben ist. Hier müssen ferner die Diffusionsvorgänge so rasch verlaufen, daß die stark temperaturabhängige Konzentration beider Phasen sich den verhältnismäßig großen, langsamen Temperaturschwankungen des Ofens anpassen konnte. Bei mittleren Temperaturen sind die Linien dagegen durchweg etwas unscharf, doch entspricht ihre Verbreiterung nicht dem geringen Regulierbereich des Temperaturreglers. Allgemein fällt auf, daß die goldreiche Phase stets nur bei starkem, mengenmäßigem Übergewicht über die platinreiche scharfe Linien ergibt, wie das Beispiel der bei 675°C (170 Stunden) abgeschreckten Legierungen (Abb. 3) zeigt. Die Linien der Platinphase ändern dagegen nur ihre Intensität, etwa entsprechend dem verschiedenen Mengenverhältnis. Diese Linienverwaschung der Goldphase könnte man durch anormal kleine Kristallite, Gitterverspannungen oder Konzentrationsschwankungen erklären. Die Abhängigkeit der Erscheinung vom Mengenverhältnis der beiden Phasen gibt dazu keine näheren Aufschlüsse. Es wäre vielmehr erforderlich, die Änderung der Röntgenbilder beim Anlassen zeitlich zu verfolgen. Hierbei würde man wahrscheinlich auch zu endgültigen Aussagen über die

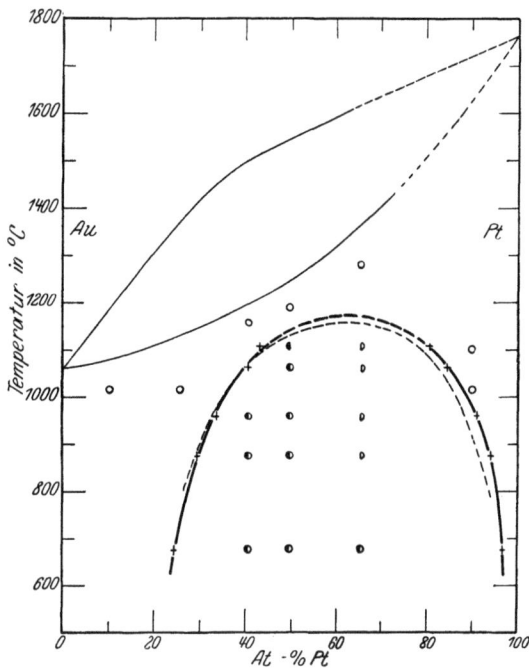

Abb. 2. Zustandsschaubild Gold-Platin.
——— Liquidus- und Soliduslinie nach Doerinckel (1907).
– – – Mischungslücke nach Johansson-Linde (1930).
— + — Röntgenographisch bestimmte Mischungslücke.
○ homogen, ◐ heterogen.
◐ nur platinreiche Phase } im Röntgenbild sicher zu vermessen.
◖ nur goldreiche Phase

Gleichgewichtskonzentrationen gelangen. Vorläufig erscheint es uns aber wichtig, daß Proben verschiedener Konzentration und Linienschärfe jedesmal innerhalb der Versuchsgenauigkeit auf die gleichen Grenzkonzentrationen führen (vgl. Tabelle 2). Die Reproduktionen der Filme geben übrigens die Auswertungsbedingungen nur annähernd wieder. Auf den Originalaufnahmen konnten die meisten Linien im Komparator gut reproduzierbar ausgemessen werden.

Das röntgenographische Verfahren der Bestimmung von Löslichkeitsgrenzen ist unserer Ansicht nach häufig anderen Verfahren vorzuziehen[1], vorausgesetzt, daß sich die Gitterkonstanten mit der Konzentration genügend stark ändern, wie es ja hier der Fall ist. Die Gitterparameter sind nämlich weitgehend unabhängig von geringen Gitterstörungen, auf die die elektrischen und mechani-

---

[1] Vgl. auch den Beitrag von G. Sachs in: Ergebnisse der technischen Röntgenkunde, Bd. II, herausgegeben von F. Körber und E. Schiebold, Leipzig 1931, S. 251—261.

schen Eigenschaften bereits stark ansprechen. Derartige Störungen können durch Alterung bei Raumtemperatur, aber auch durch nicht ganz wirksames Abschrecken entstehen und leicht einen systematischen Gang mit der

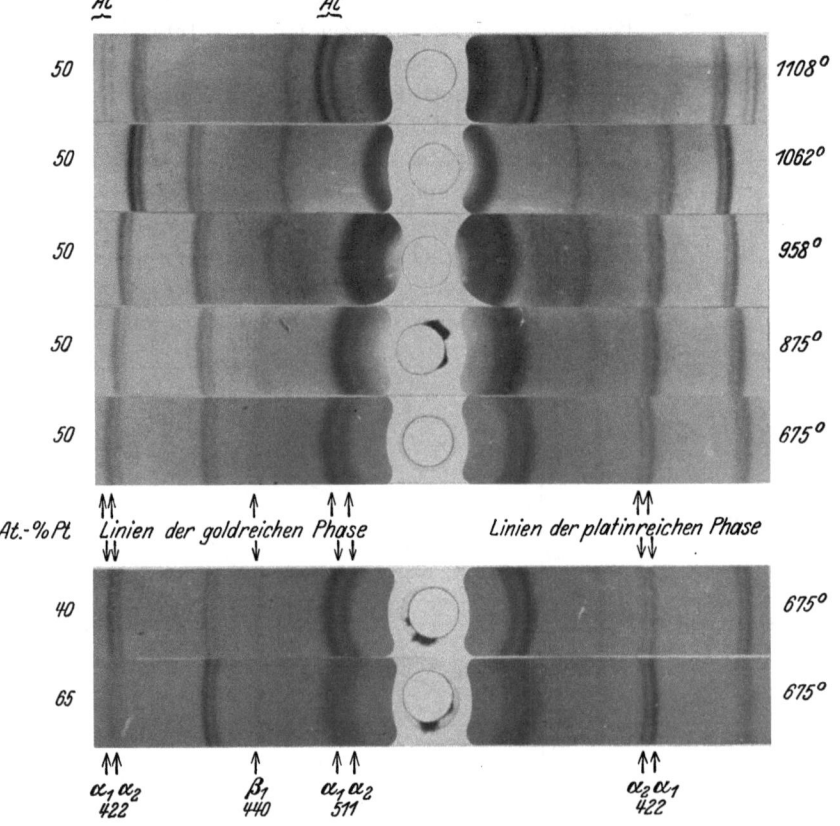

Abb. 3. Röntgenaufnahmen (Cu-K-Strahlung) zweiphasiger Gold-Platin-Legierungen. (Anlaßtemperaturen in °C.) (Etwa 6/10 natürlicher Größe.)

Konzentration nehmen. Weiter spricht für die Röntgenaufnahme, daß sie neben einer eindeutigen Aussage über die Konzentration selbst auch einigen Aufschluß über den Grad des Gleichgewichtes gibt (Linienschärfe, Streustrahlung usw.). Die Absolutgenauigkeit des Verfahrens ist in den meisten Fällen recht groß und seine Anwendung bequem, zumal man mit wenigen Proben auskommt.

Zusammenfassung.

Die Atomabstände in homogenen Gold-Platin-Legierungen ändern sich praktisch linear mit der Konzentration. Reines Platin hat eine Gitterkonstante

$$a_{Pt} = 3{,}915_1 \pm 0{,}000_5 \text{ Å},$$ bezogen auf 20° C.

Die Löslichkeitsgrenzen wurden zwischen 675 und 1110° C röntgenographisch bestimmt. Das Temperaturmaximum der Mischungslücke liegt bei etwa 1180° C und rund 60% Platin. Bei 1100 (900, 700)° C lösen sich rund 43 (30, 25) Atom-% Platin im Gold und rund 19 (7, 3,5) Atom-% Gold im Platin.

Bis auf die deutlich geringere Löslichkeit des Goldes im Platin stimmen die Ergebnisse im wesentlichen mit den Untersuchungen von Johansson-Linde (1930) überein.

Wir danken auch an dieser Stelle Herrn Professor Dr.-Ing. G. Sachs für die Anregung und Förderung der Arbeit. Besonderen Dank schulden wir dem inzwischen verstorbenen Herrn Dr. L. Nowack, Leiter des metallographischen Laboratoriums der Deutschen Gold- und Silber-Scheideanstalt, Pforzheim, das uns durch Herstellung der Legierungen in größtenteils versuchsfertiger Form in wertvollster Weise unterstützte. Bei der Wärmebehandlung der Röntgenproben hat Herr Ing. F. Beck wertvolle Mitarbeit geleistet. Herr Professor Dr. E. Schürmann vom Staatlichen Materialprüfungsamt hatte die Freundlichkeit, die Analyse der Proben zu übernehmen.

Der Notgemeinschaft der Deutschen Wissenschaft verdanken wir die Mittel zur Durchführung der vorliegenden Arbeit.

Mechanik deformierbarer Körper.

Von K. Weißenberg[1].

Inhaltsverzeichnis.

A. Einleitung.
  a) Die Problemstellung der Mechanik.
  b) Maßbestimmung der mechanischen Variablen und systematischer Aufbau der Mechanik.
  c) Die Grundgesetze der Mechanik:
    I. Das Newtonsche Trägheitsgesetz und die Prinzipien von d'Alembert und Hamilton.
    II. Die mechanische Zustandsgleichung.
B. Die reine Deformationsmechanik der (PS)-Körper. Allgemeiner Überblick.
  a) Die Lehre von der mechanischen Verwandtschaft deformierbarer Körper.
  Systematik der (PS)-Körper.
  b) Reine Deformationsmechanik der $(P_m S_n)$-Körper.
    I. Die allg. Nachwirkungstheorie der (PS)-Körper.

    II. Die 3 Spezialgebiete der reinen Deformationsmechanik.
     1. Relaxationstheorie.
     2. Potential- (Elastizitäts-) Theorie.
     3. Theorie der inneren Reibung.
    III. Der innere Zusammenhang der 3 Spezialgebiete.
    IV. Die Superpositionstheorie.
C. Die reine Deformationsmechanik der S-Körper.
  Ableitung der speziellen Zustandsgleichung der S-Körper.
    I. Allgemeine Nachwirkungstheorie der S-Körper.
     1. Deformationsbeanspruchungen.
     2. Dynamische Beanspruchungen.
    II. Die 3 Grundgesetze der S-Körper.
     1. Kleine Deformationsbeanspruchungen.
     2. Kleine dynamische Beanspruchungen.
    III. Relaxationstheorie der inneren Reibung.
    IV. Die Superpositionstheorie der S-Körper.
     1. Deformierende Beanspruchung.
     2. Dynamische Beanspruchung.

---

[1] Original: Abh. d. preuß. Akad. d. Wissenschaften 1931. Phys.-Math. Kl. Nr 2. Vorgetragen am 19. VI. 31. im Kolloquium des K.W.I. f. Metallforschung.

V. Beispiele einfacher *S*-Körper.
VI. Allgemeine mechanische Eigenschaften der *S*-Körper.
D. Die reine Deformationsmechanik der *P*-Körper.
Ableitung der Zustandsgleichung der *P*-Körper.
I. Die allgemeine Nachwirkungstheorie der *P*-Körper.
1. Dynamische Beanspruchung.
2. Deformierende Beanspruchung des *P*-Körpers.
II. Die 3 Grundgesetze der *P*-Körper.
1. Kleine dynamische Beanspruchungen.
2. Kleine deformierende Beanspruchungen.
III. Die Relaxationstheorie der inneren Reibung.
IV. Die Superpositionstheorie der *P*-Körper.
1. Dynamische Beanspruchung.
2. Deformierende Beanspruchung.
V. Beispiele einfacher *P*-Körper.
VI. Die allgemeinen mechanischen Eigenschaften der *P*-Körper.
E. Die mechanischen Eigenschaften der *S*- bzw. *P*-Körper.
F. Zusammenfassung.

A. Einleitung.

Die Untersuchung der mechanischen Eigenschaften von Kolloiden beanspruchte zunächst nur ein technologisches Interesse. Man versuchte die Eignung eines Materials als Baustoff resp. als feste Gerüstsubstanz oder auch als Klebstoff, als Schmiermittel, als Spinnlösung oder als Lack mit ihren mechanischen Eigenschaften in Zusammenhang zu bringen. In den letzten Jahrzehnten hat sich auch das wissenschaftliche Interesse diesen Fragen immer mehr zugewandt, und man hat versucht, die Feinstruktur der Materialien aus ihren mechanischen Eigenschaften zu erschließen. So hat man z. B. das Molekulargewicht der hochmolekularen Naturstoffe, wie Gummi, Zellulose, Eiweiß usw. in Modifikation einer Theorie von Einstein mit der Viskosität verdünnter Lösungen dieser Substanzen verknüpft.

Für all diese Untersuchungen war es eine große Schwierigkeit, daß die Begriffsbildung nur für einfachste idealisierte Modellsubstanzen scharf präzisiert war, während für den allgemeinen Fall, in welchem ein Material je nach Art der Beanspruchung neben mehr oder minder reversiblen („elastischen") Verformungen auch bleibende („plastische") Verformungen aufweist, eine allgemeine scharfe Begriffsbildung und dementsprechend auch eine präzise Deutung der experimentellen Ergebnisse fehlte. Am schwierigsten war die Lage, als man fand, daß im allgemeinen die mechanischen Vorgänge eine Abhängigkeit von der Vorgeschichte des beanspruchten Materials („Nachwirkung") zeigen; so fand man z. B., daß nach vorangegangener Deformation bei konstant erhaltenem Deformationszustand die Spannung nicht konstant ist, sondern mit der Zeit gegen Null abklingt („Relaxation") und daß bei anderen Materialien nach vorangegangener Anspannung eine Deformation („Nachkriechen") auftritt, dazu kamen „Verfestigungs- und Entfestigungserscheinungen", „Erholung".

Die Unsicherheit in der Begriffsbestimmung und damit in der Deutung der experimentellen Ergebnisse tritt besonders bei den polykristallinen Materialien (wie z. B. bei den Metallen, Legierungen, festen Gerüstsubstanzen usw.) auf; aber auch in verhältnismäßig einfachen Fällen, in denen jedenfalls die groben räumlichen Inhomogenitäten der Korngrenzen wegfallen, wie z. B. bei den kolloiden Lösungen, treten die Schwierigkeiten klar zutage.

Wir geben daher nachfolgend einen systematischen Weg an, auf welchem man zu einer exakten Begriffsbildung und Theorie gelangt.

a) Die Problemstellung der Mechanik.

Wir stellen uns die Aufgabe, diejenigen Gesetze zu finden, welche gestatten, die Zustandsänderungen eines Körpers bei allen mechanischen Beanspruchungen zu berechnen.

Bevor wir auf diese Gesetze selbst eingehen, müssen wir festsetzen, was wir unter mechanischen Beanspruchungen verstehen wollen, oder anders ausgedrückt, was wir als mechanische Variablen gelten lassen.

Man definiert gewöhnlich die Mechanik als die Lehre von den Bewegungsgesetzen materieller Körper, wobei diese Bewegungsgesetze einen Zusammenhang zwischen den dynamischen Einwirkungen und dem Bewegungszustand herstellen. Wir werden also die zur Kennzeichnung dieser beiden Faktoren notwendigen Variablen als die mechanischen bezeichnen.

Wir nehmen hier der Einfachheit halber die deformierbaren Körper als homogene Kontinuen an[1]. Dies hat den Vorteil, daß die Zustandsänderung beliebig großer und beliebig geformter endlicher Volumina des Körpers aus denen des Volumelements rein rechnerisch (durch räumliche Integration) ermittelt werden kann, so daß wir uns auf das Studium eines unendlich kleinen Volumelementes beschränken werden.

Der Bewegungszustand des Volumelements wird durch seine Lage im Raum, sowie durch die Angabe der Geschwindigkeit, Beschleunigung usw., kurz sämtlicher Differentialquotienten der Raumkoordinaten nach der Zeit gekennzeichnet. Für endlich ausgedehnte Volumina muß man noch die räumlichen Differentialquotienten der genannten Größen berücksichtigen. Alle diese Variablen wollen wir unter dem Namen geometrische Variablen zusammenfassen; sie bilden die eine Gruppe der mechanischen Variablen, d. h. wir wollen jeden Bewegungszustand als eine mechanische Beanspruchung ansehen. Entsprechend den verschiedenen Arten von geometrischen Veränderungen, welche ein Volumelement erleiden kann, unterscheiden wir zunächst drei Grundformen der Bewegung, die Translation, Rotation und Deformation genannt werden; bei den Deformationen selbst wieder haben wir zwei Unterarten zu unterscheiden, je nachdem die geometrische Veränderung des Volumelements formkonstant nur den Rauminhalt oder raumkonstant nur die Form betrifft. Im ersteren Fall sprechen wir von Volumdilatation, im zweiten Fall von reiner Deformation. Jede beliebige Deformation läßt sich aus Volumdilatation und einer reinen Deformation und jede allgemeine Bewegungsform aus jenen Translationen Rotationen und Deformationen zusammensetzen. Analog wie der Bewegungszustand durch die geometrischen

---

[1] Dieser Standpunkt ist als eine erste Näherung gedacht; erst wenn die Gesetze der Kontinuumsmechanik geklärt sind, wird der Versuch gemacht, durch Berücksichtigung der diskontinuierlichen Struktur der Materie eine „Molekulartheorie" der mechanischen Eigenschaften zu geben. Vgl. hierzu: R. Eisenschitz und B. Rabinowitsch. Ber. d. dtsch. chem. Ges. Bd. 64, S. 2522. 1931.

Variablen wird die dynamische Einwirkung, kurz der dynamische Zustand, durch die sog. **dynamischen Variablen** gemessen. Ihre Definition ergibt sich aus dem allgemeinen Variationsprinzip[1], welches jeder möglichen geometrischen Variation eine dynamische Größe zuordnet. Dabei entsprechen den Translationen die Kräfte, den Rotationen die Drehmomente und den Deformationen die Spannungen; im besonderen entsprechen noch den Volumdilatationen die isotropen Drucke und den reinen volumkonstanten Deformationen die **reinen, das heißt die bezüglich isotropen Druck konstanten Spannungen**. Die entsprechend den 3 einfachen Bewegungsformen so definierten einfachen dynamischen Größen bilden zusammen mit ihren räumlichen und zeitlichen Differentialquotienten die Gesamtheit der **dynamischen Variablen**. Jeder beliebige dynamische Zustand läßt sich aus den genannten drei einfachen zusammensetzen. Damit ist die zweite Gruppe der mechanischen Variablen bestimmt, und wir wollen jeden bestehenden dynamischen Zustand als eine mechanische Beanspruchung ansehen.

Wir haben also drei einfache Arten von mechanischen Beanspruchungen zu unterscheiden, und zwar die durch Translationen oder Kräfte, Rotationen oder Drehmoment und Deformationen oder Spannungen oder, wenn man auch hier auf die einfachsten Arten reduziert, hat man noch die Beanspruchungen durch Volumdilatationen oder isotrope Drucke und die durch reine Deformationen und reine Spannungen zu unterscheiden; hinzu kommen die kombinierten Beanspruchungen, welche aus den obengenannten zusammengesetzt sind. Zur Erläuterung der drei einfachen mechanischen Beanspruchungsarten sei noch auf folgendes hingewiesen. In der einfachen Translationsmechanik können als Variable nur eine resultierende Kraft und eine resultierende Translation sowie deren zeitliche Differentialquotienten auftreten. Die räumlichen Differentialquotienten dieser Größen müssen jedoch dauernd identisch gleich Null sein, weil sie ein Maß darstellen für die Rotationen und Drehmomente resp. Deformationen und Spannungen und diese ja definitionsgemäß in der einfachen Translationsmechanik nicht vorkommen dürfen. Analoges gilt für die reine Rotations- und Deformationsmechanik. Da wir uns speziell mit der letztgenannten zu beschäftigen haben, möchten wir einige Spezialfälle explizite erläutern. Einfache Deformationsbewegungen werden z. B. bei der Dehnung eines Fadens oder einer Lamelle ausgeführt, wenn man an ihren Enden gleich große, aber entgegengesetzt wirkende Kräfte angreifen läßt. Man kann eine einfache Deformationsströmung auch in der Weise erzeugen, daß man eine Flüssigkeit zwischen zwei konzentrischen Zylindern strömen läßt, wobei sich die Drehgeschwindigkeiten umgekehrt wie die Radien verhalten[2]. Hingegen sind lammellare Strömungen sowie Scher- und Schubbeanspruchungen keinesfalls einfache Deformations- oder Spannungsbeanspruchungen, sondern Kombinationen aus Deformations- und Rotationsbeanspruchung resp. Spannungs- und Drehmomentsbeanspruchung.

Nachdem nun festgelegt ist, was wir unter mechanischer Beanspruchung verstehen wollen, können wir versuchen, die dabei auftretenden Zustandsänderungen zu berechnen. Bei der mechanischen Beanspruchung von Materialien, insbesondere von Kolloiden, treten im allgemeinen sehr verschiedene Erscheinungen auf. So findet man bei der Deformation von Gummi reversible und irreversible Wärmetönungen, Modifikationsänderungen, vielleicht auch chemische Umsetzungen usw. Bei anderen Kolloiden treten auch noch elektrische Ladungen auf. Jede solche Zustandsänderung ist mechanisch bestimmt, resp. unbestimmt, je nachdem sie sich universell, d. h. zeitunabhängig, als **Funktion der mechanischen Variablen** allein darstellen und berechnen läßt oder nicht.

Die Mechanik im weitesten Sinne hat somit die Aufgabe, alle gesetzmäßigen Beziehungen zwischen den genannten mechanischen Variablen und den mechanisch bestimmten Zustandsänderungen zu ermitteln. Sie gliedert sich in die drei einfachen Gebiete der Translations-, Rotations- und Deformationsmechanik, wobei letztere selbst wieder aus der Volums-Dilatations- und der reinen Deformationsmechanik zusammengesetzt ist und deren Kombinationen. Im engeren Sinne hat sich die Mechanik mit den gesetzmäßigen Beziehungen zwischen den mechanischen Variablen selbst zu beschäftigen, d. h. zu untersuchen, ob ein gesetzmäßiger Zusammenhang und welcher zwischen dem dynamischen und dem Bewegungszustand besteht; dies ist die Aufgabe, welche in dieser Arbeit behandelt wird.

b) Maßbestimmung der mechanischen Variablen und systematischer Aufbau der Mechanik.

Die quantitative Formulierung der mechanischen Gesetze erfordert die Einigung auf eine bestimmte Meßvorschrift für die Variablen. Grundsätzlich ist die Wahl der Meßvorschrift eine willkürliche; man wird aber bestimmte Anforderungen an sie stellen, wenn man die Gesetze in möglichst einfacher Formulierung erhalten will. Auf die Bedeutung dieses Gesichtspunktes hat besonders Hencky hingewiesen. Die Maßbestimmung aller mechanischen Variablen gehorcht einem einfachen „Superpositionsgesetz", d. h. die Maßzahlen der Variablen setzen sich einfach additiv zu denen der Resultierenden zusammen. Nur bei der Maßbestimmung der Deformation stimmt dies nicht allgemein. Während nämlich für unendlich kleine Deformationen und mithin auch für alle räumlichen und zeitlichen Differentialquotienten der Deformation einfache Additivität besteht, gilt für die endliche Deformation ein verwickeltes Superpositionsgesetz, so daß z. B. die zweimalige Ausführung einer Deformation mit der Maßzahl 1 keineswegs eine Gesamtdeformation mit der Maßzahl 2 ergibt. Im einfachsten Fall, wenn die Deformation nur nach einer Richtung erfolgt, hatte man ja als ihr Maß den Ausdruck

$$D = \left(\frac{l_2 - l_1}{l_1}\right) = \left(\frac{l_2}{l_1} - 1\right)$$

---

[1] Über die allgemeine Definition der Kraft vgl. Planck: Mechanik deformierbarer Körper. 1. Bd., S. 175 (4. Aufl.).

[2] Vgl. z. B. Planck: Allgemeine Mechanik, 4. Aufl., 2. Bd., S. 160. 1922.

genommen, wobei l_1 resp. l_2 den Abstand zweier Punkte in der Deformationsrichtung vor resp. nach der Deformation bezeichnet. Führt man nun hintereinander zwei endliche Deformationen aus und addiert ihre Maßzahlen, so ist die resultierende Deformation nicht gleich der Summe dieser Maßzahlen, entsprechend der Ungleichung

$$\left(\frac{l_2}{l_1} - 1\right) + \left(\frac{l_3}{l_2} - 1\right) \neq \left(\frac{l_3}{l_1} - 1\right).$$

Für unendlich kleine Deformationen geht diese Ungleichung in eine Gleichung über, d. h. es besteht dann einfache Additivität.

Als Folge dieser unzweckmäßigen Maßbestimmung ergibt sich, daß der zeitliche Differentialquotient der Deformation im allgemeinen nicht identisch ist mit der Deformationsgeschwindigkeit und daß große Komplikationen bei der Formulierung der mechanischen Gesetze deformierbarer Körper auftreten, sobald es sich um endliche Deformationen handelt.

Hencky hat nun durch eine streng gruppentheoretische Untersuchung der Bewegungsvorgänge gezeigt, daß man auch für die endlichen Deformationen zu einem additiven Superpositionsgesetz kommen kann, aber nur dann, wenn man erstens nur einfache Deformationen zuläßt, d.h. Deformationsbewegungen, bei welchen die Hauptachsen des Deformationstensors parallel zu sich selbst bleiben, also keine Rotationen auftreten, und zweitens die Maßbestimmung für die Deformation neu festsetzt. Für den einfachen Fall, daß die Deformation nur in einer Richtung erfolgt, wird als Maß der Deformation der Ausdruck

$$S = \log \frac{l_2}{l_1} \tag{1}$$

gesetzt[1]. Im allgemeinen Fall der räumlichen Deformation wird ein Deformationstensor S_{ik} definiert, der auf Hauptachsen transformiert, Komponenten S_{ii} hat, die gleich sind dem log des Abstandsverhältnisses zweier Punkte in der i-Richtung vor und nach der Deformation.

Aus der neuen Maßbestimmung ergibt sich ohne weiteres die Additivität entsprechend der Gleichung

$$\log \frac{l_2}{l_1} + \log \frac{l_3}{l_2} = \log \frac{l_2 \cdot l_3}{l_1 \cdot l_2} = \log \frac{l_3}{l_1}$$

und es ist auch für einfache Deformationsbewegungen der zeitliche Differentialquotient der neudefinierten Deformation identisch mit der Deformationsgeschwindigkeit. Es gilt hier also $\frac{dS}{dt} = \dot{S} = \lim \frac{S_2 - S_1}{t_2 - t_1}$. Für Bewegungen jedoch, welche aus Deformation und Rotation kombiniert sind (wie z. B. für die laminare Strömung), besteht für S weder Additivität noch ist der zeitliche Differentialquotient von S mit der Deformationsgeschwindigkeit identisch. Diese Schwierigkeit läßt sich auch nicht durch eine anders gewählte Definition für das Maß der Deformation beseitigen.

Durch die Henckyschen Überlegungen ist nun die systematische Entwicklung der Mechanik vorgezeichnet, und zwar hat man zuerst die Gesetze für die drei einfachen Beanspruchungen getrennt zu entwickeln. Dabei erhält man die einfache Translations-, Rotations- und Deformationsmechanik. Dann erst kann man dazu übergehen, die kombinierten Beanspruchungsarten zu studieren und ihre Gesetze durch Kombination der für die reinen Gebiete gültigen abzuleiten. Die Maßbestimmung für die Variablen ist dabei für alle Variablen die bisher übliche, nur für die Deformation wird die obengenannte neue einzusetzen sein.

Die einfachen Beanspruchungsarten sind auch für die Bestimmung der mechanischen Eigenschaften einer Substanz besonders geeignet, weil bei kombinierten Beansprchungsarten immer die Gefahr besteht, daß man Abweichungen vom gesetzmäßigen Verhalten dem Material zuschreibt, obwohl sie nur durch die zusammengesetzte Beanspruchungsart bedingt sind[1]. So hat z. B. Hencky darauf hingewiesen, daß aus demselben Grunde bei der lamellaren stationären Strömung im nicht turbulenten Gebiet Abweichungen vom Newtonschen Reibungsansatz zu erwarten sind, wenn dieser für die einfache Deformationsströmung einer Substanz exakt gilt. Diese Bemerkung ist deshalb von besonderer Bedeutung, weil z. B. bei den gebräuchlichsten Methoden der Viskositätsbestimmung (Auspressen von Kapillaren sowie Versuche mit dem Couette-Apparat) stets lamellare Strömungen erzeugt werden, so daß die etwa beobachteten Abweichungen vom Newtonschen Reibungsgesetz nur unter Berücksichtigung des Unterschieds zwischen lamellarer und einfacher Deformationsströmung gedeutet werden dürfen.

Der obengenannte Aufbau der Mechanik hat also den Vorteil, daß man dabei Gebiete gewinnt, in welchen die mechanischen Gesetze jeweils die einfachste Form annehmen und daß dann die gesamte Mechanik aus der Kombination dieser einfachen Gebiete grundsätzlich berechnet werden kann.

Schließlich ist zu bemerken, daß sich die in den mechanischen Variablen formulierten Gesetze auf das Volumelement des Materials beziehen sollen, weil dann, wie eingangs erwähnt, durch sie auch das mechanische Verhalten beliebiger endlicher Volumina vorgeschrieben ist. Aus diesem Grunde ist es zweckmäßig, die Variablen auf das Volumelement zu beziehen und als dynamische Größen an Stelle der Kräfte, Drehmomente und Spannungen, die Kraftdichte, Drehmomentdichte und Spannungsdichte einzuführen. Da aber nachfolgend die dynamischen Variablen stets auf das Volumelement bezogen sind, so kann man ohne Verwechslungen zu befürchten, gleichwohl die gebräuchliche Nomenklatur beibehalten, muß aber stets darauf Rücksicht nehmen, daß immer die Dichten dieser Größen gemeint sind. Nach diesen vorbereitenden Bemerkungen können wir dazu übergehen, die mechanischen Gesetze selbst zunächst für die drei einfachen Gebiete und sodann für deren Kombinationen zu erörtern.

c) Die Grundgesetze der Mechanik.

I. Das Newtonsche Trägheitsgesetz und die Prinzipien von d'Alembert und Hamilton.

Kennt man nun für ein gegebenes homogenes Material die gesetzmäßigen Zusammenhänge zwischen dem Be-

---

[1] Vgl. hierzu H. Hencky: Z. techn. Physik Bd. 9, S. 215 und 457. 1928; Ann. Physik Bd. 2, S. 617. 1929.

[1] Vgl. hierzu die beobachteten Abweichungen vom Newtonschen Reibungsansatz bei lamellaren Strömungen. Ber. dtsch. chem. Ges. Bd. 64, S. 2522. 1931.

wegungs- und dem dynamischen Zustand im Volumelement, so kann man das mechanische Verhalten des Materials bei allen mechanischen Beanspruchungen vorausberechnen. In diesem Sinne ist dann die Gesamtheit dieser gesetzmäßigen Beziehungen als „mechanische Zustandsgleichung" des Körpers anzusehen. Die Konstanten, welche in diesen Gleichungen auftreten, sollen daher als „mechanische Materialkonstanten" bezeichnet werden. Es ist klar, daß die Angabe von solchen Materialkonstanten nur dann einen physikalischen Sinn hat, wenn auch die Gesetze bekannt sind, in welche sie ja zur Berechnung der mechanischen Eigenschaften eingesetzt werden sollen.

Die einfache Translationsmechanik ist durch das Newtonsche Trägheitsgesetz bestimmt. Es enthält eine einzige Materialkonstante, die Massendichte, und diese genügt, um das mechanische Verhalten des Volumelements bei reinen Translations- und Kraftbeanspruchungen erschöpfend zu kennzeichnen.

Für die einfache Rotationsmechanik hat Boltzmann ein Axiom eingeführt, welches besagt, daß die materiellen Körper keine verborgenen Rotationen enthalten, oder genauer gesagt, daß die innere Rotation aller Körper die gleiche ist und den absoluten Wert 0 hat. Daraus ergibt sich, daß man Translations- und Rotationsmechanik zu einem einzigen Gebiet verschmelzen kann, für das ein universelles Gesetz mit nur der einen genannten Materialkonstanten gilt, welches das mechanische Verhalten erschöpfend beschreibt (d'Alembertsches oder Hamiltonsches Prinzip).

Wesentlich komplizierter liegt der Fall bei der einfachen Deformationsmechanik. Hier gilt wohl auch das obengenannte Prinzip von d'Alembert oder Hamilton, jedoch läßt dieses den gesetzmäßigen Zusammenhang zwischen Deformations- und Spannungszustand offen. Es ist auch bisher nicht gelungen, diese Lücke durch ein anderes, für alle Materialien geltendes Gesetz auszufüllen. Lediglich spezielle Gesetze mit beschränktem Geltungsbereich waren formuliert worden und schon aus ihnen ergab sich, daß man hier mit einer größeren Anzahl von Materialkonstanten rechnen muß. Unbekannt jedoch war die Anzahl der voneinander unabhängigen Konstanten und die gesetzmäßige Beziehung zwischen den voneinander abhängigen; schließlich war auch schon in der Begriffsbildung vielfach Unklarheit und Unsicherheit, da ja ein physikalischer Sinn der Materialkonstanten erst durch die Kenntnis des Gesetzes gegeben werden kann, in dem sie vorkommen[1].

Bevor wir diese Theorien explizite entwickeln, möchten wir kurz einige in der Literatur bekannte Ansätze von unserem Standpunkte aus erläutern. Zunächst mußte man hier versuchen, mit den einfachsten Gesetzen auszukommen. So formulierte man lineare, einkonstantige Gesetze und definierte ihnen entsprechende Modellsubstanzen, deren mechanisches Verhalten durch je eine Materialkonstante — dem Proportionalitätsfaktor des linearen Gesetzes — gekennzeichnet werden konnte. Ein Gesetz dieser Art ist das Hookesche bzw. Henckysche Elastizitätsgesetz (Spannung P proportional der Deformation D bzw. S); ihm entspricht ein bestimmter ideal elastischer Modellkörper; der Proportionalitätsfaktor wird Elastizitätskonstante genannt. Ein anderes Gesetz dieser Art ist das Newtonsche Reibungsgesetz (Spannung P proportional der Deformationsgeschwindigkeit $\dot{S}$); ihm entspricht ein ideal plastischer Modellkörper, wobei die Proportionalitätskonstante hier als Reibungs- oder Viskositätskonstante bezeichnet wird. Unter günstigen Umständen gilt mit hinreichender Näherung für die Festkörper (insbesondere für einzelne Kristalle) das Hookesche bzw. Henckysche Elastizitätsgesetz und für niedermolekulare Schmelzen und Lösungen (wie z. B. Wasser, Glyzerin usw.) das Newtonsche Reibungsgesetz, so daß man wenigstens in einem bestimmten Geltungsbereich jedes dieser Materialien durch je eine Konstante kennzeichnen kann.

Die linearen einkonstantigen Gesetze gelten aber zunächst nur für solche Körper, die sich mit hinreichender Näherung entweder nur elastisch oder nur plastisch verhielten. Für den allgemeinen Fall jedoch, in welchem das Material sowohl plastische wie auch elastische Eigenschaften aufweist, mußte man kompliziertere Gesetze formulieren. Da nun je nach dem zeitlichen Verlauf der mechanischen Beanspruchung dasselbe Material mehr plastisch oder mehr elastisch erscheint, so gewinnt man den Eindruck einer Mischung aus einem rein plastischen und einem rein elastischen Körper. Dementsprechend versucht man, diese Materialien durch „plasto-elastische" Modellkörper zu approximieren, welche einem zweikonstantigen Gesetz gehorchen, das aus dem Hookeschen und dem Newtonschen zusammengesetzt ist. Die einfachste Annahme ist hier wieder, daß die Mischung additiv

---

[1] Im allgemeinen erhält man bei den experimentellen Untersuchungen zunächst nur den gesetzmäßigen Zusammenhang zwischen den am endlich ausgedehnten Körper gemessenen Größen. Die in solchen Gesetzen auftretenden Konstanten dürften korrekterweise überhaupt nicht als Materialkonstanten bezeichnet werden, da sie nicht für das Volumelement des Materials charakteristisch sind, sondern nur für eine bestimmte Kombination des Materials und der Versuchsbedingungen. Es ist daher streng darauf zu achten, daß die empirisch gewonnenen Gesetze erst auf eine Form gebracht werden müssen, in welcher sie, unabhängig von den Versuchsbedingungen, für jedes Volumelement gelten. Nur die in diesen Gesetzen auftretenden Konstanten dürfen überhaupt als Materialkonstanten bezeichnet werden. So werden z. B. Viskositätsbestimmungen oft derart durchgeführt, daß man in einer bestimmten Apparatur den Zusammenhang zwischen der Geschwindigkeit der Strömung und den übrigen Versuchsdaten (Druck, Dimension der Apparatur und des Körpers usw.) empirisch ermittelt und die hier auftretenden Konstanten zur Kennzeichnung des plastischen Verhaltens der Substanz verwendet. Dadurch entstehen leicht Irrtümer und Widersprüche, weil dieses empirische Gesetz nicht unabhängig von den Versuchsbedingungen für das Volumelement gilt und die darin auftretenden Konstanten daher je nach der Untersuchungsmethode verschiedene Werte haben und somit überhaupt ungeeignet sind, das Material allein zu kennzeichnen. — Für ein spezielles Beispiel, das Auspressen von Flüssigkeiten aus kreisrunden Kapillaren, hat der Verfasser die Umrechnung des empirisch ermittelten Gesetzes in ein unabhängig von den Versuchsbedingungen für das Volumelement gültiges explizite angegeben. Vgl. hierzu B. Rabinowitsch: Z. physik. Chem., Abt. A, Bd. 145, 18ff. 1929; R. Eisenschitz, B. Rabinowitsch, K. Weissenberg, Mitt. d. deutschen Materialprüfungsanstalten, Sonderheft IX, S. 91. 1929.

erfolgt. Je nachdem man eine Additivität der Spannungen oder der Deformationen verlangt, erhält man zwei verschiedene plasto-elastische Modellkörper I und II. Ihnen entsprechen zwei lineare plasto-elastische Grundgesetze. Das erste von ihnen ist von Maxwell[1] gegeben worden. Er setzt die resultierende Deformation additiv aus einer elastischen (entsprechend dem linearen Elastizitätsgesetz) und einer plastischen (entsprechend dem linearen Reibungsgesetz) zusammen und erhält die Formel für das Gesetz des plasto-elastischen Körpers I:

$$S = \frac{P}{E} + \int \frac{P}{R}\, dt,$$

wobei E und R Konstanten sind. Das zweite Gesetz ist auf Grund einer Anregung von Sir I. Larmor durch H. Jeffreys[2] gegeben worden. Er setzt die resultierende Spannung additiv aus einer elastischen und einer plastischen zusammen und erhält so die Formel für das Gesetz des plasto-elastischen Körpers II:

$$P = ES + R\dot{S}.$$

Die Konstanten E und R in diesen beiden Gesetzen[3] werden gewöhnlich in Anlehnung an die Gesetze von Hooke und Newton als Elastizitäts- bzw. Reibungskonstante bezeichnet. Berücksichtigt man jedoch, daß, wie eingangs erwähnt, die Materialkonstanten nur im Zusammenhang mit den Gesetzen, welche das mechanische Verhalten des Materials kennzeichnen, einen physikalischen Sinn haben, so kann es leicht zu Irrtümern führen, wenn man die Konstanten der beiden verschiedenen zweikonstantigen Gesetze mit denselben Namen belegt. Man hat daher für die in den zweikonstantigen Formeln auftretenden Konstanten sehr verschiedene Namen gewählt und versuchte zwischen „Firmoviskosität" und „Elastikoviskosität"[4] usw. zu unterscheiden. Da aber noch gar nicht feststand, wie viele Arten von elastischen und Viskositätskonstanten im allgemeinen Fall zu berücksichtigen sind, und auch die angenommene Mischungsregel theoretisch nicht begründet war, so blieb eine große Unsicherheit in der Begriffsbestimmung bestehen. Neue Schwierigkeiten ergeben sich, wenn man außer dem elastischen und plastischen Verhalten der Materialien noch die Relaxationserscheinungen, das Nachkriechen, kurz Nachwirkungen aller Art, wie z. B. Verfestigungen, Entfestigungen usw. berücksichtigen will. Vor allem war die Frage zu klären, welche dieser Erscheinungen bereits aus dem plasto-elastischen Verhalten der Substanz vorausberechnet werden konnten und welche durch neue unabhängige Gesetze und Materialkonstanten zu beschreiben sind. Maxwell hat in seiner Relaxationstheorie der inneren Reibung gezeigt, daß der Modellkörper I bei konstant gehaltener Deformation seine Spannung nach einem linearen Relaxationsgesetz[1] einbüßen, unter konstanter Spannung stationär strömen und dabei dem Newtonschen Reibungsansatz folgen muß. Dabei fand er die Beziehung: Viskositätskonstante = Elastizitätskonstante mal Relaxationszeit. In diesem speziell untersuchten Fall konnte also die Relaxation aus dem plasto-elastischen Verhalten vorausberechnet werden und stellte kein unabhängiges Erscheinungsgebiet dar. Das mechanische Verhalten dieses Maxwellschen Modellkörpers wird erschöpfend durch die obige zweikonstantige Gleichung des plasto-elastischen Körpers I gekennzeichnet. Auch hier blieb aber die Frage offen, welche Zusammenhänge für den plasto-elastischen Körper II und für den allgemeinen Fall gelten. Für die Nachwirkung hat Boltzmann ein Gesetz angegeben, welches sich für spezielle Fälle gut bewährt hat. R. Becker hat dann gezeigt, daß man die Boltzmannsche Formel erhält, wenn man eine Reihe von Maxwellschen Modellkörpern derselben Deformationsbeanspruchung unterwirft und die dabei aufgewendete Gesamtspannung berechnet.

Zusammenfassend ergibt sich, daß wohl die Translationsmechanik und Rotationsmechanik, nicht aber die Deformationsmechanik und die mit ihr kombinierten Gebiete durch das d'Alembertsche Prinzip erschöpfend beschrieben werden. In dem offengebliebenen Gebiet sind nur für die einfachsten Fälle gültige Ansätze formuliert worden, während für die komplizierteren allgemeinen Fälle ein für alle Materialien gültiges Gesetz fehlt. Nachfolgend wird nun diese Lücke geschlossen und ein Gesetz formuliert, welches zusammen mit dem d'Alembertschen Prinzip das mechanische Verhalten aller Materialien, soweit sie überhaupt mechanisch bestimmt sind, erschöpfend zu beschreiben gestattet. Dabei ergeben sich alle obenerwähnten Ansätze sowie die Zusammenhänge zwischen ihnen als Spezialfälle.

Bei der Ableitung gehen wir von der allgemeinen physikalischen Kennzeichnung des Materials durch seine thermodynamischen Größen aus und wenden auf sie die beiden Hauptsätze der Thermodynamik an. Da diese universelle Gültigkeit haben, d. h. für alle Materialien in gleicher Weise formuliert werden können, so erhalten wir aus ihnen die Form eines universellen mechanischen Gesetzes, indem wir die in ihnen enthaltenen thermodynamischen Größen als Funktionen der mechanischen Variablen ansetzen. Das so abgeleitete Gesetz wird als mechanische Zustandsgleichung bezeichnet.

II. Die mechanische Zustandsgleichung.

Wir gehen von einem energetisch abgeschlossenen System aus, bezeichnen die Gesamtenergie pro Masseneinheit[2] mit E_m, die freie respektive die gebundene Energie, respektive die Arbeit[3] pro Volumeinheit mit F, respektiv

---

[1] Phil. Mag. Bd. 35, S. 134. 1868.
[2] Monthly Not. Roy. Astron. Soc. London Bd. 77, S. 449 bis 456. 1917. — H. Jeffreys: The Earth, 2nd ed. Cambridge 1929, S. 263ff.
[3] Zur allgemeinen Theorie dieses Gesetzes vgl. die nachfolgenden Kapitel der Deformationsmechanik der S- resp. P-Körper.
[4] B. Gutenberg und H. Schlechtweg: Phys. Z. Bd. 31, S. 745ff. 1930.

[1] Das lineare Relaxationsgesetz von Maxwell besagt, daß die Entspannungsgeschwindigkeit (auch Relaxationsgeschwindigkeit genannt) proportional der Spannung ist; integriert man dieses Gesetz über die Zeit, so folgt, daß die Spannung exponentiell mit der Zeit abklingt; deshalb wird dieses Relaxationsgesetz auch als exponentielles bezeichnet.
[2] Die beiden Hauptsätze gelten wegen des Massenerhaltungssatzes hier für das Massenelement.
[3] Die mechanische Arbeit denken wir uns dabei im energetisch abgeschlossenen System in einem „Arbeitsreservoir" etwa als ein gehobenes Gewicht gespeichert.

mit G respektiv mit A, die Massendichte mit ϱ und fragen nach allen Gesetzen des isothermen Energieaustausches zwischen mechanischer Arbeit und den übrigen Energien. Bei jedem solchen Energieaustausch treten Energieleistungen auf. Für diese gilt nach dem ersten Hauptsatz (Erhaltungssatz der Energie) $E_m =$ konst. also:

$$\frac{dE_m}{dt} = \frac{d\frac{A}{\varrho}}{dt} + \frac{d\frac{F}{\varrho}}{dt} + \frac{d\frac{G}{\varrho}}{dt} = 0 \qquad (2)$$

und nach dem zweiten (Entropieprinzip für isotherme Vorgänge):

$$\frac{d\frac{G}{\varrho}}{dt} \geqq 0, \qquad (3)$$

wobei das $=$ für reversible, das $>$ für irreversible Vorgänge gilt.

Die Leistung der äußeren Arbeit $\frac{dA}{dt}$ kann man stets mit Hilfe des d'Alembertschen Prinzips als Funktion der mechanischen Variablen darstellen, sie ist also stets mechanisch bestimmt; für $\frac{dF}{dt}$ und $\frac{dG}{dt}$ trifft dies jedoch nicht notwendig zu. Sind aber in einem energetisch abgeschlossenen System $\frac{dF}{dt}$ und $\frac{dG}{dt}$ mechanisch bestimmt, so soll das System selbst als ein **mechanisch bestimmtes** bezeichnet werden. In diesem und nur in diesem Falle ist nämlich — wie wir nachfolgend zeigen werden — die Beziehung zwischen kinematischer und dynamischer Beanspruchung des Systems vollständig bestimmt.

Die gesamte Mechanik eines solchen Systems ist dann in geschlossener Form und erschöpfend durch das d'Alembertsche Prinzip und die in den mechanischen Variablen formulierte Gleichung (2) gegeben.

Quantitativ ergibt sich für die einzelnen Energieleistungen[1]:

$$\frac{dA}{dt} = -P \lim_{t_2=t_1} \frac{S_2 - S_1}{t_2 - t_1} + \pi\dot\sigma + p\dot s. \qquad (4a)$$

Die Leistung $\frac{dF}{dt}$ der freien Energie zerlegt man zweckmäßig in die Leistung der kinetischen Energie und in einen Rest $\frac{dF_i}{dt}$, der als Leistung der „inneren" freien Energie des Systems aufzufassen ist. Es gilt somit:

$$\frac{dF}{dt} = \frac{d\frac{\varrho\dot s^2}{2}}{dt} + \dot F_i(), \qquad (4b)$$

$$\frac{dG}{dt} = \dot G(). \qquad (4c)$$

Dabei bezeichnen P, π und p die Spannungs-, Drehmoment- und Kraftdichte, S, σ und s die Deformation, Rotation und Translation; der über einen Buchstaben gesetzte Punkt bedeutet, wie üblich, den zeitlichen Differentialquotienten, und schließlich weisen die den Funktionszeichen $\dot F_i$ und $\dot G$ beigefügten leeren Klammern darauf hin, daß $\dot F_i$ und $\dot G$ als Funktionen aller mechanischen Variablen aufzufassen sind.

---

[1] Die Arbeitsleistung setzt sich additiv aus der bei Translation, Rotation und Deformation geleisteten Arbeit zusammen; da es sich also hierbei i. a. nicht um reine Deformationsbewegungen handelt, kann i. a. der $\lim_{t_2=t_1} \frac{S_2-S_1}{t_2-t_1}$ nicht als $\dot S$ geschrieben werden.

Berücksichtigt man, daß nach dem zweiten Hauptsatz für $\frac{d\frac{G}{\varrho}}{dt} = 0$ alle Vorgänge vollständig reversibel sein müssen, so folgt, daß F_i die Bedeutung eines verallgemeinerten inneren elastischen Potentials Φ hat und daher nicht nur die Leistung $\dot F_i$, sondern die Energie F_i selbst zeitunabhängig als Funktion der mechanischen Variablen darstellbar sein muß. In dieser Auffassung schreiben wir:

$$\dot F_i() = \frac{d\Phi()}{dt}, \qquad (5)$$

wobei nach Voigt[1] nur solche Funktionen vorkommen können, die der Variationsgleichung

$$\delta\Phi = P\delta S + \pi\delta\sigma + p\delta s \qquad (6)$$

genügen. Anderseits kann nur die Leistung der gebundenen Energie $\frac{dG}{dt}$, nicht aber die gebundene Energie G selbst als Funktion der mechanischen Variablen oder überhaupt irgendwelcher Zustandsgrößen zeitunabhängig dargestellt werden. In dieser Auffassung schreiben wir die Leistung der gebundenen Energie mit einem Funktionszeichen $\dot G$. Ferner ist zu beachten, daß für $\dot G$ nur solche Funktionen zugelassen werden können, welche für alle Werte der Variablen positiv oder gleich 0 sind. Somit ergibt sich aus (2) nach Mult. mit ϱ wegen (4a) (4b) (4c) und (5)

$$\left\{ \begin{array}{l} \left(-P \lim_{t_2=t_1}\frac{S_2-S_1}{t_2-t_1} + \pi\dot\sigma + p\dot s\right) + \varrho\dot s\ddot s + \frac{d\Phi()}{dt} \\ + \dot G() - \frac{d\varrho}{dt} E_m = 0, \end{array} \right. \qquad (7)$$

wobei

$$E_m = \frac{1}{\varrho}(A + F + G) = \text{konst.}$$

$$\delta\Phi() = P\delta S + \pi\delta\sigma + p\delta s \qquad (7a)$$

und

$$\dot G() \geqq 0 \qquad (7b)$$

für alle Werte der mechanischen Variablen ist. Hinzu kommt, daß nach dem d'Alembertschen Prinzip für jedes Volumelement die Gleichung gelten muß:

$$\varrho\ddot s = p = f + \operatorname{div} P, \qquad (8)$$

wobei f die Kraftdichte der äußeren Feldkräfte bezeichnet.

Die einfache Translations- und einfache Rotationsmechanik ist durch die Gleichung (8) allein bestimmt, weil hier die Gleichung (7) stets identisch erfüllt ist. Wir können auf die Diskussion dieser Gebiete hier verzichten, da hier nichts Neues über sie gesagt werden kann.

Für die einfache Deformationsmechanik jedoch ist wegen des Fehlens von Translationen und Kräften die Gleichung (8) identisch erfüllt und für die Gleichung (7) muß man berücksichtigen, daß nur die Deformationen S und die Spannungen P sowie ihre zeitlichen Differentialquotienten $\overset{\nu}{S}$ und $\overset{\mu}{P}$ als Variable vorkommen können, während die räumlichen Differentialquotienten dieser Größen 0 sein müssen (die räumlichen Differentialquotienten der Spannung bzw. der Deformation bedingen das Auftreten von Kräften und Drehmomenten bzw. von Translationen und Rotationen, welche hier ja definitionsgemäß ausgeschlossen sind). Die einfache Deformationsmechanik beschäftigt sich also nur mit dem Zusammenhang zwischen einem räumlich homogenen

---

[1] W. Voigt: Kompendium der theoret. Physik Bd. 1. Leipzig 1895—1896.

Deformations- und einem räumlich homogenen Spannungszustand. Die Gleichung (7) vereinfacht sich hier zu der folgenden Formel:

$$-P\dot{S} + \frac{d\Phi(\overset{\nu}{S}\overset{\mu}{P})}{dt} + \dot{G}(\overset{\nu}{S}\overset{\mu}{P}) - \frac{d\varrho}{dt}E_m = 0. \quad (9)$$

Zur expliziten Berechnung der in der Mechanik auftretenden Aufgaben mußten wir noch die oben für das Massenelement formulierte Zustandsgleichung durch Berücksichtigung der bei der mechanischen Beanspruchung auftretenden Volumänderung auf eine für das Volumelement gültige umformen; für die reine Deformationsmechanik entfällt diese Umrechnung; wegen der Volumkonstanz ist hier die Massendichte ϱ eine Konstante, mithin $\frac{d\varrho}{dt} = 0$ und es verschwindet der vierte Summand von (9) identisch.

Für die allgemeine Mechanik, d. h. für die Kombination der einfachen Gebiete, muß man auf die beiden obenerwähnten Formeln (7) und (8) zurückgreifen, also sowohl die Trägheitskräfte wie auch die räumlichen Differentialquotienten der Variablen berücksichtigen[1]. Diese beiden Gleichungen zusammen kennzeichnen den Zusammenhang zwischen der dynamischen und kinematischen Beanspruchung eines mechanisch bestimmten Systems vollständig, wobei die Funktionen Φ und $\dot{G}$ von Material zu Material verschieden sein können. Dieses Gleichungspaar sollte daher als die „mechanische Zustandsgleichung" des Materials bezeichnet werden. Da aber die Gleichung (8) nur das für den Zustand des Materials unwesentliche Verhalten bei starren Bewegungen (Translationen und Rotationen) beschreibt, so wird die Gleichung (7) allein als mechanische Zustandsgleichung und (8) als Bewegungsgleichung bezeichnet. Alle Aussagen der Kontinuumsmechanik sind Spezialfälle dieser Gleichungen, so daß wir in der Folge nichts anderes zu tun haben, als diese Gleichungen explizite für die einzelnen hier interessierenden Fälle zu diskutieren.

In dieser Arbeit soll lediglich die reine Deformationsmechanik für die mechanisch bestimmten Systeme dargelegt werden. Sie ergibt sich in geschlossener Form aus der Gleichung (9) allein, da die Bewegungsgleichung identisch erfüllt ist und (7) sich auf die Formel (9) vereinfacht. In diesem Sinne wird (9) als „deformationsmechanische Zustandsgleichung" nachfolgend kurz als Zustandsgleichung schlechthin bezeichnet. Dabei wollen wir der Kürze halber ein solches mechanisch bestimmtes Material als PS-Körper bezeichnen.

B. Die reine Deformationsmechanik der PS-Körper.

Allgemeiner Überblick.

Für ein mechanisch bestimmtes System haben wir also die Gleichung:

$$-P\dot{S} + \frac{d\Phi(\overset{\nu}{S}\overset{\mu}{P})}{dt} + \dot{G}(\overset{\nu}{S}\overset{\mu}{P}) = 0 \quad (10)$$

gewonnen, wobei für Φ als Potentialfunktion die Variationsgleichung:

$$\delta\Phi(\overset{\nu}{S}\overset{\mu}{P}) = P\delta S \quad (10\,\text{a})$$

---
[1] Vgl. hierzu die nachfolgende Arbeit von R. Eisenschitz.

gilt und für $\dot{G}$ entsprechend dem zweiten Hauptsatz die Ungleichung:

$$\dot{G}(\overset{\nu}{S}\overset{\mu}{P}) \geqq 0 \quad (10\,\text{b})$$

für alle Werte der $\overset{\nu}{S}\overset{\mu}{P}$ erfüllt sein muß.

Der Einfachheit halber setzen wir ein für allemal fest, daß mit den Buchstaben Φ und $\dot{G}$ nur solche Funktionen der $\overset{\nu}{S}, \overset{\mu}{P}$ bezeichnet werden, die der Gleichung (10a) resp. der Ungleichung (10b) genügen; dann können nachfolgend (10a) und (10b) weggelassen werden, und die Gleichung (10) enthält bereits implizite auch (10a) und (10b).

Wir nennen einen Körper, der bei allen mechanischen Beanspruchungen der Gleichung (10) genügt, einen mechanisch bestimmten, kurz einen PS-Körper. Die Gleichung (10) wird als seine Zustandsgleichung und die darin auftretenden Konstanten als seine mechanischen Materialkonstanten bezeichnet.

Alles, was man über das Verhalten der (PS)-Körper bei mechanischen Beanspruchungen aussagen kann, ist implizite in dieser Gleichung (10) enthalten, und wir müssen nun versuchen, ihren physikalischen Inhalt und damit die Mechanik der (PS)-Körper explizite darzulegen.

Als mechanische Beanspruchung bezeichnen wir dabei den am (PS)-Körper gemessenen zeitlichen Verlauf seines Spannungs- und Deformationszustandes, d. h. die Angabe der Spannung P und der Deformation S als Funktionen der Zeit t. Ohne die Allgemeinheit unserer Betrachtungen einzuschränken, können wir annehmen, daß diese Funktionen zu jedem Zeitpunkt $t = T$ in eine Potenzreihe nach $(t - T)$ entwickelt werden können, welche in der Umgebung von $t = T$ konvergiert. Man erhält so:

$$S = S(T) + \frac{(t-T)}{1!}\dot{S}(T) + \cdots \frac{(t-T)^\nu}{\nu!}\overset{\nu}{S}(T) + \cdots$$

und

$$P = P(T) + \frac{(t-T)}{1!}\dot{P}(T) + \cdots \frac{(t-T)^\mu}{\mu!}\overset{\mu}{P}(T) + \cdots$$

An Stelle der Funktionen S und P kann man also ebensogut die Koeffizienten der Reihenentwicklung, d. h. die „Deformationsvariablen" $(S \ldots \overset{\nu}{S})$ und die „dynamischen Variablen" $(P \ldots \overset{\mu}{P})$ zur Kennzeichnung der mechanischen Beanspruchung verwenden; die Deformationsvariabeln $(\overset{\nu}{S})$ kennzeichnen also speziell die deformatorische, die dynamischen Variabeln $(\overset{\mu}{P})$ die dynamische Beanspruchung. Nachfolgend wird stets diese Darstellungsform gewählt.

Die $(\overset{\nu}{S})$ und $(\overset{\mu}{P})$ sind hier Tensoren zweiter Stufe mit parallelen Hauptachsenrichtungen; die gesamte mechanische Beanspruchung wird daher am einfachsten von einem raumfesten rechtwinkligen Koordinatensystem aus beschrieben, dessen drei Achsen parallel zu den gemeinsamen drei Hauptachsenrichtungen gewählt werden; die Tensoren selbst sind dann durch ihre Hauptachsenkomponenten $(\overset{\nu}{S_{ii}})$ und $(\overset{\mu}{P_{ii}})$ bestimmt, alle anderen Komponenten sind identisch gleich Null.

Die mechanische Zustandsgleichung gibt uns nun zunächst in der Form einer Differentialgleichung einen Zusammenhang zwischen den **Deformationsvariablen** $\left(\overset{v}{S}\right)$ und den **dynamischen Variablen** $\left(\overset{\mu}{P}\right)$; sie besagt dann, daß die durch $\left(S \ldots \overset{v}{S}\right)$ gegebene deformatorische Beanspruchung und die durch $\left(P \ldots \overset{\mu}{P}\right)$ gegebene dynamische voneinander abhängig sind, also nicht unabhängig voneinander willkürlich vorgegeben werden können.

Wir erläutern nunmehr die physikalische Bedeutung der mechanischen Zustandsgleichungen (10) nach zwei Richtungen und geben zunächst den Gedankengang.

Bei der ersten betrachten wir (10) als die Grundlage für eine allgemeine Lehre der „mechanischen Verwandtschaft" deformierbarer Körper, wobei wir versuchen, Körper mit verwandten mechanischen Eigenschaften in je einer Klasse zusammenzufassen.

Bei der zweiten wird (10) als Rahmengesetz für alle deformationsmechanischen Theorien angesehen.

Dabei ergeben sich folgende 2 Gruppen von Aufgaben:

Bei der ersten Gruppe nimmt man die „Deformationsbeanspruchung", d. h. die Deformationsvariablen $S \ldots \overset{v}{S}$ als unabhängig veränderlich an und versucht mit Hilfe von (10), die Spannungsbeanspruchung, d. h. das zugehörige Wertsystem der $P \ldots \overset{\mu}{P}$ zu berechnen.

Bei der zweiten Gruppe nimmt man umgekehrt die Spannungsbeanspruchung als unabhängig veränderlich an und versucht, die Deformationsbeanspruchung zu berechnen[1].

Betrachtet man nun entsprechend der ersten Aufgabengruppe die Deformationsvariablen als die unabhängig Veränderlichen, so muß man zur Lösung der Aufgabe zunächst die Zustandsgleichung nach P auflösen und hieraus das ganze gesuchte Wertsystem der $\left(P \ldots \overset{\mu}{P}\right)$ durch Differentiation nach der Zeit ermitteln. Grundsätzlich muß man zur Berechnung von P so viele Integrationen über die Zeit ausführen, wie die Ordnung m des höchsten Differentialquotienten P in (10) angibt. Man erhält dadurch in der Funktion $P\left(S \ldots \overset{v}{S}\right)$ ebenso viele zunächst noch unbestimmte Integrationskonstanten. Das Analoge ergibt sich für die zweite Aufgabengruppe, bei der man umgekehrt versucht, S als Funktion von P darzustellen. Physikalisch anschaulich kann man diese in den Integrationskonstanten ausgedrückte Unbestimmtheit in dem Zusammenhang zwischen den beiden Variablenreihen als „Nachwirkung" allgemeinster Art beschreiben und damit zum Ausdruck bringen, daß der Zusammenhang zwischen Deformation und Spannung im allgemeinen von der Vorgeschichte abhängt und daher nur dann bestimmt ist, wenn man über die vergangene Zeit in bestimmter Weise integriert hat. Bezeichnet m resp. n den höchsten Differentialquotienten von P resp. S, der in (10) vorkommt, so braucht man zur vollständigen Berechnung der $\left(S \ldots \overset{v}{S}\right)$ resp. der $\left(P \ldots \overset{\mu}{P}\right)$ m resp. n Integrationskonstanten.

Im Sinne dieser Überlegungen kann man die gesamte Deformationsmechanik der PS-Körper als zeitliche Integration der Differentialgleichung (10) darstellen und entsprechend als **Nachwirkungstheorie** bezeichnen. Die integrierte Form von (10) bezeichnet man dann, je nachdem die P- oder S-Variablen als abhängig angesehen werden, als P- resp. S-Nachwirkungsgesetz.

Wir nehmen die Nachwirkungstheorie als den Ausgangspunkt eines in sich geschlossenen Zyklus von mechanischen Theorien, der sich im Rahmen der Zustandsgleichung zwangsläufig aus ihrem Aufbau ergibt.

Entsprechend den drei Summanden der Zustandsgleichungen gibt es drei und nur drei Grundtypen mechanischer Vorgänge. Sie ergeben sich daraus, daß bei ihnen von den drei in der Zustandsgleichung auftretenden Energiearten (äußere Arbeit, inneres Potential und gebundene Energie) jeweils nur zwei in Energieaustausch treten, während die Leistung der dritten Energieart im Verhältnis zu den übrigen verschwindet. Die Mechanik der (PS)-Körper gliedert sich dementsprechend in drei Spezialgebiete, die wir als Potential- oder Elastizitäts- resp. als Reibungs- resp. als Relaxationstheorie unterscheiden, je nachdem der dritte, zweite resp. erste Summand in der Zustandsgleichung verschwindet oder, genauer gesagt, je nachdem

$$-P\dot{S} : \frac{d\Phi}{dt} : \dot{G} = 1 : -1 : 0 \text{ resp. } 1 : 0 : -1 \text{ resp. } 0 : 1 : -1$$

ist. Die Zustandsgleichung geht dabei in das Elastizitäts- bzw. Reibungs- bzw. Relaxationsgesetz über. Da nun für ein und denselben PS-Körper die Gesetze aller drei Spezialgebiete aus derselben Zustandsgleichung (10) abgeleitet werden, in welcher nur zwei voneinander unabhängige Funktionen Φ und $\dot{G}$ vorkommen, so sind auch nur zwei und nicht alle drei aus (10) abgeleiteten Gesetze voneinander unabhängig. Wir können daher einen rechnerischen Zusammenhang zwischen den drei Gebieten herstellen und ihn — einem Gedankengang **Maxwells** folgend — als **Relaxationstheorie der inneren Reibung** deuten.

Der Zerlegung der Zustandsgleichung in die drei speziellen Gesetze entspricht eine Zerlegung des allgemeinen deformierbaren Körpers in drei spezielle Idealkörper, einen ideal relaxierenden, einen ideal elastischen und einen ideal plastischen, wobei aber wieder nur zwei dieser drei Körper voneinander unabhängig definiert sind. Der Übergang von der Nachwirkungstheorie zu den drei speziellen Theorien und ihrem inneren Zusammenhang entspricht also einer Analyse des allgemeinen deformierbaren Körpers.

Der Zyklus der mechanischen Theorien wird dann durch eine Synthese — **Superpositionstheorie** genannt — geschlossen, welche die Mischungsregel (das Superpositionsgesetz) für Körper verschiedener mechanischer Eigenschaften ableitet und so insbesondere gestattet, die drei resp. die zwei voneinander unabhängig definierten (ideal elastischen und ideal plastischen) Körper zum allgemeinen deformierbaren Körper zusammenzusetzen.

---

[1] Der Unterschied zwischen deformatorischer und dynamischer Beanspruchung wurde in der bisherigen Literatur kaum berücksichtigt; für die hier gegebene Darstellung ist er grundlegend. Je nachdem man die eine oder andere Beanspruchungsart wählt, erscheint die Reaktion des Körpers verschieden. An den speziellen Beispielen der P- und S-Körper wird dies später explizite gezeigt.

Dabei werden die Gesetze der drei resp. der zwei voneinander unabhängigen Spezialgebiete zur ursprünglichen Zustandsgleichung und somit auch zu der eingangs betrachteten Nachwirkungstheorie superponiert.

Wie bereits oben erwähnt, haben wir die Deformationsmechanik aus der Volum-Dilatations- und aus der reinen Deformationsmechanik zusammenzusetzen. Wir müssen also die Zustandsgleichung für diese beiden Gebiete zunächst getrennt aufstellen und diskutieren und können dann erst die allgemeinen Deformationsbeanspruchungen behandeln. In dieser Arbeit beschränken wir uns darauf, die reine Deformationsmechanik abzuleiten. Die Volum-Dilatationsmechanik und ihre Zusammensetzung mit der reinen Deformationsmechanik bietet dann keine Schwierigkeiten mehr und soll in einer späteren Arbeit nachgetragen werden.

Wir haben hier zunächst in Umrissen gezeigt, wie die ganze Deformationsmechanik einheitlich aus der Zustandsgleichung abgeleitet werden kann. In den nachfolgenden Kapiteln führen wir den oben angedeuteten Gedankengang näher aus und geben unter a) die Verwandtschaftslehre, unter b) die reine Deformationsmechanik in der Form des genannten Theorienzyklus wieder.

a) Die Lehre von der mechanischen Verwandtschaft deformierbarer Körper.

Systematik der PS-Körper.

Da das gesamte mechanische Verhalten eines PS-Körpers sowohl bei deformatorischen als auch bei dynamischen Beanspruchungen durch (10) erschöpfend dargestellt wird, so können sich die verschiedenen PS-Körper nur durch die verschiedenen Konstanten in (10) unterscheiden, d. h. durch die Ordnung, den Grad und die Koeffizienten dieser Gleichung. Man erhält dabei eine erschöpfende Systematik der PS-Körper bezüglich ihres mechanischen Verhaltens in strenger Form durch eine Invariantentheorie dieser Differentialgleichung (10). Dabei ergibt sich willkürfrei die Zusammenfassung der PS-Körper zu Körperklassen derart, daß die in je einer Klasse vereinigten PS-Körper im mathematischen Sinn eine Gruppe bilden und verwandte mechanische Eigenschaften haben.

Wir geben hier an Stelle dieses strengen, aber komplizierten Verfahrens ein anschaulicheres und verweisen nur an einzelnen markanten Punkten auf den gruppentheoretischen Charakter der hier gegebenen Systematik. In wachsender Verfeinerung der Systematik unterscheiden wir zunächst drei Schritte. Im ersten faßt man alle PS-Körper, welche Differentialgleichungen derselben Ordnung in P und S genügen, zu je einer Körperklasse zusammen. Bezeichnet m resp. n die Ordnung von (10) in P resp. S und $m_1 \cdot m_2$ resp. $n_1 \cdot n_2$ die Ordnungen der Funktionen Φ und G in P resp. S, so kann man die verschiedenen PS-Körper als P_{m,m_1,m_2}-, S_{n,n_1,n_2}-Körper oder kurz als $P_m S_n$-Körper unterschieden.

Diese $P_m S_n$-Körper bilden im Rahmen der oben angeführten Einschränkung die erschöpfende Systematik der Modellsubstanzen deformierbarer Körper, so daß alle in der Literatur hier bekannten Modellkörper Spezialfälle von dieser sind.

Es liegt im Wesen dieser Systematik, daß die einzelnen Klassen von $P_m S_n$-Körpern einander nicht gleichgeordnet sind, sondern daß der Körper mit niederen Indizes ein Spezialfall des Körpers mit höheren Indizes ist.

Die physikalische Bedeutung dieser Unterscheidung liegt zunächst darin, daß Körper verschiedener Klassen für den Zusammenhang zwischen Spannung und Deformation einen verschieden hohen Grad der Unbestimmtheit haben, welcher in der Anzahl der Integrationskonstanten zum Ausdruck kommt; die Unterscheidung von $m_1 m_2$ resp. $n_1 n_2$ weist auf verschiedene Arten der Nachwirkung hin. Entsprechend m_1 und n_1 haben wir eine Nachwirkung im elastischen Verhalten, entsprechend m_2 und n_2 im plastischen Verhalten zu erwarten[1].

Der zweite Schritt gibt eine Verfeinerung der Systematik, indem die (PS)-Körper gleicher Ordnung noch nach dem Grad der Gleichung resp. dem Grad der Funktionen Φ und G geordnet werden. Die Bedeutung dieses Schrittes veranschaulichten wir an den (PS)-Körpern niederster Ordnung. Hier z. B. kann, wie wir später zeigen werden, bei niedrigstem Grad das Elastizitätsgesetz, das Reibungsgesetz und das Relaxationsgesetz linear sein; bei höherem Grad kommen in diesen Gesetzen entsprechend höhere Potenzen von P und S vor.

Der dritte und letzte Schritt unterscheidet (PS)-Körper gleicher Ordnung und gleichen Grades nach den Koeffizienten der Variablen, welche in (10) auftreten. Während aber Ordnung und Grad der Differentialgleichung reine (dimensionslose) Zahlen sind und somit den (PS)-Körper unabhängig von den stets willkürlich gewählten Einheiten des Maß-Systems (z. B. cm, g, sek) kennzeichnen, ist dies bei den Koeffizienten der Gleichung (10) im allgemeinen nicht der Fall; sie sind im allgemeinen mit einer Dimension behaftet, welche angibt, wie sie sich mit der Wahl der Grundeinheiten ändern. Man sammelt nun alle diejenigen (PS)-Körper einer Gruppe, deren Zustandsgleichungen auch in sämtlichen Konstanten durch eine passende Wahl der drei Grundeinheiten (Länge, Masse, Zeit) identisch gleich gemacht werden können. Die Körper je einer solchen Gruppe sind „deformations-mechanisch ähnlich"[2] und die Transformation, durch welche die Maßeinheiten des einen Systems in die der anderen übergeführt werden, heißt Ähnlichkeitstransformation.

Man erkennt sofort, daß durch eine Änderung der Maßeinheiten weder der Grad noch die Ordnung der Differentialgleichung geändert werden können, da diese als reine Zahlen gegenüber solchen Transformationen invariant sind.

(PS)-Körper verschieden hoher Ordnung oder verschiedenen Grades sind daher stets unähnlich, und die

---

[1] Für den praktischen Gebrauch dieser Systematik ist es wichtig, daß im allgemeinen m und n kleine ganze Zahlen sind, d. h., daß die Mechanik der deformierbaren Körper in der Realität mit PS-Körpern niederer Indizierung, also mit Differentialgleichungen niederer Ordnung beschrieben werden kann, so daß man mit einer endlichen Anzahl von verhältnismäßig einfach zu berechnenden Modellkörpern auskommt.

[2] Zur allgemeinen mechanischen Ähnlichkeit ist außer der obigen deformationsmechanischen Ähnlichkeit noch die Ähnlichkeit bezüglich Translations- und Rotationsmechanik erforderlich; vgl. hierzu die nachfolgende Arbeit von R. Eisenschitz.

Zusammenfassung der untereinander ähnlichen Substanzen kann daher nur als letzter Schritt der Systematik durchgeführt werden, also innerhalb von (PS)-Körpern gleicher Ordnung und gleichen Grades.

Dieser letzte Schritt zeigt am deutlichsten, daß die ganze Systematik der (PS)-Körper als eine allgemeine Lehre der mechanischen Verwandtschaft aufzufassen ist, deren einfachster Fall die mechanische Ähnlichkeit ist. Hier tritt auch die eingangs erwähnte Invarianzeigenschaft der mechanischen Zustandsgleichung gegenüber Gruppen von Transformationen klar zutage, und man erkennt die gruppentheoretisch strenge Umgrenzung der einzelnen hier unterschiedenen Körperklassen. Die praktische Bedeutung der hier gegebenen Systematik wird in nachfolgenden Arbeiten an konkreten Anwendungen aufgezeigt[1].

Wir schließen hiermit den Überblick über die mechanische Verwandtschaftslehre ab und wenden uns der reinen Deformationsmechanik der (PS)-Körper zu.

b) Reine Deformationsmechanik der $(P_m S_n)$-Körper.

Wir haben hier zu versuchen, die in der Zustandsgleichung implizite enthaltenen Gesetze explizite zu entwickeln. Wie oben bemerkt, gilt dabei die Voraussetzung:

I. Alle mechanischen Beanspruchungen erfolgen bei konstantem Volumen und bei konstantem irotropen Druck; es ist also die Spur der Deformation $= \sum_i S_{ii} = 0$, daher $\sum_i \overset{\nu}{S}_{ii} = 0$ desgleichen ist die Spur der Spannung $\sum_i P_{ii} =$ konst., daher $\sum_i \overset{1+\mu}{P}_{ii} = 0$.

Um die Berechnung nicht zu kompliziert zu gestalten, setzen wir noch folgendes fest:

II. Die Funktionen Φ und $\dot{G}$ sollen je in eine Potenzreihe entwickelbar sein, die mindestens in der Umgebung des unbeanspruchten Zustands $\overset{\nu}{S} = 0$, $\overset{\mu}{P} = 0$ konvergieren; kurz gesagt, der (PS)-Körper soll sich dort **regulär verhalten**.

III. Die (PS)-Körper sollen **isotrop** sein, d. h. alle in der mechanischen Zustandsgleichung auftretenden Konstanten sollen Skalare sein.

IV. Die drei Hauptachsenrichtungen sind energetisch voneinander unabhängig, so daß die Energiebilanz und damit die Zustandsgleichung für jede einzelne Hauptachsenrichtung erfüllt sein muß. Es gilt also

$$P_{ii}\dot{S}_{ii} + \frac{d\Phi(\overset{\nu}{S}_{ii}\overset{\mu}{P}_{ii})}{dt} + \dot{G}(\overset{\nu}{S}_{ii}\overset{\mu}{P}_{ii}) = 0, \text{ für } i = 1, 2, 3.$$

Der Einfachheit halber sind nachfolgend die Indizes weggelassen, so daß jede Gleichung als Repräsentant des in den drei Hauptachsen geschriebenen Gleichungstripels anzusehen ist.

Wenn man die Mechanik zunächst unter diesen einschränkenden Voraussetzungen entwickelt, so kann man, wie nachfolgend gezeigt wird, $\frac{d\Phi}{dt}$ und $\dot{G}$ für die wichtigsten Körperklassen soweit explizite darstellen, daß man die allgemeinen mechanischen Eigenschaften dieser (PS)-Körperklassen aus der zugehörigen Zustandsgleichung

---

[1] R. Eisenschitz und B. Rabinowitsch, Ber. d. dtsch. chem. Ges. Bd. 64, S. 2522. 1931.

ablesen kann. Hat man erst diese Resultate gewonnen, so kann man nachträglich die Voraussetzungen fallen lassen und die Theorie entsprechend verallgemeinern.

Entwickeln wir nun nach I $\Phi(\overset{\nu}{S}\overset{\mu}{P})$ und $\dot{G}(\overset{\nu}{S}\overset{\mu}{P})$ in der Umgebung des unbeanspruchten Zustands in konvergente Potenzreihen und berücksichtigen, daß Φ und $\dot{G}$ sowie nach II auch alle Koeffizienten der Potenzreihen Skalare sind, $\overset{\nu}{S}$ und $\overset{\mu}{P}$ jedoch Tensoren zweiter Stufe, deren Spur nach III verschwinden muß, so folgt[1] für $\frac{d\Phi}{dt}$ und $\dot{G}$ die folgende Darstellung:

$$\frac{d\Phi(\overset{\nu}{S}\overset{\mu}{P})}{dt} = \sum_{n=0}^{\infty} \frac{d\Phi_{2n}(\overset{\nu}{S}\overset{\mu}{P})}{dt}$$

und

$$\dot{G}(\overset{\nu}{S}\overset{\mu}{P}) = \sum_{m=0}^{\infty} \dot{G}_{2m}(\overset{\nu}{S}\overset{\mu}{P}),$$

wobei Φ_{2n} resp. $\dot{G}_{2m}$ Linearformen $2n$ten resp. $2m$ten Grades bezeichnen; ungerade Potenzen können in dieser Reihenentwicklung also nicht vorkommen.

Nach diesen Voraussetzungen läßt sich ein Überblick über den genannten Theorienzyklus des (PS)-Körper gewinnen; dabei sollen die einzelnen Theorien, sowie ihre inneren Zusammenhänge nur so weit angedeutet werden, daß wir ein klares Schema erhalten, nach welchem dann unter C und D die Mechanik der speziell untersuchten Modellkörper gerechnet wird.

I. Die allgemeine Nachwirkungstheorie der (PS)-Körper.

Gegeben ist hier die Zustandsgleichung (10) in der Form:

$$-P\dot{S} + \frac{d\Phi(\overset{\nu}{S}\overset{\mu}{P})}{dt} + \dot{G}(\overset{\nu}{S}\overset{\mu}{P}) = 0. \quad (10)$$

Gesucht wird nun:

a) bei gegebener Deformationsbeanspruchung $(\overset{\nu}{S})$ die dynamische Beanspruchung, d. h. das Wertsystem der $(\overset{\mu}{P})$. Die Lösung der Aufgabe ergibt sich durch Integration von (10) und Auflösung nach P. Dabei ergibt sich formal:

und hieraus:
$$\left. \begin{array}{c} P = P(\overset{\nu}{S}, t) \\ \overset{\mu}{P} = \overset{\mu}{P}(\overset{\nu}{S}, t). \end{array} \right\} \quad (10c)$$

---

[1] Beweis: Alle Leistungen Ω, welche sich als Funktion der $\overset{\nu}{S}\overset{\mu}{P}$ darstellen lassen, können an allen regulären Stellen in konvergente Potenzreihen von der Form:

$$\Omega(\overset{\nu}{S}\overset{\mu}{P}) = \Omega_0(\overset{\nu}{S}\overset{\mu}{P}) + \Omega_2(\overset{\nu}{S}\overset{\mu}{P}) + \cdots + \Omega_{2n}(\overset{\nu}{S}\overset{\mu}{P}) + \cdots$$
$$= \sum_{n=0}^{\infty} \Omega_{2n}(\overset{\nu}{S}\overset{\mu}{P})$$

entwickelt werden, wobei $\Omega_0(\overset{\nu}{S}\overset{\mu}{P})$ eine Konstante, $\Omega_2(\overset{\nu}{S}\overset{\mu}{P})$ eine Bilinearform und allgemein $\Omega_{2n}(\overset{\nu}{S}\overset{\mu}{P})$ eine Linearform $2n$ten Grades der $\overset{\nu}{S}\overset{\mu}{P}$ bezeichnet, denn jede Linearform ungeraden Grades müßte, um einen Skalar darzustellen, als koeffizienten Tensoren haben und dies widerspricht der Annahme II.

b) bei gegebener dynamischer Beanspruchung $\left(\overset{\mu}{P}\right)$ die deformierende Beanspruchung, d. h. das Wertsystem der $\left(\overset{\nu}{S}\right)$. Hier ergibt sich analog:

und hieraus:
$$\left.\begin{array}{l} S = S\left(\overset{\mu}{P}, t\right) \\ \overset{\nu}{S} = \overset{\nu}{S}\left(\overset{\mu}{P}, t\right). \end{array}\right\} \quad (10\,\mathrm{d})$$

Die Formeln (10 c) und (10 d) umgrenzen die hier darzustellende Nachwirkungstheorie.

II. Die drei Spezialgebiete der reinen Deformationsmechanik.

Die drei Spezialgebiete der Deformationsmechanik ergeben sich aus der allgemeinen Zustandsgleichung (10) dadurch, daß man jeweils einen der drei Summanden gleich Null setzt oder, genauer ausgedrückt, daß man (10) mit der für jedes Spezialgebiet charakteristischen Doppelproportion $-P\dot{S} : \dfrac{d\varPhi\left(\overset{\nu}{S}\overset{\mu}{P}\right)}{dt} : \dot{G}\left(\overset{\nu}{S}\overset{\mu}{P}\right) = 1 : -1 : 0$ resp. $1 : 0 : -1$ resp. $0 : 1 : -1$ kombiniert.

Für jede mechanische Beanspruchung $\left(\overset{\mu}{P}\right)$ oder $\left(\overset{\nu}{S}\right)$ kann in jedem Zeitmoment das Verhältnis

$$-P\dot{S} : \dfrac{d\varPhi\left(\overset{\nu}{S}\overset{\mu}{P}\right)}{dt} : \dot{G}\left(\overset{\nu}{S}\overset{\mu}{P}\right)$$

berechnet werden; man bezeichnet die Beanspruchung in diesem Moment als elastisch-reversibel resp. plastisch irreversibel resp. relaxierend irreversibel je nachdem die dritte resp. zweite resp. erste Zahl dieses Verhältnisses 0 ist. Für diese drei idealen Beanspruchungsarten geht die allgemeine Zustandsgleichung der (PS)-Körper in eine einfachere Form über, die man als Elastizitäts- resp. Reibungs- resp. Relaxationsgesetz bezeichnet.

Um die Gesetze, welche nur für eines der Spezialgebiete gültig sind, von den allgemein gültigen zu unterscheiden, werden die Variablen in jedem Spezialgebiet mit einem Index ε, π resp. σ versehen. Dabei ergeben sich für die 3 Spezialgebiete die folgenden Theorien:

1. Relaxationstheorie.

Aus der Zustandsgleichung (10)

$$-P\dot{S} + \dfrac{d\varPhi\left(\overset{\nu}{S}\overset{\mu}{P}\right)}{dt} + \dot{G}\left(\overset{\nu}{S}\overset{\mu}{P}\right) = 0$$

und der für das Verschwinden der äußeren Arbeitsleistung charakteristischen Doppelproportion:

$$-P_\sigma \dot{S}_\sigma : \dfrac{d\varPhi\left(\overset{\nu}{S}_\sigma \overset{\mu}{P}_\sigma\right)}{dt} : \dot{G}\left(\overset{\nu}{S}_\sigma \overset{\mu}{P}_\sigma\right) = 0 : 1 : -1 \quad (11)$$

folgt hier das Gleichungspaar:

$$\dfrac{d\varPhi\left(\overset{\nu}{S}_\sigma \overset{\mu}{P}_\sigma\right)}{dt} + \dot{G}\left(\overset{\nu}{S}_\sigma \overset{\mu}{P}_\sigma\right) = 0 \quad (11\,\mathrm{a})$$

und

$$P_\sigma \dot{S}_\sigma = 0. \quad (11\,\mathrm{b})$$

Die Gleichung (11 a) stellt den hier auftretenden Energieaustausch zwischen dem inneren Potential und der gebundenen Energie bei entsprechend (11 b) verschwin-

der Arbeitsleistung dar. Dem zweiten Hauptsatz (10 b) entsprechend ist dieser Vorgang vollständig irreversibel und kann wegen $\dot{G} > 0$ nur in der Richtung verlaufen, daß in (11 a) der Wert des inneren Potentials $\varPhi$ abnimmt, während gleichzeitig eine irreversible Wärmetönung (Relaxationswärme) auftritt; dieser Vorgang wird als Relaxation des inneren Potentials bezeichnet.

Da $P_\sigma \dot{S}_\sigma$ nur dann $= 0$ ist, wenn entweder $P_\sigma = 0$ oder $\dot{S}_\sigma = 0$ ist, so erhält man aus (11) zunächst zwei Gleichungspaare, die wir als S- resp. P-Relaxationsgesetz bezeichnen und durch Anfügen eines zweiten Index s resp. p an die Variablen unterscheiden. Dabei folgt als S-Relaxationsgesetz:

$$\dfrac{d\varPhi\left(\overset{\nu}{S}_{s\sigma}, 0\right)}{dt} + \dot{G}\left(\overset{\nu}{S}_{s\sigma}, 0\right) = 0, \quad (11\,\mathrm{c})$$

wobei

$$P_{s\sigma} = 0 \quad (11\,\mathrm{d})$$

ist, und als P-Relaxationsgesetz

$$\dfrac{d\varPhi\left(S_{p\sigma}^{(a)} \overset{\mu}{P}\right)}{dt} + \dot{G}\left(S_{p\sigma}^{(a)} \overset{\mu}{P}\right) = 0, \quad (11\,\mathrm{e})$$

wobei

$$\dot{S}_{p\sigma} = 0 \quad (11\,\mathrm{f})$$

ist, d. h.

$$S_{p\sigma} = S_{p\sigma}^{(a)} = \mathrm{konst.}$$

Die beiden Relaxationsgesetze stellen Differentialgleichungen in je einer Variablenreihe dar. Man kann sie auf eine übersichtlichere Form bringen, indem man (11 c) resp. (11 e) nach $\dot{S}_{s\sigma}$ resp. $\dot{P}_{p\sigma}$ auflöst; dabei ergibt sich das S-Relaxationsgesetz in der Form:

$$-\dot{S}_{s\sigma} = R_s\left(S_{s\sigma}, \overset{2+\nu}{S}_{s\sigma}\right) \quad (12\,\mathrm{a})$$

und

$$P_{s\sigma} = 0, \quad (12\,\mathrm{b})$$

wobei $\dot{S}_{s\sigma}$ als S-Relaxationsgeschwindigkeit und R_s als S-Relaxationsfunktion bezeichnet werden; analog folgt:

das P-Relaxationsgesetz in der Form:

$$-\dot{P}_{p\sigma} = R_p\left(S_{p\sigma}^{(a)}, P_{p\sigma}, \overset{2+\mu}{P}_{p\sigma}\right) \quad (13\,\mathrm{a})$$

und

$$\dot{S}_{p\sigma} = 0, \quad \text{also} \quad S_{p\sigma} = S_{p\sigma}^{(a)} = \mathrm{konst.}, \quad (13\,\mathrm{b})$$

wobei $\dot{P}_{p\sigma}$ als P-Relaxationsgeschwindigkeit und R_p als P-Relaxationsfunktion bezeichnet werden. Diese Gleichungspaare stellen die allgemeinsten S- resp. P-Relaxationsgesetze dar und zeigen an, wie die Relaxationsgeschwindigkeit mit den Spannungs- bzw. Deformationsvariabeln zusammenhängt.

2. Potential- (Elastizitäts-) theorie.

Hier folgt aus der Zustandsgleichung analog wie bei 1. das Gleichungspaar:

$$-P_\varepsilon \dot{S}_\varepsilon + \dfrac{d\varPhi\left(\overset{\nu}{S}_\varepsilon \overset{\mu}{P}_\varepsilon\right)}{dt} = 0 \quad (14\,\mathrm{a})$$

und

$$\dot{G}\left(\overset{\nu}{S}_\varepsilon \overset{\mu}{P}_\varepsilon\right) : \dfrac{d\varPhi\left(\overset{\nu}{S}_\varepsilon \overset{\mu}{P}_\varepsilon\right)}{dt} : -P_\varepsilon \dot{S}_\varepsilon = 0 : 1 : -1. \quad (14\,\mathrm{b})$$

Die Gleichung (14a) besagt, daß sich die Leistungen der äußeren Arbeit und des inneren Potentials stets das Gleichgewicht halten, während dabei nach (14b) die Leistung der gebundenen Energie (d. h. die irreversible Wärmetönung) im Verhältnis zu den übrigen Leistungen Null ist. Entsprechend dem zweiten Hauptsatz haben wir also durch das Gleichungspaar (14) einen reversiblen Energieaustausch zwischen äußerer Arbeit und innerem Potential dargestellt.

Der einfachste Fall eines solchen Energieaustausches ist in der Mechanik als Elastizitätstheorie beschrieben, der allgemeinste Fall (im Rahmen der hier umrissenen Mechanik) ist durch das Gleichungspaar (14) gegeben; alle Elastizitätsgesetze sind daher Spezialfälle von (14).

In sinngemäßer Verallgemeinerung bezeichnen wir die hier angedeutete Potentialtheorie als Elastizitätstheorie, die Funktion Φ als elastisches Potential und (14) als Elastizitätsgesetz. Für eine explizite Darstellung müssen wir zunächst die allgemeinste Funktion Φ von $\overset{v}{S_\varepsilon}\overset{\mu}{P_\varepsilon}$ ermitteln, welche der definierenden Variationsgleichung (10a) genügt, und dann diese Funktion in (14) einsetzen: für die rechnerische Durchführung entwickelt man Φ dabei entsprechend I in eine Potenzreihe der Form:

$$\sum_0^\infty \Phi_{2n}\left(\overset{v}{S_\varepsilon}\overset{\mu}{P_\varepsilon}\right).$$

3. Theorie der inneren Reibung (Plastizitätstheorie).

Hier folgt analog das Gleichungspaar:

$$-P_\pi \dot{S}_\pi + \dot{G}\left(\overset{v}{S_\pi}\overset{\mu}{P_\pi}\right) = 0 \tag{15a}$$

und

$$\frac{d\Phi\left(\overset{v}{S_\pi}\overset{\mu}{P_\pi}\right)}{dt} : \dot{G}\left(\overset{v}{S_\pi}\overset{\mu}{P_\pi}\right) : -P_\pi \dot{S}_\pi = 0 : 1 : -1. \tag{15b}$$

Die Gleichung (15a) besagt, daß sich hier die Leistung der äußeren Arbeit und die der gebundenen Energie (d. h. die irreversible Wärmetönung) das Gleichgewicht halten, während (15b) zum Ausdruck bringt, daß dabei die Leistung der inneren Energie im Verhältnis zu den übrigen Leistungen Null ist. Entsprechend dem zweiten Hauptsatz (10b) sind alle hier behandelten Vorgänge vollständig irreversibel und können sich daher wegen $\dot{G} > 0$ nur in der Richtung abspielen, daß äußere Arbeit in gebundene Energie, d. h. in irreversible Wärme übergeht; wir sind gewohnt, eine bei äußerer Arbeitsleistung auftretende irreversible Wärme als Reibungswärme zu bezeichnen, und wir wollen daher das Gleichungspaar (15) das Reibungsgesetz nennen.

Da bei endlicher äußerer Arbeitsleistung im allgemeinen stets auch eine endliche Deformation erreicht wird, die im vorliegenden Falle keineswegs reversibel elastisch zurückgehen kann, nennen wir Vorgänge der hier diskutierten Art irreversibel plastisch im Gegensatz zu den schon unter 1. diskutierten reversibel elastischen.

Das Gleichungspaar (15) stellt (im Rahmen der hier abgegrenzten Mechanik) das allgemeinste Gesetz dar, nach welchem äußere Arbeit vollständig in irreversible Wärme übergeführt wird. Alle Reibungsansätze sind Spezialfälle von (15).

Für eine explizite Darstellung müssen wir die allgemeinste Funktion $\dot{G}$ von $\overset{v}{S_\pi}\overset{\mu}{P_\pi}$ ermitteln, die der Ungleichung (10b) genügt. Es ergibt sich dabei, daß $\dot{G}$ als Summe von Quadraten beliebiger Funktionen der $\overset{v}{S_\pi}\overset{\mu}{P_\pi}$ darstellbar sein muß. Diesen Ansatz für $\dot{G}$ muß man in (15) einsetzen. Bei der rechnerischen Durchführung wird wieder $\dot{G}$ als Potenzreihe entwickelt.

III. Der innere Zusammenhang der drei Spezialgebiete.

Relaxationstheorie der inneren Reibung.

Sind für einen bestimmten (PS)-Körper die Funktionen Φ und $\dot{G}$ explizite gegeben, so kennt man die Koeffizienten φ_k und g_h ihrer Potenzreihenentwicklungen. Da entsprechend den oben abgeleiteten Formeln alle Gesetze aus diesen beiden Funktionen abgeleitet werden können, so müssen sowohl die Konstanten der Relaxationsgesetze als auch die des Elastizitäts- und Reibungsgesetzes als Funktionen der φ_k und g_h darstellbar sein; eliminiert man nun in dieser Darstellung φ_k und g_h, so erhält man die gesuchten Beziehungen zwischen den Konstanten der Relaxationsgesetze und denen des Elastizitäts- und Reibungsgesetzes. Die explizite Ausrechnung haben wir bisher nur für die wichtigsten (PS)-Körperklassen durchgeführt. Wir deuten also das Ergebnis hier nur formal an durch die Gleichung:

$$f_n(\sigma_s, \sigma_p, \varepsilon, \pi) = 0, \tag{16}$$

wobei σ_s, σ_p und ε, π die Konstanten des S- resp. P-Relaxationsgesetzes resp. des Elastizitäts- und Reibungsgesetzes bezeichnen und das Funktionszeichen f_n darauf hinweist, daß eine Reihe von n-Beziehungen zwischen diesen Konstanten bestehen.

Die physikalische Bedeutung dieses Zusammenhanges kann man sich (in Anlehnung an die Maxwellsche Vorstellung) folgendermaßen klarmachen. Wenn bei einer mechanischen Beanspruchung äußere Arbeit in Reibungswärme verwandelt wird, so kann man diesen Vorgang auch so auffassen, daß die Leistung der äußeren Arbeit zunächst nur zu einer Vermehrung der elastischen Energie, also des inneren Potentials, führt, und dieser Zuwachs dann wieder durch einen zweiten Vorgang als Relaxationswärme abgegeben wird.

Da sowohl Reibungs- als auch Relaxationswärme vollständig irreversibel sind, ist phänomenologisch kein Unterschied, und man kann jeden Reibungsvorgang als eine Überlagerung einer elastischen Anspannung und einer gleichzeitig stattfindenden Relaxation deuten. In dieser Auffassung lassen sich also die Reibungskonstanten aus den Elastizitäts- und Relaxationskonstanten berechnen, und dies ist der Grund dafür, daß wir auch den allgemeinen Zusammenhang zwischen diesen Konstanten als Relaxationstheorie der inneren Reibung bezeichnen[1].

---

[1] In einfachster Form hat Maxwell obigen Gedankengang seiner Relaxationstheorie zugrunde gelegt und die bei einer stationären Strömung auftretende Reibungswärme als Relaxationswärme gedeutet. Der oben dargelegte Zusammenhang stellt eine Verallgemeinerung des Maxwellschen dar.

IV. Die Superpositionstheorie.

Wir haben in der mechanischen Verwandtschaftslehre versucht, diejenigen PS-Körper in je einer Klasse zu sammeln, welche verwandte mechanischen Eigenschaften (d. h. verwandte Zustandsgleichungen) haben; durch die vorangegangenen Betrachtungen ergibt sich dazu ein neuer Gesichtspunkt. Entsprechend den zwei Funktionen Φ und $\dot{G}$ von $\overset{\nu\;\mu}{SP}$, welche jede mechanische Zustandsgleichung bestimmen, können wir zwei voneinander unabhängige „reine" Typen von Modellkörpern, die „ideal reversibel elastischen" und die „ideal irreversibel plastischen", als $(PS)_\varepsilon$ und $(PS)_\pi$-Körper unterscheiden. Die $(PS)_\varepsilon$-Körper sind dadurch gekennzeichnet, daß die zugehörige Funktion $\dot{G}_\varepsilon$ von $\overset{\nu\;\mu}{SP}$ identisch verschwindet, also alle Reibungskonstanten gleich Null sind. Die Zustandsgleichung des $(PS)_\varepsilon$-Körpers lautet demnach:

$$-P\dot{S} + \frac{d\Phi_\varepsilon\left(\overset{\nu\;\mu}{SP}\right)}{dt} = 0, \qquad (17\mathrm{a})$$

wobei

$$\dot{G}_\varepsilon\left(\overset{\nu\;\mu}{SP}\right) \equiv 0 \qquad (17\mathrm{b})$$

ist.

Analog ist der $(PS)_\pi$-Körper so definiert, daß die zugehörige Funktion $\dfrac{d\Phi_\pi}{dt}$ und damit alle Elastizitätskonstanten identisch gleich Null sind; seine Zustandsgleichung hat daher die Form:

$$-P\dot{S} + \dot{G}_\pi\left(\overset{\nu\;\mu}{SP}\right) = 0, \qquad (17\mathrm{c})$$

wobei

$$\frac{d\Phi_\pi}{dt} \equiv 0 \qquad (17\mathrm{d})$$

ist.

Der allgemeine (PS)-Körper erscheint in dieser Auffassung als ein Mischkörper oder, wie wir lieber sagen möchten, als eine Superposition eines ideal reversibel elastischen und eines ideal irreversibel plastischen (PS)-Körpers, und unsere Aufgabe ist es, die zugehörige Mischungsregel, d. h. das Superpositionsgesetz, zu finden.

Bei der Anwendung der Superpositionstheorie auf die Zusammensetzung des $(PS)_\varepsilon$- und $(PS)_\pi$-Körpers zum (PS)-Körper, gehen wir zweckmäßig analytisch vor, d. h. wir versuchen, den (PS)-Körper in seine reinen Komponenten zu zerlegen.

Ist nun ein bestimmter (PS)-Körper I durch seine Zustandsgleichung:

$$-P\dot{S} + \frac{d\Phi_I\left(\overset{\nu\;\mu}{SP}\right)}{dt} + \dot{G}_I\left(\overset{\nu\;\mu}{SP}\right) = 0$$

gegeben, so kann man ihm eindeutig je einen bestimmten $(PS)_\varepsilon$-, $(PS)_\pi$-Körper I dadurch zuordnen, daß man

$$\Phi_\varepsilon\left(\overset{\nu\;\mu}{SP}\right) = \Phi_I\left(\overset{\nu\;\mu}{SP}\right) \qquad (17\mathrm{a})$$

und

$$\dot{G}_\pi\left(\overset{\nu\;\mu}{SP}\right) = \dot{G}_I\left(\overset{\nu\;\mu}{SP}\right) \qquad (17\mathrm{b})$$

setzt.

Die Zustandsgleichungen der so definierten reinen Komponenten des $(PS)_I$-Körpers sind dann mit seinem Elastizitäts- resp. Reibungsgesetz (14a), (15a) identisch und lauten

$$P_\varepsilon \dot{S}_\varepsilon + \frac{d\Phi_I\left(\overset{\nu\;\mu}{S_\varepsilon P_\varepsilon}\right)}{dt} = 0 \quad \text{und} \quad P_\pi \dot{S}_\pi + \dot{G}\left(\overset{\nu\;\mu}{S_\pi P_\pi}\right) = 0.$$

Der (PS)-Körper I verhält sich demnach bei allen elastischen Beanspruchungen wie der zugehörige $(PS)_\varepsilon$-Körper I und bei allen plastischen wie der $(PS)_\pi$-Körper I; bei allgemeiner Beanspruchung jedoch (die also weder rein elastisch noch rein plastisch ist) zeigt er ein von beiden Komponenten abweichendes Verhalten und wir können versuchen, es aus dem Verhalten der beiden Komponenten bei dieser Beanspruchung zu berechnen.

Setzt man nun einerseits den (PS)-Körper I, andererseits seine beiden reinen Komponenten, also den $(PS)_\varepsilon$- und $(PS)_\pi$-Körper I alle derselben dynamischen Beanspruchung $\overset{\mu}{P} = \overset{\mu}{P}_\varepsilon = \overset{\mu}{P}_\pi$ aus, so erhält man aus den 3 Zustandsgleichungen durch Auflösung nach S resp. S_ε resp. S_π unter Berücksichtigung der für alle identischen dynamischen Beanspruchung $\left(\overset{\mu}{P}\right)$

$$S = S\left(\overset{\mu}{P}, t\right);\ S_\varepsilon = S_\varepsilon\left(\overset{\mu}{P}, t\right)\ \text{und}\ S_\pi = S_\pi\left(\overset{\mu}{P}, t\right).$$

Gelingt es nun, aus diesen drei Gleichungen die Variabeln $\overset{\mu}{P}$ und t zu eliminieren, so erhält man eine Gleichung zwischen den Deformationen S, S_ε und S_π, welche die drei Körper bei der allgemeinen dynamischen Beanspruchung $\left(\overset{\mu}{P}\right)$ erleiden; löst man nun die Gleichung nach S auf, so erhält man das S-Superpositionsgesetz, welches gestattet, die Deformationsbeanspruchung des $(PS)_I$-Körpers aus den Deformationsbeanspruchungen zu berechnen.

Analog leitet man das P-Superpositionsgesetz ab, indem man bei $\overset{\nu}{S} = \overset{\nu}{S}_\varepsilon = \overset{\nu}{S}_\pi$ die 3 Funktionen $P\left(\overset{\nu}{S}, t\right)$, $P_\varepsilon\left(\overset{\nu}{S}, t\right)$ und $P_\pi\left(\overset{\nu}{S}, t\right)$ miteinander verknüpft. Im allgemeinen ergeben sich dabei sehr komplizierte Superpositionsgesetze, die hier nicht explizite wiedergegeben werden können; wir schreiben nur das formale Ergebnis in der folgenden Form hin:

Das S-Superpositionsgesetz:

$$\overset{\nu}{S} = \overset{\nu}{X}(S_\varepsilon, S_\pi, \mathrm{t}) \qquad (17\mathrm{c})$$

bei

$$\overset{\mu}{P} = \overset{\mu}{P}_\varepsilon = \overset{\mu}{P}_\pi \qquad (17\mathrm{d})$$

und das P-Superpositionsgesetz:

$$\overset{\mu}{P} = \overset{\mu}{\Pi}(P_\varepsilon, P_\pi, t) \qquad (17\mathrm{e})$$

bei

$$\overset{\nu}{S} = \overset{\nu}{S}_\varepsilon = \overset{\nu}{S}_\pi. \qquad (17\mathrm{f})$$

Dabei bedeuten X und Π die beiden die Superposition kennzeichnenden Funktionen, welche S, S_ε und S_π resp. P, P_ε und P_π miteinander verknüpfen; $\overset{\nu}{X}$ und $\overset{\mu}{\Pi}$ sind die νten resp. μten Ableitungen von ihnen.

Bevor wir zu einer weiteren Anwendung der Superpositionstheorie auf die (PS)-Körper übergehen, müssen wir noch eine systematische Frage erörtern. Wir haben gesehen, daß es entsprechend den drei Summanden der Zustandsgleichung drei Spezialgebiete und drei Grundgesetze in der Mechanik gibt, von denen aber nur zwei entsprechend den beiden Funktionen Φ und $\dot{G}$ voneinander unabhängig sind. Analog liegt der Fall bei Aufstellung der „reinen" Typen der (PS)-Körper. Wir haben oben nur die beiden voneinander unabhängigen reinen Typen als $(PS)_\varepsilon$- und $(PS)_\pi$-Körper diskutiert und dementsprechend versucht, den allgemeinen (PS)-Körper als „Mischkörper" aus diesen beiden zu superponieren; dies ist auch der einfachste und anschaulichste Weg. Für manche Überlegungen ist es aber zweckmäßiger, außer den genannten $(PS)_\varepsilon$- und $(PS)_\pi$-Körpern in Analogie zu den entsprechenden drei Gesetzen auch noch einen $(PS)_\sigma$-Körper oder, richtiger (wegen des Zerfalls des Relaxationsgesetzes), einen $(PS)_{s\sigma}$- und einen $(PS)_{p\sigma}$-Körper als reine Typen hinzuzufügen. Nunmehr kann man die Superpositionstheorie entweder auf der Grundlage zweier reiner und voneinander unabhängiger oder dreier (resp. unter Berücksichtigung der Aufspaltung vierer) reiner, aber voneinander abhängiger Grundtypen entwickeln. Im letzten Fall erhalten die Superpositionsgesetze eine relativ zu den drei Spezialgebieten symmetrische Form; es treten dabei aber leicht begriffliche und rechnerische Schwierigkeiten auf, die daher rühren, daß die $(Ps)_\sigma$-Körper, im Gegensatz zu allen anderen (PS)-Körpern, wegen des definitionsmäßig geforderten Verschwindens der äußeren Arbeitsleistung nicht beliebigen mechanischen Beanspruchungen ausgesetzt werden können. Besonders klar kommt dies in ihren Zustandsgleichungen zum Ausdruck; sie lauten für den $(PS)_{s\sigma}$- resp. $(PS)_{p\sigma}$-Körper:

$$\frac{d\Phi_{s\sigma}\left(\overset{v}{S}\right)}{dt} + \dot{G}_{s\sigma}\left(\overset{v}{S}\right) = 0 \qquad (18\,\text{e})$$

bei

$$P = 0 \qquad (18\,\text{f})$$

resp.

$$\frac{d\Phi_{p\sigma}\left(S^{(a)}\overset{\mu}{P}\right)}{dt} + \dot{G}_{p\sigma}\left(S^{(a)}\overset{\mu}{P}\right) = 0 \qquad (18\,\text{g})$$

bei

$$\dot{S} = 0, \text{ d. h. bei } S = S^{(a)}. \qquad (18\,\text{h})$$

Bei dem $(PS_{s\sigma})$-Körper ist also die dynamische Beanspruchung immer gleich Null, also nicht willkürlich wählbar, und auch die zulässige deformatorische Beanspruchung $\left(\overset{v}{S}\right)$ ist durch die Zustandsgleichung je nach ihrer Ordnung mehr oder minder beschränkt. Analoges gilt für den $(PS)_{p\sigma}$-Körper. Die ideale, reibungslose, unelastische Flüssigkeit ist der einfachste Fall eines $(PS)_{s\sigma}$-Körpers und der ideal starre (undeformierbare) Festkörper der einfachste Fall eines $(PS)_{p\sigma}$-Körpers; bei diesen beiden verschwindet $\frac{d\Phi}{dt}$ und $\dot{G}$ identisch, so daß die in der Zustandsgleichung enthaltene Beschränkung in der deformierenden resp. dynamischen Beanspruchung für sie entfällt; die ideale, reibungslose, unelastische Flüssigkeit ist beliebig deformatorisch, aber nicht dynamisch beanspruchbar, und der ideal starre Festkörper ist beliebig dynamisch, jedoch nicht deformatorisch beanspruchbar.

Man wird daher in der Mechanik von den $(PS)_\sigma$-Körpern nur unter Berücksichtigung ihrer obigen Besonderheiten Gebrauch machen können; sie eignen sich im allgemeinen gut als Vergleichskörper, an denen Relaxationsvorgänge beobachtet werden, nachdem man sie einmal einer passenden mechanischen Beanspruchung ausgesetzt hat und dann sich selbst überläßt.

Zusammenfassend läßt sich folgender Satz formulieren: Man kann bei den (PS)-Körpern zwei voneinander unabhängige und ein Paar von ihnen abhängige reine Typen unterscheiden, die als $(PS)_\varepsilon$, $(PS)_\pi$ und $(PS)_{s\sigma}$, $(PS)_{p\sigma}$ bezeichnet werden. Jede mechanische Beanspruchung eines $(PS)_\varepsilon$- resp. $(PS)_\pi$, resp. eines der beiden $(PS)_\sigma$-Körper ist ideal reversibel elastisch, resp. ideal irreversibel plastisch, resp. ideal irreversibel relaxierend; wir bezeichnen daher diese Körper als ideal-elastische, resp. -plastische, resp. -relaxierende (PS)-Körper. Dabei ist aber noch zu bemerken, daß für die $(PS)_\sigma$-Körper nicht alle, sondern nur bestimmte mechanische Beanspruchungen zulässig sind.

Grundsätzlich kann man ebenso wie die reinen Typen auch beliebige allgemeine (PS)-Körper als Komponenten betrachten.

Hieraus ergibt sich für eine allgemeine Superpositionstheorie die Aufgabe, die Mischungsregel für die mechanischen Eigenschaften beliebiger allgemeiner (PS)-Körper abzuleiten oder, genauer gesagt, ihr Superpositionsgesetz für beliebige deformatorische und dynamische Beanspruchungen zu finden; die Berechnung gestaltet sich analog wie oben.

Bei der oben dargelegten Analyse des (PS)-Körpers haben wir die Zustandsgleichungen für ihn sowohl wie für alle seine Komponenten als gegeben betrachtet und haben nach dem Superpositionsgesetz der mechanischen Variabeln gefragt.

Nachfolgend wollen wir die Superpositionstheorie für eine Synthese des (PS)-Körpers verwenden. Dabei nehmen wir nur die Zustandsgleichungen der Komponenten als gegeben an und fragen nach der Zustandsgleichung desjenigen (PS)-Körpers, welcher als Superposition der Komponenten bei gleicher deformierender resp. dynamischer Beanspruchung angesehen werden kann. Berücksichtigt man, daß jede Zustandsgleichung durch die zwei charakteristischen Funktionen Φ und $\dot{G}$ gegeben ist, so ist die bei der Synthese gestellte Frage identisch mit der Frage nach dem Superpositionsgesetz der genannten Funktionen. Die Rechnung gestaltet sich dabei wie folgt:

Sind eine Reihe von (PS)-Körpern $(PS)_I (PS)_{II} \ldots (PS)_N$ durch die für sie charakteristischen Funktionen Φ_N und $\dot{G}_N$ ihrer Zustandsgleichungen gegeben und setzt man alle der gleichen Deformationsbeanspruchung $\left(\overset{v}{S}\right)$ aus, so ergibt sich die gesamte dynamische Beanspruchung $\left(\overset{\mu}{P}\right)$ durch Summierung der für die einzelnen $(PS)_N$-Körper $(N = I, II \ldots N)$ entsprechend (10c) berechneten dynamischen Beanspruchungen; es folgt also die Gleichung:

$$\overset{\mu}{P} = \sum_N \overset{\mu}{P}_N\left(\overset{v}{S}, t\right), \qquad (19\,\text{a})$$

für

$$\overset{v}{S} = \overset{v}{S}_I = \cdots \overset{v}{S}_N. \qquad (19\,\text{b})$$

Analog folgt bei gleicher dynamischer Beanspruchung (P) für die resultierende gesamte Deformationsbeanspruchung:

$$\overset{v}{S} = \sum_N \overset{v}{S}_N\left(\overset{\mu}{P}, t\right), \qquad (19\,\text{c})$$

für

$$\overset{\mu}{P} = \overset{\mu}{P}_I = \cdots \overset{\mu}{P}_N. \qquad (19\,\text{d})$$

Dabei bezeichnen $P_N(\overset{v}{S}, t)$ resp. $S_N(\overset{\mu}{P}, t)$ die Nachwirkungsfunktionen im P- resp. S-Nachwirkungsgesetz der $(PS)_N$-Körper; entsprechend (10c) und (10d) sind diese Funktionen durch die Φ_N und $\dot{G}_N$ bestimmt.

Man kann nun denjenigen (PS)-Körper suchen, welcher als P- resp. als S-Nachwirkungsgesetz die Gleichungen (18a) resp. (18c) hat. Von diesen kann der erste als eine Superposition der Reihe von $(PS)_N$-Körpern für gleiche Deformationsbeanspruchung angesehen werden, der zweite für gleiche dynamische Beanspruchung. In voller Allgemeinheit können wir die Zustandsgleichungen dieser resultierenden (PS)-Körper nicht berechnen, und wir möchten sogar darauf hinweisen, daß auch der Fall vorkommt (insbesondere bei Überlagerung einer ∞ Reihe von (PS)-Körpern, daß der resultierende Körper überhaupt kein regulärer (PS)-Körper im Sinne unserer Definition ist, d. h. daß z. B. die Reihenentwicklungen für Φ und $\dot{G}$ nicht mehr konvergieren oder daß die Zustandsgleichung bei konvergenten Reihenentwicklungen überhaupt nicht in den Variablen $\overset{v}{S}$, $\overset{\mu}{P}$ allein formuliert werden kann, sondern auch die Zeit explizite enthält. Für die wichtigsten speziellen (PS)-Körperklassen werden wir jedoch nachfolgend die Superpositionstheorie explizite entwickeln.

Abschließend bemerken wir noch, daß die Gleichungen (19a) und (19c) eine Summe von Nachwirkungsfunktionen darstellen, so daß durch sie kompliziertere Nachwirkungsgesetze und damit auch kompliziertere Körper als Summe von einfacheren dargestellt werden können.

Faßt man das Ergebnis der weiter oben erläuterten allgemeinen Superpositionsüberlegungen zusammen mit den hier gegebenen speziellen, so zeigt sich:

Bei synthetischem Vorgehen hat man aus einer Reihe gegebener (PS)-Körper, welche alle derselben deformierenden resp. dynamischen Beanspruchung ausgesetzt sind, die Zustandsgleichung des resultierenden Körpers zu berechnen. Dabei gelten in den dynamischen resp. deformierenden Variablen die einfachen additiven Superpositionsgesetze (19a) und (19c); hingegen ist im allgemeinen die Berechnung der resultierenden Zustandsgleichung sehr kompliziert, da in diesem Fall keineswegs allgemein auch eine Additivität der Funktionen $\frac{d\Phi_F}{dt}$ und $\dot{G}_N$ zu einem resultierenden $\frac{d\Phi}{dt}$ und $\dot{G}$ besteht.

Bei analytischem Vorgehen hat man einen (PS)-Körper in eine Reihe anderer (PS)-Körper, z. B. in seine reinen Komponenten, also in den zugehörigen $(PS)_\varepsilon$- und $(PS)_\pi$-Körper zu zerlegen. In diesem Fall ist ein einfacher additiver[1] Zusammenhang zwischen den Funktionen $\frac{d\Phi}{dt}$ und $\dot{G}$, hingegen sind die zugehörigen S- und P-Superpositionsgesetze im allgemeinen sehr kompliziert, da keineswegs hier allgemein eine Additivität in den $\overset{v}{S}$- oder $\overset{\mu}{P}$-Variablen besteht.

Wir werden aber nachfolgend große spezielle Gruppen von (PS)-Körperklassen diskutieren, die gerade dadurch ausgezeichnet sind, daß sowohl in den genannten Variablen als auch in den genannten Funktionen einfache, d. h. additive Superpositionsgesetze gelten[1].

Durch die beiden oben genannten Superpositionsgesetze ist die Verknüpfung der 3 Grundgesetze mit der Zustandsgleichung resp. der Nachwirkungstheorie hergestellt, und damit ist grundsätzlich der Kreis der mechanischen Theorien der PS-Körper geschlossen.

Zum Schluß möchten wir noch den oben dargelegten, in sich geschlossenen Kreis von mechanischen Theorien der (PS)-Körper durch das nachstehende Bild veranschaulichen.

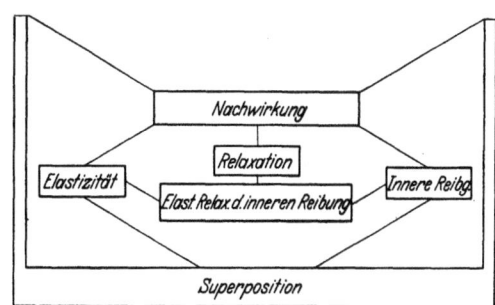

Bei der expliziten Behandlung der Deformationsmechanik der (PS)-Körper ist es zweckmäßig, schrittweise vorzugehen und mit den einfachsten Körperklassen zu beginnen.

Wir behandeln zunächst zwei große Gruppen von Körperklassen, welche von praktischem Interesse sind und sich rechnerisch einfach darstellen lassen. Diese Gruppen sind dadurch ausgezeichnet, daß sich sowohl die Leistung der freien als auch der gebundenen Energie als Funktionen der einen Variablenreihe allein, also nur der $(S \ldots \overset{v}{S})$ oder nur der $(P \ldots \overset{\mu}{P})$ darstellen lassen; wir nennen sie kurz S-Körper und P-Körper.

C. Die reine Deformationsmechanik der S-Körper.

Ableitung der speziellen Zustandsgleichung der S-Körper.

Die mechanische Zustandsgleichung für den allgemeinen S-Körper lautet definitionsgemäß:

$$-P\dot{S} + \frac{d\Phi(\overset{v}{S})}{dt} + \dot{G}(\overset{v}{S}) = 0. \qquad (20)$$

Um hieraus das mechanische Verhalten der PS-Körper explizite zu entwickeln, leiten wir uns zunächst die entsprechend den hier gemachten Voraussetzungen vereinfachte Form der Zustandsgleichung ab und legen diese dann der weiteren Diskussion zugrunde. Da die S-Körper nach I regulär sein sollen, gehen wir von der Reihenentwicklung aus

$$-P\dot{S} + \sum_n \frac{d\Phi_{2n}(\overset{v}{S})}{dt} + \sum_m \dot{G}_{2m}(\overset{v}{S}) = 0$$

und berücksichtigen:

Die Koeffizienten der Variablen $(S \ldots \overset{v}{S})$ müssen im ganzen Konvergenzbereich unabhängig von dem

---

[1] Wegen $\dot{G}_\varepsilon = 0$ und $\frac{d\Phi_\pi}{dt} = 0$ ist ja $\frac{d\Phi}{dt} = \frac{d\Phi_\varepsilon}{dt} + \frac{d\Phi_\pi}{dt}$ und $\dot{G} = \dot{G}_\varepsilon + \dot{G}_\pi$.

[1] Es besteht die Möglichkeit, daß durch eine eingehende gruppentheoretische Analyse der Zustandsgleichung auch für allgemeinere PS-Körperklassen einfache Superpositionsgesetze in entsprechend neu eingeführten Variablen und Funktionen formuliert werden können.

Wert der Variabeln sein; man kann daher die Koefizienten zunächst für beliebig gewählte Werte der Variablen, d. h. für eine beliebig gewählte Deformationsbeanspruchung aus (20) berechnen und das Ergebnis innerhalb des ganzen Konvergenzbereiches verwenden.

Um die Rechnung durchführen zu können, wählen wir die Deformationsbeanspruchung derart, daß sich dabei (20) möglichst vereinfacht. Man erkennt leicht, daß die einfachste Deformationsbeanspruchung die statische ist. Für sie gilt:

$$S = S_a \tag{21}$$

und

$$\dot S = \overset{1+\nu}{S} = 0 \quad \text{für } \nu = 0, 1 \cdots \infty \tag{22}$$

ist.

Hieraus folgt zunächst:

$$\Phi = \sum \Phi_{2n}(S_a 0 \ldots 0) = \Phi_a = \text{Konst.} \tag{23}$$

$$\dot G = \sum \dot G_{2m}(S_a 0 \ldots 0) = \dot G_a = \text{Konst.} \tag{24}$$

und somit ergibt sich für die drei Summanden $-P\dot S, \frac{d\Phi}{dt}$ und $\dot G$ der Zustandsgleichung (20):

$$\lim_{\dot S = 0} -P\dot S = 0 \tag{25}$$

$$\lim_{\dot S = 0} \frac{d\Phi}{dt} = 0 \tag{26}$$

nnd wegen (20):

$$\lim_{\dot S = 0} \dot G = \lim_{\dot S = 0} \sum_m \dot G_{2m} = 0. \tag{27}$$

Da $\frac{d\Phi}{dt}$ und $\dot G$ für $\dot S = 0$ verschwinden, so müssen diese beiden Funktionen durch $\dot S$ teilbar sein, und dies ist bei der Reihenentwicklung nur dann möglich, wenn jedes einzelne Glied der Reihe durch $\dot S$ teilbar ist.

Berücksichtigt man jetzt, daß für alle Werte der Deformationsvariabeln $S \ldots \overset{\nu}{S}$ nach dem zweiten Hauptsatz $\dot G \geqq 0$ sein muß, so folgt, daß $\dot G$ als Summe von Quadraten von Funktionen der $(S \ldots \overset{\nu}{S})$ darstellbar ist; aus der expliziten Reihenentwicklung dieser Quadrate folgt dann, daß $\dot G$ nur dann durch $\dot S$ teilbar sein kann, wenn es auch durch $\dot S^2$ teilbar ist; wir können daher die Zustandsgleichung der S-Körper in der Form:

$$-P\dot S + \dot S \sum_n \Phi'_{2n}\left(\overset{\nu}{S}\right) + \dot S^2 \sum_m g_{2m}\left(\overset{\nu}{S}\right) \tag{28}$$

schreiben, wobei

$$\Phi'_{2n} = \frac{1}{\dot S}\frac{d\Phi_{2n}}{dt} = \sum_\nu \frac{\partial \Phi_{2n}}{\partial \overset{\nu}{S}}\frac{\overset{\nu+1}{S}}{\dot S} = \frac{d\Phi_{2n}}{dS} \tag{29 a}$$

und

$$g_{2m} = \frac{1}{\dot S^2}\dot G_{2m} \tag{29 b}$$

ist. In (28) kann man durch $\dot S$ durchdividieren und erhält dann die mechanische Zustandsgleichung der S-Körper in der einfachen Form:

$$-P + \sum_n \Phi'_{2n}\left(\overset{\nu}{S}\right) + \dot S \sum_m g_{2m}\left(\overset{\nu}{S}\right) = 0. \tag{30}$$

Die Diskussion der Zustandsgleichung führen wir nun nach den für die allgemeine Mechanik der (PS)-Körper gegebenen Schema durch, wobei wir jeweils die deformierende und dynamische Beanspruchung getrennt diskutieren.

I. Allgemeine Nachwirkungstheorie der S-Körper.

1. Deformationsbeanspruchungen.

Bei den deformierenden Beanspruchungen haben wir die $\left(S \ldots \overset{\nu}{S}\right)$ als unabhängige Variable anzusehen und hieraus die dynamische Beanspruchung, also das Wertsystem $\left(P \ldots \overset{\mu}{P}\right)$, zu berechnen.

Die Integration der Differentialgleichung entfällt hier, weil p nur in der 0. Ordnung vorkommt. Man erhält daher hier die einfachste Form der Nachwirkungstheorie.

Aus (30) folgt unmittelbar die Lösung der Aufgabe in der Form (31):

$$\overset{\mu}{P} = \frac{d^\mu}{dt}\left[\sum_n \Phi'_{2n}\left(\overset{\nu}{S}\right) + \dot S \sum_m g_{2m}\left(\overset{\nu}{S}\right)\right] \tag{31}$$

für $\mu = 0, 1, 2, \cdots \infty$.

In Worten: Die dynamische Beanspruchung $\left(P \ldots \overset{\mu}{P}\right)$ des S-Körpers ist eindeutig und zeitunabhängig, also nachwirkungsfrei durch die Deformationsbeanspruchung, d. h. durch das Wertsystem der $\left(S \ldots \overset{\nu}{S}\right)$ entsprechend (31) bestimmt.

Läßt man also einen S-Körper Kreisprozesse durchlaufen, derart, daß man von einer beliebigen Deformationsbeanspruchung $\left(\overset{\nu}{S}\right)$ ausgehend, auf irgendeinem geschlossenen Weg zu ihr zurückkehrt, so muß sich nach vollendetem Zyklus unabhängig vom Weg, immer die dynamische Beanspruchung $\left(\overset{\mu}{P}\right)$ des Ausgangszustandes wieder einstellen. Kreisprozesse dieser Art kann man z. B. so ausführen, daß man S als periodische Funktion der Zeit wählt; der Körper führt dann erzwungene Deformationsschwingungen aus.

2. Dynamische Beanspruchungen.

Wir haben hier die dynamischen Variabeln $\left(P \ldots \overset{\mu}{P}\right)$ als unabhängig veränderlich anzusehen und die Deformationsbeanspruchung, also die $\left(S \ldots \overset{\nu}{S}\right)$, zu berechnen.

Die Nachwirkungstheorie ist hier der Ordnung der Differentialgleichung entsprechend kompliziert. Die explizite Entwicklung würde die Integration und Auflösung der Differentialgleichung nach S erfordern.

Wir wollen hier nur den allgemeinen Gedankengang entwickeln und auf die explizite Durchführung verzichten.

Man erkennt leicht, daß die Deformationsbeanspruchungen hier überhaupt nicht eindeutig aus der dynamischen berechenbar sind. Betrachten wir zunächst den einfachsten Fall der dynamischen Beanspruchung $P = \overset{\mu}{P} = 0$ (für $\mu = 0, 1 \ldots \infty$), so folgt aus (30):

$$\sum_n \Phi'_{2n}\left(\overset{\nu}{S}\right) + \dot S \sum_m g_{2m}\left(\overset{\nu}{S}\right) = 0.$$

Dies ist eine Differentialgleichung aus der durch ν fache Integration über die Zeit zunächst S als Funktion von t und dann durch Differenziation das ganze Wertsystem der Variabeln $\left(S \ldots \overset{\nu}{S}\right)$ als Funktionen der Zeit resultiert.

Der dynamischen Beanspruchung $\overset{\mu}{P}=0$ (für $\mu=0$, $1\ldots\infty$) entspricht also nicht eine bestimmte Deformationsbeanspruchung $\left(S\ldots\overset{\mu}{S}\right)$, sondern das Wertsystem dieser Variablen ist explizite von der Zeit abhängig.

Hat man eine allgemeine dynamische Beanspruchung $\left(P\ldots\overset{\mu}{P}\right)$ gegeben, so ist die Berechnung der zugehörigen Deformationsbeanspruchung $\left(S\ldots\overset{\nu}{S}\right)$ sowie ihre Zeitabhängigkeit mit Hilfe des Nachwirkungsgesetzes analog durchzuführen. Wir wollen diese Rechnung hier nicht explizite ausführen[1], sondern nur noch zur Klarstellung folgendes feststellen[2].

Führt man mit einem S-Körper Kreisprozesse von der Art durch, daß man, ausgehend von einer bestimmten dynamischen Beanspruchung $\left(P\ldots\overset{\mu}{P}\right)$, auf einem geschlossenen Weg wieder zu ihr zurückkehrt, so zeigt der S-Körper nach vollendetem Zyklus keineswegs dieselbe Deformationsbewegung wie vorher. Kreisprozesse dieser Art kann man z. B. dadurch realisieren, daß man die Spannung P als periodische Funktion der Zeit wählt.

Wir schließen damit die Nachwirkungstheorie der S-Körper vorläufig ab und gehen dazu über, die Elastizitäts-, Reibungs- und Relaxationstheorie der S-Körper abzuleiten, sodann ihren Zusammenhang untereinander entsprechend der Relaxationstheorie der inneren Reibung zu diskutieren und schließlich mit Hilfe der Superpositionstheorie die einzelnen Gesetze dieser Gebiete zur allgemeinen Zustandsgleichung und damit zur Nachwirkungstheorie zu superponieren.

Wir haben in der allgemeinen Theorie der (PS)-Körper drei Idealtypen der mechanischen Beanspruchung als ideal elastisch, ideal plastisch und ideal relaxierend unterschieden, je nachdem die Doppelportion $\frac{dA}{dt}:\frac{d\Phi}{dt}:\dot{G}$, das dritte resp. zweite resp. erste Glied verschwindet.

Für die (S)-Körper ergibt sich dabei unter Berücksichtigung von (30)

$$\frac{dA}{dt}:\frac{d\Phi}{dt}:\dot{G}=\left(-1-\frac{\dot{S}}{R\left(\overset{\nu}{S}\right)}\right):1:\frac{\dot{S}}{R\left(\overset{\nu}{S}\right)}$$

wobei zur Abkürzung

$$\frac{\sum^n \Phi'_{2n}\left(\overset{\nu}{S}\right)}{\sum^m g_{2m}\left(\overset{\nu}{S}\right)}=R\left(\overset{\nu}{S}\right)$$

gesetzt ist[3]. Das genannte Doppelverhältnis ist also hier quantitativ durch eine einzige Zahl $Q_S=\dfrac{\dot{S}}{R\left(\overset{\nu}{S}\right)}$ bestimmt, und die mechanische Beanspruchung ist ideal elastisch resp. ideal plastisch resp. ideal relaxierend, je nachdem $Q_S=0$ resp. ∞ resp. -1 ist, und es gilt in diesen Fällen das nachfolgend abgeleitete Elastizitäts- resp. Reibungs- resp. Relaxationsgesetz.

Ist also eine bestimmte deformierende Beanspruchung $\left(\overset{\nu}{S}\right)$ eines S-Körpers gegeben, so läßt sich Q_S entsprechend den obigen Gleichungen berechnen und damit die Beanspruchung kennzeichnen; ist hingegen eine dynamische Beanspruchung $\left(\overset{\mu}{P}\right)$ gegeben, so läßt sich diese überhaupt nicht zeitunabhängig kennzeichnen.

II. Die drei Grundgesetze der S-Körper.
(Elastizitäts-, Reibungs-, Relaxationstheorie.)

Wir entnehmen zunächst aus (30) das Elastizitäts-, Reibungs- und Relaxationsgesetz entsprechend (12), (13), (14), (15) und erhalten Gesetze, welche für die drei Arten idealer Beanspruchungen gelten, bei denen in dem Verhältnis $-P\dot{S}:\dfrac{d\Phi}{dt}:\dot{G}$ eine der Zahlen verschwindet. So ergibt sich:

Die Relaxationsgesetze.

Das S-Relaxationsgesetz:

$$\sum^n \Phi'_{2n}\left(\overset{\nu}{S_{s\sigma}}\right)+\dot{S}_{s\sigma}\sum^m g_{2m}\left(\overset{\nu}{S}\right)=0 \quad (32\,\text{a})$$

oder nach $\dot{S}_{s\sigma}$ aufgelöst: wobei

$$P_{s\sigma}=0 \quad (32\,\text{b})$$

ist.

$$-\dot{S}_{s\sigma}=\frac{\sum^n \Phi'_{2n}\left(\overset{\nu}{S_{s\sigma}}\right)}{\sum^m g_{2m}\left(\overset{\nu}{S}\right)}=R\left(\overset{\nu}{S_{s\sigma}}\right)$$

Das P-Relaxationsgesetz:

$$-P_{p\sigma}=\sum^n \Phi'_{2n}(S^{(a)}_{p\sigma},0\ldots 0)=P^{(a)}_{p\sigma}=\text{konst.} \quad (33\,\text{a})$$

wobei

$$\dot{S}_{p\sigma}=0,\text{ d. h. für }S_{p\sigma}=S^{(a)}_{p\sigma}=\text{konst.} \quad (33\,\text{b})$$

ist.

Analog ergibt sich:

das Elastizitätsgesetz:

$$P_\varepsilon=\sum^n \Phi'_{2n}\left(\overset{\nu}{S_\varepsilon}\right) \quad (34\,\text{a})$$

wobei

$$\frac{\dot{S}_\varepsilon}{R\left(\overset{\nu}{S_\varepsilon}\right)}=0 \quad (34\,\text{b})$$

ist.

Das Reibungsgesetz:

$$P_\pi=\dot{S}_\pi\sum g_{2m}\left(\overset{\nu}{S_\pi}\right) \quad (35\,\text{a})$$

wobei

$$\frac{R\left(\overset{\nu}{S_\pi}\right)}{\dot{S}_\pi}=0 \quad (35\,\text{b})$$

ist.

Die Relaxationstheorie, resp. Elastizitäts-, resp. Reibungstheorie ergibt sich nun aus dem zugehörigen Grundgesetz durch Auflösung nach den dynamischen resp. nach den Deformationsvariablen, wobei der Ordnung der Differentialgleichung entsprechend, oft über die Zeit integriert werden muß.

Der Sinn dieser Zerlegung der allgemeinen Zustandsgleichung in diese drei Grundgesetze liegt darin, daß diese rechnerisch einfacher aufzulösen und zu integrieren sind.

---

[1] Vgl. den entsprechenden Abschnitt bei der deformierenden Beanspruchung der P-Körper.
[2] Vgl. hierzu auch das Beispiel, welches im entsprechenden Abschnitt der deformierenden Beanspruchung der P-Körper durchgerechnet ist.
[3] Die physikalische Bedeutung von $R\left(\overset{\nu}{S}\right)$ ergibt sich aus den folgenden Kapiteln.

Wir wollen aber an dieser Stelle diese drei Theorien nicht explizite behandeln, sondern nur die uns wesentlich erscheinenden einfachsten Punkte herausheben.

1. Kleine Deformationsbeanspruchungen.

Wählt man nun den Nullzustand für S derart, daß für $S = 0$ auch $P = 0$ ist, so ergibt sich durch Untersuchung der Gesetze in der Nähe des unbeanspruchten Zustandes der Satz:

In der Umgebung des unbeanspruchten Zustandes nehmen die drei Gesetze eine besonders einfache Form an, in dem sie nicht nur in erster, sondern auch in zweiter Näherung linear sind; d. h. für kleine $\left(S \ldots \overset{v}{S}\right)$ gilt also in erster Näherung ein lineares Gesetz, in zweiter Näherung bleibt dieses unverändert erhalten, da das quadratische Glied verschwindet und erst in dritter Näherung kann eine Abweichung vom linearen Verhalten entsprechend dem Gliede dritten Grades auftreten[1].

Hierbei ist also keineswegs die Trivialität gemeint, daß jede Kurve in einem hinreichend klein gewählten Intervall durch ihre Tangente geradlinig approximiert werden kann und demnach jedes Gesetz als Kurve dargestellt, in diesem Intervall annähernd linear ist. Hier liegt vielmehr der Fall so, daß die den Gesetzen entsprechende Kurve im 0-Punkt einen Wendepunkt und somit die Krümmung 0 haben. Die Wendepunkttangente approximiert dann die Kurve und damit die Gesetze in einer höheren Ordnung und in einem größeren

---

[1] Beweis: Entwickelt man das Potential Φ explizite in eine Potenzreihe, so folgt aus

$$\Phi = \Phi_0 + \Phi_2\left(\overset{v}{S}\right) + \ldots \Phi_{2n}\left(\overset{v}{S}\right) + \ldots$$

$$\frac{d\Phi}{dS} = \Phi' = \Phi_2'\left(\overset{v}{S}\right) + \ldots \Phi_{2n}'\left(\overset{v}{S}\right) + \ldots$$

Berücksichtigt man jetzt, daß die Φ_{2n} definitionsgemäß Linearformen 2. Grades sind, so folgt, daß sie bei Vertauschung von $+S$ mit $-S$ in sich selbst übergehen, d. h.

$$\Phi_{2n}\left(\overset{v}{S}\right) = \Phi_{2n}\left(-\overset{v}{S}\right)$$

Φ ist eine gerade Funktion; hieraus folgt aber, daß Φ' notwendig eine ungerade Funktion sein muß, also daß

$$\Phi_{2n}'\left(\overset{v}{S}\right) = -\Phi'\left(-\overset{v}{S}\right)$$

ist. Hieraus folgt

$$\Phi' = \tfrac{1}{2}\left[\Phi'\left(\overset{v}{S}\right) - \Phi'\left(-\overset{v}{S}\right)\right]$$

Entwickelt man Φ' in eine Potenzreihe, so ergibt sich aus dieser Darstellung, daß die Koeffizienten aller Glieder mit geradem Grad 0 sind, insbesondere verschwindet also das von der Variablen freie 0. Glied und das quadratische Glied. In der Umgebung des unbeanspruchten Zustandes ist also Φ' in erster Näherung linear, in zweiter Näherung bleibt es linear, und erst in dritter Näherung machen sich Abweichungen bemerkbar. Bei Funktionen einer Variablen kann man sich den Sachverhalt leicht anschaulich machen. Jede ungerade Funktion als Kurve dargestellt, geht durch den 0-Punkt und hat dort einen Wendepunkt, d. h. die Krümmung 0 und somit einen linearen Verlauf auch in der 2. Näherung. Analog ergibt sich für das Reibungsgesetz, daß G notwendig eine gerade Funktion und $\dot{S} \sum_m g_{2m}\left(\overset{v}{S}\right)$ daher eine ungerade Funktion sein muß. Es sei hier aber ausdrücklich bemerkt, daß diese Eigenschaften der drei Grundgesetze nur unter den gemachten Einschränkungen I, II und III gelten.

Intervall linear, als dies die Tangente in einem beliebigen Punkte der Kurve tut.

Die allgemeinen Gesetze (32), (33), (34), (35) nehmen also in der Nähe des unbeanspruchten Zustandes (d. h. für hinreichend kleine Werte aller Deformationsvariablen $S \ldots \overset{v}{S}$) Forman an, in welchen P_ε, resp. P_π, resp. $\dot{S}_\sigma$ als Linearform der Variablen $\left(S \ldots \overset{v}{S}\right)$ gegeben sind. Für den einfachsten Fall, daß man in der Linearform nur jeweils das erste Glied des niedersten Differentialquotienten berücksichtigen muß, erhält man die in der Mechanik bekannten linearen Grundgesetze, und zwar das Henckysche Elastizitätsgesetz: $P_\varepsilon = \varepsilon S_\varepsilon$, ferner den Newtonschen Reibungsansatz: $P_\pi = \pi \dot{S}_\pi$ und das Analogon zum Maxwellschen Relaxationsgesetz[1]:

$$\dot{S}_{s\sigma} = \frac{1}{\sigma} S_{s\sigma} \text{ oder integriert: } S_{s\sigma} = S_{s\sigma}^{(0)} e^{-\frac{t}{\sigma}},$$

wobei ε, π und σ Konstanten sind, welche als erster Elastizitäts-, resp. Viskositätskoeffizient resp. als erste Relaxationszeit bezeichnet werden. Im allgemeinen haben diese ersten Materialkonstanten endliche Werte; die Grenzfälle, in welchen eine dieser Konstanten 0 oder ∞ wird, müssen besonders diskutiert werden.

2. Kleine dynamische Beanspruchungen.

Hier gelten analoge Überlegungen, jedoch ist die explizite Entwicklung der Theorie entsprechend der Ordnung der Differentialgleichung kompliziert.

Damit ist für die S-Körper der Gültigkeitsbereich der bekannten linearen Gesetze umgrenzt.

Zu einem tieferen Einblick in die Mechanik der S-Körper gelangen wir nun dadurch, daß wir den Zusammenhang zwischen den drei Grundgesetzen explizite aufsuchen, also die Relaxationstheorie der inneren Reibung entwickeln.

III. Relaxationstheorie der inneren Reibung.

Denken wir uns die in den drei Gesetzen dargestellten funktionellen Zusammenhänge voneinander unabhängig experimentell ermittelt, so zeigt der Aufbau des S-Relaxationsgesetzes entsprechend (32), welcher Zusammenhang zwischen den in den einzelnen Gesetzen auftretenden Funktionen besteht. Es gilt nämlich auch nach Weglassung der Indizes $s\sigma$, also universell für die drei Funktionen, der Zusammenhang:

$$R\left(\overset{v}{S}\right) = \frac{\sum_n \Phi_{2n}'\left(\overset{v}{S}\right)}{\sum_m g_{2m}\left(\overset{v}{S}\right)}. \tag{36}$$

Der Beweis ergibt sich daraus, daß diese Gleichung definitionsgemäß jedenfalls für alle diejenigen Wertsysteme $\left(S \ldots \overset{v}{S}\right)$ gelten muß, für welche $P = 0$ ist; nun sind aber für $P = 0$ die $\left(S \ldots \overset{v}{S}\right)$ explizite als Funktionen der Zeit darstellbar, wenn überhaupt Relaxation auftritt; somit muß die obige Gleichung nicht nur für ein einziges Wertsystem der Variablen, sondern für ein kontinuierlich mit der Zeit veränderliches System

---

[1] Vgl. das entsprechende Kapital bei den P-Körpern; dort tritt als Relaxationsgesetz das bekannte Maxwellsche auf.

der $\left(S\ldots\overset{\nu}{S}\right)$ gültig bleiben. Sind nun alle Funktionen regulär, d. h. in konvergente Potenzreihen entwickelbar, so muß die Beziehung für alle Werte der Variablen gelten, da sie in einen kontinuierlich zusammenhängenden Bereich der Variablen gilt.

In Gleichung (36) haben wir die allgemeinste Relaxationstheorie in den S-Variablen formuliert.

IV. Die Superpositionstheorie der S-Körper.

1. Deformierende Beanspruchung.

Sind zunächst beliebige S-Körper $S_I S_{II} \ldots S_N$ durch ihre mechanischen Zustandsgleichungen gegeben und unterwirft man alle derselben deformatorischen Beanspruchung $\left(S\ldots\overset{\nu}{S}\right)$, setzt also

$$\overset{\nu}{S_I} = \overset{\nu}{S_{II}} = \cdots = \overset{\nu}{S_N} = \overset{\nu}{S}, \quad (37)$$

so folgt durch Addition der Zustandsgleichungen:

$$\left.\begin{array}{l}-\sum_N P_N + \sum_N \sum_n \Phi'_{2n,N}\left(\overset{\nu}{S}\right) \\ + \dot{S} \sum_N \sum_m g_{2m,N}\left(\overset{\nu}{S}\right) = 0.\end{array}\right\} \quad (38)$$

Stellt man andererseits die Zustandsgleichung eines S-Körpers auf, dessen Potential Φ durch die Gleichung:

$$\Phi = \sum_N \Phi_N \quad (39)$$

und dessen Leistung der gebundenen Energie $\dot{G}$ durch die Gleichung

$$\dot{G} = \sum_N \dot{G}_N \quad (40)$$

gegeben ist, so erhält man als Zustandsgleichung dieses S-Körpers:

$$-P + \sum_N \sum_n \Phi'_{2n,N}\left(\overset{\nu}{S}\right) + \dot{S}\sum_N \sum_m g_{2m,N}\left(\overset{\nu}{S}\right) = 0 \quad (41)$$

und durch Vergleich von (38) mit (41) das Superpositionsprinzip:

$$P = \sum_N P_N \text{ oder allgemein: } \overset{\mu}{P} = \sum_N \overset{\mu}{P_N}, \quad (42\text{a})$$

wobei

$$\overset{\nu}{S} = \overset{\nu}{S_I} = \cdots = \overset{\nu}{S_N} \quad (42\text{b})$$

ist.

In Worten: **Unterwirft man eine Reihe von S-Körpern der gleichen Deformationsbeanspruchung $\left(S\ldots\overset{\nu}{S}\right)$, so ist die Summe der dabei auftretenden Spannungen stets gleich derjenigen Spannung, welche bei derselben Deformationsbeanspruchung an einem S-Körper auftritt, dessen Zustandsgleichung durch (41) resp. durch (39) und (40) bestimmt ist.** Kurz: die dynamischen Beanspruchungen der Körper setzen sich additiv zusammen, wenn die deformierenden Beanspruchungen gleich sind.

Will man dieses allgemeine Superpositionsprinzip speziell auf die zu einem S-Körper gehörigen S_ε-, S_π- sowie $S_{s\sigma}$- und $S_{p\sigma}$-Körper anwenden, so muß zunächst der $S_{p\sigma}$-Körper ausgeschieden werden, da für ihn (wegen $\overset{\nu}{S}_{p\sigma} = 0$) die Deformationsbeanspruchung nicht willkürlich vorgeschrieben werden kann. Nunmehr folgt:

$$\overset{\mu}{P} = \overset{\mu}{P_\varepsilon} + \overset{\mu}{P_\pi} + \overset{\mu}{P_{s\sigma}}, \quad (43)$$

wobei $\overset{\nu}{S} = \overset{\nu}{S_\varepsilon} = \overset{\nu}{S_\pi} = \overset{\nu}{S_{s\sigma}}$ ist (für μ und ν unabhängig gleich 0, 1, 2 … ∞).

Man kann hier wegen $P_{p\sigma} = 0$ den Summand $P_{s\sigma}$ in (43) fortlassen. Wir haben aber die obige Form bevorzugt, weil sie in den drei Modellkörpern symmetrisch ist. Die Gleichung wird als das spezielle Superpositionsprinzip der S-Körper bezeichnet; es besagt:

Unterwirft man einen S-Körper einer beliebigen deformierenden Beanspruchung $\left(S\ldots\overset{\nu}{S}\right)$ und läßt dieselbe Beanspruchung auf die drei zugehörigen S_ε-, S_π- und $S_{s\sigma}$-Körper wirken, so ist die resultierende Spannung des S-Körpers gleich der Summe der Spannungen, welche am S_ε-, S_π- und $S_{s\sigma}$-Körper auftreten.

Während das spezielle Superpositionsgesetz zeigt, wie sich die drei Grundgesetze des S-Körpers bei einer allgemeinen deformierenden Beanspruchung $\left(S\ldots\overset{\nu}{S}\right)$ überlagern, setzt das allgemeine Superpositionsgesetz die Gruppeneigenschaft der S-Körper in Evidenz.

2. Dynamische Beanspruchung.

Wesentlich komplizierter gestaltet sich die Superpositionstheorie der S-Körper bei dynamischer Beanspruchung. Schon beim einzelnen S-Körper ist ja bei gegebener dynamischer Beanspruchung $\left(P\ldots\overset{\mu}{P}\right)$ die deformatorische auch von t explizite abhängig, somit nicht eindeutig berechenbar. Man muß hier vielmehr die Zustandsgleichung über die Zeit integrieren und nach S auflösen, also von der Nachwirkungstheorie Gebrauch machen.

Bei der Superposition mehrerer (beliebig vieler) dynamisch beanspruchter S-Körper erhält man dann eine Superposition mehrerer (beliebig vieler) Nachwirkungsgesetze. Wir gehen hier auf die explizite Theorie nicht ein und verweisen nur darauf, daß ein durch solche Superposition zusammengesetztes Nachwirkungsgesetz im allgemeinen gar nicht zu einem S-Körper gehört.

Man kann daher die Superpositionstheorie der S-Körper bei dynamischen Beanspruchungen umgekehrt auch dazu benutzen, komplizierte Nachwirkungsgesetze von (PS)-Körpern auf einfachere, z. B. der S-Körper, zurückführen[1].

Durch das Superpositionsgesetz ist nunmehr der Kreis der mechanischen Theorien der S-Körper geschlossen.

V. Beispiele einfacher S-Körper.

Einige Beispiele mögen die obigen Darlegungen an den S-Modellkörpern niedrigster Ordnung veranschaulichen.

Der einfachste S-Körper ist 0. Ordnung, in P und S also als $(P_{0,00} S_{0,00})$, kurz S_0-Körper, zu bezeichnen. Seine Zustandsgleichung ergibt sich dementsprechend

---

[1] Für die S-Körper ist die Rechnung noch nicht durchgeführt, doch hat R. Becker l. c. für einen speziellen Fall die Boltzmannsche Nachwirkungsformel auf analoge Weise ableiten können (vgl. hierzu das entsprechende Kapitel der mechanischen P-Körper).

in der Form[1]: $P + \sum^n \Phi'_{2n}(S) = 0$. Der S_0-Körper ist also gleichzeitig ein S_ε-Körper, d. h. ideal reversibel elastisch und hat entsprechend seiner Ordnung 0 keine Relaxation.

Umgekehrt kann man auch jeden ideal elastischen Körper, dessen inneres Potential nur von der Deformation abhängt, als S_0-Körper ansehen.

An dem oben erwähnten S_0-Körper kann der in sich geschlossene Zyklus der Theorien noch nicht dargelegt werden, wohl aber an dem nächst einfachen S-Körper, dem $(P_{0,00} S_{1,01})$, kurz $S_{1,01}$-Körper[2]:

Gegeben sei der $S_{1,01}$-Körper durch seine Zustandsgleichung:
$$-P + \Phi'(S) + \frac{1}{\dot{S}}\dot{G}(S,\dot{S}) = 0$$

oder als Reihenentwicklung geschrieben:
$$-P + \sum^n \Phi'_{2n}(S) + \dot{S}\sum^m g_{2m}(S\dot{S}) = 0.$$

Die Reihenentwicklung für $\Phi' = \sum \Phi'_{2n}(S)$ erhält man aus:
$$\Phi = A_0 + A_2 S^2 + A_4 S^4 + \cdots + A_{2n} S^{2n}$$

und durch Differentation nach S entsprechend (29a)
$$\Phi' = 2 A_2 S + 4 A_4 S^3 + \cdots + 2n A_{2n} S^{2n-1},$$
so daß
$$\Phi'_{2n}(S) = 2n A_{2n} S^{2n-1}$$
ist.

Berücksichtigt man in der Reihenentwicklung nur das erste Glied, so folgt: $\Phi' = 2 A_2 S$. Entwickelt man $\sum^m g_{2m}(S, \dot{S})$ und berücksichtigt wieder nur das erste Glied $g_0(S\dot{S})$, so erhält man eine Konstante B_0. Bezeichnet man nun die Koefizienten $2A_2$, resp. B_0 mit ε, resp. mit π, so erhält man die Zustandsgleichung des einfachsten $S_{1,01}$-Körpers in der Form[3]:
$$P - \varepsilon S - \pi \dot{S} = 0.$$

Die Nachwirkungstheorie ergibt hier:
$$P = \varepsilon S + \pi \dot{S}$$
und somit:
$$\overset{\mu}{P} = \varepsilon \overset{\mu}{S} + \pi \overset{1+\mu}{S}$$
sowie:
$$S = e^{-\frac{\varepsilon}{\pi}t}\left[\int \frac{P}{\pi} e^{\frac{\varepsilon}{\pi}t}\, dt + \text{konst.}\right]$$
und somit:
$$\overset{\nu}{S} = \frac{d^\nu}{dt^\nu}\left(e^{-\frac{\varepsilon}{\pi}t}\left[\int \frac{P}{\pi} e^{\frac{\varepsilon}{\pi}t}\, dt + \text{konst.}\right]\right).$$

Die drei Grundgesetze ergeben sich dabei in folgender Form:

Die Relaxationsgesetze:

a) Das S-Relaxationsgesetz:
$$-\dot{S}_{s\sigma} = R(S_{s\sigma}) = \frac{\varepsilon}{\pi} S_{s\sigma},$$
wobei $P_{s\sigma} = 0$ ist.

---

[1] Der dritte Summand in der Zustandsgleichung muß hier identisch gleich 0 sein, da er proportional $\dot{S}$ ist und der Koeffizient von $\dot{S}$ wegen der 0. Ordnung des betrachteten S-Körpers identisch verschwinden muß.

[2] Bei dem $S_{1,01}$-Körper kann definitionsgemäß Φ nur von S und $\dot{G}$ nur von S und $\dot{S}$ abhängig sein; hieraus folgt, daß auch Φ'_{2n} nur von S und g_{2m} nur von S und $\dot{S}$ abhängen kann.

[3] Vgl. hierzu das einleitend erwähnte Gesetz v. Jeffreys.

Die Reihenentwicklung der Relaxationsfunktion R kann also schon nach dem ersten Glied abgebrochen werden, da keine höheren Potenzen von $S_{s\sigma}$ vorkommen. Bezeichnet man den Koeffizienten dieses linearen Gliedes der Relaxationsfunktion mit $\frac{1}{\sigma}$, setzt also: $\sigma = \frac{\pi}{\varepsilon}$, so ergibt sich durch Integration der obrigen Gleichung die physikalische Bedeutung dieser Konstanten; es folgt nämlich:
$$S_{s\sigma} = S_{s\sigma}^{(0)} e^{-\frac{t}{\sigma}}$$
bei $P_{s\sigma} = 0$.

σ hat somit die Bedeutung einer Relaxationszeit, d. h. der Zeit, in welcher beim Relaxationsversuch $P_{s\sigma} = 0$ die Deformation $S_{s\sigma}$ auf den $e$ten Teil abgeklungen ist; wir können also das S-Relaxationsgesetz auch in der anschaulicheren Form:
$$-\dot{S}_{s\sigma} = R(S_{s\sigma}) = \frac{S_{s\sigma}}{\sigma}$$
bei $P_{s\sigma} = 0$ schreiben.

b) Das P-Relaxationsgesetz:
$$P_{p\sigma} = P_{p\sigma}^{(a)} = \text{konst.},$$
wobei $\dot{S}_{p\sigma} = 0$, somit $S_{p\sigma} = S_{p\sigma}^{(a)} = \text{konst.}$ ist.

Das Elastizitätsgesetz:
$$P_\varepsilon = \varepsilon S_\varepsilon,$$
wobei $\dfrac{\dot{S}_\varepsilon}{S_\varepsilon} = 0$ ist.

Das Reibungsgesetz:
$$P_\pi = \pi \dot{S}_\pi,$$
wobei $\dfrac{\dfrac{S_\pi}{\sigma}}{\dot{S}_\pi} = 0$ ist.

Das S-Relaxationsgesetz stellt ein Analogon zu dem bekannten Maxwellschen dar, das Elastizitäts- resp. Reibungsgesetz ist mit dem Henckyschen resp. Newtonschen identisch.

Die bekannten Idealgesetze der Mechanik deformierbarer Körper ergeben sich hier als diejenigen Gesetze, welche speziell für die einfachsten $S_{1,01}$-Modellkörper Gültigkeit haben.

Aus der Definition von σ als Relaxationszeit folgt hier besonders anschaulich die physikalische Bedeutung von $R(\overset{\nu}{S}) = \dfrac{S}{\sigma}$ als eine fiktive Deformationsgeschwindigkeit, je nachdem nun im Verhältnis zu ihr die wirkliche Deformationsgeschwindigkeit unendlich klein oder unendlich groß ist, gilt entsprechend einem reversiblen Vorgang das Elastizitätsgesetz resp. entsprechend einem irreversiblen Vorgang das Reibungsgesetz.

Die Relaxationstheorie der inneren Reibung.

Die Theorie stellt zwischen den Grundgesetzen oder, was hier dasselbe ist, zwischen den drei Konstanten ε, π und σ eine Beziehung her; es gilt hier wegen
$$R(S) = \frac{S}{\sigma}, \quad \sum \Phi'_{2n}(S) = \varepsilon S \quad \text{und} \quad \sum g_{2m}(S) = \pi,$$

entsprechend der allgemeinen Gleichung (36) ist
$$\frac{S}{\sigma} = \frac{\varepsilon S}{\pi}$$
oder nach π aufgelöst:
$$\pi = \varepsilon \sigma.$$

Maxwell hat für stationäre Strömungen elastischer Flüssigkeiten einen solchen Zusammenhang abgeleitet; wir kommen auf ihn bei der Diskussion der P-Körper zurück. Hier ist der Zusammenhang für den einfachsten $S_{1,01}$-Körper ganz allgemein abgeleitet, wobei noch bemerkt sei, daß dieser S-Körper überhaupt nicht stationär strömen kann.

Die Superpositionstheorie.

Die Theorie ergibt hier wieder:
$$\overset{\mu}{P} = \overset{\mu}{P_\varepsilon} + \overset{\mu}{P_\pi} + \overset{\mu}{P_{s\sigma}} \quad \text{für} \quad \overset{\nu}{S} = \overset{\nu}{S_\varepsilon} = \overset{\nu}{S_\pi} = \overset{\nu}{S_{s\sigma}}.$$

Setzt man hier aus dem S-Relaxations- resp. Elastizitäts- resp. Reibungsgesetz die Werte für $P_{s\sigma}$, P_ε und P_π ein, so erhält man wieder die Zustandsgleichung des $S_{1,01}$-Körpers zurück.

Nachdem nunmehr die Theorie der S-Körper in ihren Umrissen dargelegt und an einem Beispiel erläutert worden ist, können wir versuchen, einen allgemeinen Überblick über die mechanischen Eigenschaften der S-Körper zu gewinnen.

VI. Die allgemeinen mechanischen Eigenschaften der S-Körper.

Zunächst haben wir in der Nachwirkungstheorie der S-Körper ein notwendiges und hinreichendes Erkennungsmerkmal für sie abgeleitet; es lautet:

Bei jedem S-Körper ist die dynamische Beanspruchung $\left(\overset{\mu}{P}\right)$ eindeutig und zeitunabhängig durch die Deformationsbeanspruchung $\left(\overset{\nu}{S}\right)$ gegeben; will man nun feststellen, ob ein vorgegebener Körper als S-Körper angesehen werden kann, so führt man ihn, ausgehend von einer bestimmten Deformationsbeanspruchung $\left(\overset{\nu}{S_I}\right)$, auf einem geschlossenen Weg zu ihr zurück; je nachdem nun der Körper unabhängig vom Weg und für jede beliebig gewählte Ausgangsdeformationsbeanspruchung I nach vollendetem Zyklus die dynamische Beanspruchung (P_I) des Ausgangszustandes zeigt oder nicht, ist er ein S-Körper oder nicht. Die Prüfung wird am besten mit Deformationsschwingungen durchgeführt.

Untersucht man jetzt das mechanische Verhalten des S-Körpers in Abhängigkeit von der Deformationsgeschwindigkeit $\dot{S}$, so folgt:

Im einzelnen hängen die mechanischen Eigenschaften von der Art der mechanischen Beanspruchung, also von dem Doppelverhältnis $\frac{dA}{dt} : \frac{d\Phi}{dt} : \dot{G}$ ab und dieses ist durch $Q_S = \frac{\dot{S}}{R\left(\overset{\nu}{S}\right)}$ bestimmt.

Wie aus dem S-Relaxationsgesetz hervorgeht, hat $R\left(\overset{\nu}{S}\right)$ die Dimension einer Deformationsgeschwindigkeit; man kann also jeder deformierenden Beanspruchung $\dot{S}$ eine fiktive Deformationsgeschwindigkeit $R\left(\overset{\nu}{S}\right)$ zuordnen und die Kennzahl Q der Beanspruchung als Quotient der wirklichen und der genannten fiktiven Deformationsgeschwindigkeit deuten. Da das Verhalten des S-Körpers je nach dem Wert der Kennzahl Q verschieden ist — für $Q = 0$ resp. ∞ resp. -1 verhält sich der S-Körper ideal elastisch resp. ideal plastisch resp. ideal relaxierend —, so müssen die mechanischen Eigenschaften des S-Körpers in Abhängigkeit von Q und damit in Abhängigkeit von der Deformationsgeschwindigkeit studiert werden[1].

a) Für $\dot{S} = 0$

ist $S = S(a) = $ Konst., $Q_S = 0$ und $\frac{dA}{dt} : \dot{G} = -1:1:0$; die Beanspruchung $\dot{S} = 0$ ist also reversibel und es gilt demnach das Elastizitätsgesetz (34a), das sich hier zu der Formel

$$P_\varepsilon = \sum_n \frac{S_\varepsilon^{2n+1}(a)}{\gamma_{2n+1}} = P_\varepsilon(a) = \text{Konst.} \quad (44)$$

vereinfacht.

In Worten: Bei statischer (unendlich langsamer) Deformationsbeanspruchung $(\dot{S} = 0, S = S_a)$ erscheint jeder S-Körper ideal elastisch; er hat ein konstantes inneres Potential $\Phi = \Phi_a$ und eine konstante Spannung $P = P_a$; es tritt also dabei keine Relaxation auf.

b) Für $\dot{S} = \infty$.

Hier ist $Q = \infty$ und $\frac{dA}{dt} : \frac{d\Phi}{dt} : \dot{G} = -1:0:1$; die Beanspruchung $\dot{S} = \infty$ ist also irreversibel plastisch und es gilt das Reibungsgesetz (35a), das sich für den $S_{1,00}$-Körper zum Newtonschen Reibungsansatz vereinfacht; für den allgemeinen S-Körper ist es komplizierter und muß fallsweise durch den Grenzübergang $\lim \dot{S} = \infty$ aus (35a) berechnet werden.

In Worten: Bei ∞ rascher Deformationsbeanspruchung $(\dot{S} = \infty)$ verhält sich jeder S-Körper vollständig irreversibel plastisch und gehorcht einem Reibungsgesetz (35a).

c) Für $-\infty \leq \dot{S} \leq +\infty$.

Läßt man die Deformationsgeschwindigkeit von 0 bis ∞ wachsen, so muß man zur Beurteilung des mechanischen Verhaltens wieder das Doppelverhältnis $\frac{dA}{dt} : \frac{d\Phi}{dt} : \dot{G}$ berechnen; dieses ist aber nicht durch $\dot{S}$, sondern durch $Q_S = \frac{\dot{S}}{R\left(\overset{\nu}{S}\right)}$ bestimmt; es kommt also darauf an, ob das reelle $\dot{S}$ gegenüber der fiktiven Deformationsgeschwindigkeit $R\left(\overset{\nu}{S}\right)$ klein oder groß ist; im ersten Fall nähert man sich im Grenzwert dem Fall a), im zweiten dem Fall b). Ist schließlich $\dot{S} = R\left(\overset{\nu}{S}\right)$, so wird $\frac{dA}{dt} : \frac{d\Phi}{dt} : \dot{G} = 0:-1:1$, d. h. es gilt hier das Relaxationsgesetz.

Am deutlichsten tritt dies wieder bei Untersuchung mit zyklischen Deformationsbeanspruchungen, z. B. mit Deformationsschwingungen, zutage; mit abnehmender Frequenz verschwindet c. p. der Quotient $\dot{G} : \frac{d\Phi}{dt}$ und

---

[1] Es ist hier nur der Fall eines endlichen σ diskutiert; die Grenzfälle $\sigma = 0$ und $\sigma = \infty$ bedürfen einer besonderen Diskussion, die jedoch für die hier dargelegte allgemeine Theorie von untergeordneter Bedeutung sind.

damit verschwindet auch die irreversible Wärmetönung und die Dämpfung. Mit wachsender Frequenz nimmt der genannte Quotient zu und damit einer in steigendem Maße Dämpfung in Erscheinung.

Besonders hervorzuheben ist hier, daß für die Reversibilität resp. Irreversibilität einer Deformationsbeanspruchung nicht die Größe der Deformation, sondern die Größe der Deformationsgeschwindigkeit von ausschlaggebender Bedeutung ist. Beim Auftreten der irreversiblen Leistung handelt es sich beim S-Körper also keineswegs um ein Überschreiten einer für die Deformation bestehenden Elastizitätsgrenze, sondern der allgemeine S-Körper zeigt innerhalb des Deformationsgebietes, in welchem er sich bei statischer Beanspruchung ideal elastisch erweist, bei deformierender Beanspruchung mit endlicher Deformationsgeschwindigkeit eine irreversible Leistung $\dot{G}$ und damit eine Dämpfung und irreversible Wärmeabgabe.

D. Die reine Deformationsmechanik der P-Körper.

Ableitung der Zustandsgleichung der P-Körper.

Die mechanische Zustandsgleichung der P-Körper lautet definitionsgemäß zunächst folgendermaßen:

$$-P\dot{S} + \frac{d\,\Phi\!\left(\overset{\mu}{P}\right)}{dt} + \dot{G}\!\left(\overset{\mu}{P}\right) = 0, \quad (50)$$

oder ausführlicher geschrieben:

$$-P\dot{S} + \sum_n \frac{d\,\varphi_{2n}\!\left(\overset{\mu}{P}\right)}{dt} + \sum_m \dot{G}_{2m}\!\left(\overset{\mu}{P}\right) = 0.$$

Die weitere Diskussion führen wir analog wie bei den S-Körpern und benutzen die dort gewonnenen Ergebnisse; wir können so eine Reihe von Beweisführungen hier weglassen und deuten durch einen beigefügten * an, daß die Beweisführung für die P-Körper analog ist. Wir bemerken dabei aber ausdrücklich, daß nur in ganz bestimmten Punkten eine Analogie zwischen P- und S-Körpern besteht, während in anderen Punkten vollkommen gegensätzliches Verhalten besteht.

Bei Vertauschung der dynamischen Variablen mit den deformierenden geht auch keineswegs die Zustandsgleichung der S-Körper in die der P-Körper über, da schon der erste Summand bei Vertauschung von P und S nicht wieder $P\dot{S}$, sondern $S\dot{P}$ ergibt. Es muß daher die Deformationsmechanik der P-Körper explizite dargelegt werden.

Aus der Regularität der P-Körper folgt unter Berücksichtigung des zweiten Hauptsatzes* aus (50):

$$-P\dot{S} + P\dot{P}\sum_n \varphi_{2n}\!\left(\overset{\mu}{P}\right) + P^2 \sum_m \psi_{2m}\!\left(\overset{\mu}{P}\right) = 0, \quad (51)$$

wobei

$$\varphi_{2n} = \sum_\mu \frac{\delta\,\Phi_{2n}}{\delta\overset{\mu}{P}} \cdot \frac{\overset{\mu+1}{P}}{P\dot{P}}$$

und

$$\psi_{2m} = \sum_m \frac{\dot{G}_{2m}}{P^2}$$

ist und nach Division durch P die vereinfachte Form:

$$-\dot{S} + \dot{P}\sum_n \varphi_{2n}\!\left(\overset{\mu}{P}\right) + P\sum_m \psi_{2m}\!\left(\overset{\mu}{P}\right) = 0. \quad (52)$$

I. Die allgemeine Nachwirkungstheorie der P-Körper.

1. Dynamische Beanspruchung.

Bei Wahl der $\left(P\ldots\overset{\mu}{P}\right)$ als unabhängige Veränderliche haben wir hier die $\left(S\ldots\overset{\nu}{S}\right)$ zu berechnen. Aus (52) folgt:

$$S - S_0 = \int_0^t \left[\dot{P}\sum_n \varphi_{2n}\!\left(\overset{\mu}{P}\right) + P\sum_m \psi_{2m}\!\left(\overset{\mu}{P}\right)\right] dt \quad (53)$$

und

$$\overset{\nu}{S} = \frac{d^{\nu-1}}{dt^{\nu-1}}\left[\dot{P}\sum_n \varphi_{2n}\!\left(\overset{\mu}{P}\right) + P\sum_m \psi_{2m}\!\left(\overset{\mu}{P}\right)\right] \quad (54)$$

für $\nu = 1, 2, \ldots \nu \ldots \infty$.

Hierdurch ist die gestellte Aufgabe grundsätzlich gelöst. In Worten ergibt sich der Satz:

Die deformierende Beanspruchung ist bis auf eine Integrationskonstante S_0 zeitunabhängig und nachwirkungsfrei durch die dynamische Beanspruchung entsprechend (56) und (57), die Integrationskonstante selbst ist durch das S-Nachwirkungsgesetz bestimmt.

Läßt man also einen P-Körper Kreisprozesse in den dynamischen Variablen durchlaufen, so ist nach vollendetem Zyklus $\overset{\nu}{S}$ für $\nu = 1, 2 \ldots \nu \ldots \infty$ unabhängig vom Weg immer gleich den Ausgangswerten der $\overset{\nu}{S}$. Der Wert von S jedoch braucht nicht mit dem Ausgangswert übereinzustimmen, sondern kann sich von ihm durch eine additive, vom Weg abhängige Konstante (Integrationskonstante) S_0 unterscheiden.

2. Deformierende Beanspruchung des P-Körpers.

Hier sind die $\left(S\ldots\overset{\nu}{S}\right)$ als unabhängige Variable gegeben, und es ist das zugehörige Wertsystem der $\left(P\ldots\overset{\mu}{P}\right)$ zu berechnen.

Diese Aufgabe ist nicht eindeutig lösbar, vielmehr sind die $\left(P\ldots\overset{\mu}{P}\right)$ nur zeitabhängig, also mit Nachwirkung durch die $\left(S\ldots\overset{\nu}{S}\right)$ darstellbar.

Für die einfachste deformierende Beanspruchung, die statische ($S = S_a$; $\overset{1+\nu}{S} = 0$ für $\nu = 0, 1, 2 \ldots \infty$) folgt entsprechend dem Nachwirkungsgesetz:

$$\dot{P}\sum \varphi_{2n}\!\left(\overset{\mu}{P}\right) + P\sum_m \psi_{2m}\!\left(\overset{\mu}{P}\right) = 0 \quad (55)$$

für $S = S_a =$ konst.

Durch Integration kann man hier P als Funktion der Zeit berechnen und dann durch Differenziation das ganze zugehörige Wertsystem des $\left(P\ldots\overset{\mu}{P}\right)$ als Funktion der Zeit berechnen.

Die Berechnung des Wertsystems $\left(P\ldots\overset{\mu}{P}\right)$, welches zu einer beliebigen allgemeinen deformierenden Beanspruchung $\left(S\ldots\overset{\nu}{S}\right)$ gehört, hat analog zu erfolgen.

Wir übergehen hier die sehr komplizierte explizite Durchrechnung und heben nur wieder den Unterschied der deformierenden gegenüber der dynamischen Beanspruchung eines P-Körpers durch die folgende Feststellung hervor.

Unterwirft man einen P-Körper zyklischen deformierenden Beanspruchungen, so stellt sich nach Vollendung eines Zyklus keineswegs wieder die ursprüngliche dynamische Beanspruchung ein, sondern eine andere, die grundsätzlich explicite zeitabhängig ist.

Ein Beispiel möge den Unterschied zwischen dynamischen und deformierenden Beanspruchungen eines P-Körpers klarmachen. Gegeben sei ein spezieller P-Körper (der einfachste $P_{1,00}$-Körper) durch seine Zustandsgleichung

$$\dot{S} - \frac{\dot{P}}{\gamma} - \frac{P}{\eta} = 0.$$

Unterwirft man ihn einer stationären dynamischen Beanspruchung $P = P_a =$ konst., so ist wegen $\dot{P} = 0$ $\dot{S} = \frac{P_a}{\eta}$, also gleichfalls konstant: d. h. bei stationärer dynamischer Beanspruchung besteht eine konstante Deformationsgeschwindigkeit (stationäre Strömung).

Unterwirft man jedoch denselben P-Körper einer deformierenden Beanspruchung mit konstanter Deformationsgeschwindigkeit $\dot{S} = \dot{S}_a =$ konst., so folgt aus der Zustandsgleichung eine Differentialgleichung für P, die integriert

$$P = \eta \dot{S}_a + C e^{-\frac{\gamma}{\eta} t}$$

ergibt; bei konstanter Deformationsgeschwindigkeit besteht also zunächst eine in P instationäre Strömung, die exponential mit der Zeit zu einer in P stationären Strömung abklingt.

Um von der allgemeinen Nachwirkungstheorie zu den Grundgesetzen der drei Spezialgebiete überzugehen, muß man wieder eine Klassifizierung der Beanspruchungen nach dem Wert des Doppelverhältnisses $\frac{dA}{dt} : \frac{d\Phi}{dt} : \dot{G}$ vornehmen*.

Für die P-Körper ergibt sich dabei unter Berücksichtigung von (52)

$$\frac{dA}{dt} : \frac{d\Phi}{dt} : \dot{G} = \left(-1 - \frac{R\left(\overset{\mu}{P}\right)}{\dot{P}}\right) : 1 : \frac{R\left(\overset{\mu}{P}\right)}{\dot{P}},$$

wobei zur Abkürzung

$$\frac{P \sum^m \psi_{2m}\left(\overset{\mu}{P}\right)}{\sum^n \varphi_{2n}\left(\overset{\mu}{P}\right)} = R\left(\overset{\mu}{P}\right)$$

gesetzt wird.

Das genannte Doppelverhältnis ist also hier quantitativ durch eine einzige Zahl $Q_P = \frac{\dot{P}}{R\left(\overset{\mu}{P}\right)}$ bestimmt und die mechanische Beanspruchung ist ideal elastisch resp. ideal plastisch resp. ideal relaxierend, je nachdem $Q_P = 0$ resp. ∞ resp. -1 ist; in diesen Fällen gilt das nachfolgend abgeleitete Elastizitäts- resp. Reibungs- resp. Relaxationsgesetz[1].

Ist demnach eine bestimmte dynamische Beanspruchung $\left(\overset{\mu}{P}\right)$ eines P-Körpers gegeben, so läßt sich Q_P ent-

---

[1] Hier ist besonders zu beachten, daß Q_P ebenso wie Q_S als Quotient aus einer reeellen und einer fiktiven Geschwindigkeit definiert ist; während aber bei Q_S die reelle Deformationsgeschwindigkeit S im Zähler und die fiktive $R(\overset{\nu}{S})$ im Nenner steht, ist es bei Q_P umgekehrt und es steht die reelle Spannungsgeschwindigkeit $\dot{P}$ im Nenner und die fiktive $R(\overset{\mu}{P})$ im Zähler.

sprechend den obigen Gleichungen berechnen und damit die Beanspruchung kennzeichnen; hingegen kann man eine gegebene deformierende Beanspruchung $\left(\overset{\nu}{S}\right)$ eines P-Körpers überhaupt nicht zeitunabhängig kennzeichnen*.

II. Die drei Grundgesetze der P-Körper.
(Elastizitäts-, Reibungs-, Relaxationstheorie.)

Aus der Zustandsgleichung entnehmen wir* [Zustandsgleichung (52)]:

Die Relaxationsgesetze.

a) Das P-Relaxationsgesetz:

$$\dot{P}_{p\sigma} \sum^n \varphi_{2n}\left(\overset{\mu}{P}_{p\sigma}\right) + P_{p\sigma} \sum^m \psi_{2m}\left(\overset{\mu}{P}_{p\sigma}\right) = 0 \quad (56\text{a})$$

oder nach $\dot{P}_{p\sigma}$ aufgelöst:

$$-\dot{P}_{p\sigma} = \frac{P_{p\sigma} \sum^m \psi_{2m}\left(\overset{\mu}{P}_{p\sigma}\right)}{\sum^n \varphi_{2n}\left(\overset{\mu}{P}_{p\sigma}\right)} = R\left(\overset{\mu}{P}_{p\sigma}\right),$$

wobei

$$\dot{S}_{p\sigma} = 0 \quad \text{somit} \quad S_{p\sigma} = S_{p\sigma}^{(a)} = \text{konst.} \quad (56\text{b})$$

ist.

b) Das S-Relaxationsgesetz:

$$\dot{S}_{s\sigma} = 0 \quad (57\text{a})$$

oder integriert:

$$S_{s\sigma} = S_{s\sigma}^{(a)} = \text{konst.},$$

wobei

$$P_{s\sigma} = 0 \quad (57\text{b})$$

ist.

Das Elastizitätsgesetz:

$$\dot{S}_\varepsilon = \dot{P}_\varepsilon \sum^n \varphi_{2n}\left(\overset{\mu}{P}_\varepsilon\right), \quad (58\text{a})$$

wobei

$$\frac{R(P_\varepsilon)}{\dot{P}_\varepsilon} = 0 \quad (58\text{b})$$

ist.

Das Reibungsgesetz:

$$\dot{S}_\pi = P_\pi \sum^m \psi_{2m}\left(\overset{\mu}{P}_\pi\right), \quad (59\text{a})$$

wobei

$$\frac{\dot{P}_\pi}{R\left(\overset{\mu}{P}_\pi\right)} = 0 \quad (59\text{b})$$

ist.

Die zugehörigen Theorien ergeben sich aus den drei Grundgesetzen wieder durch Auflösung nach den dynamischen resp. nach den deformierenden Variablen.

1. Kleine dynamische Beanspruchungen.

Für hinlänglich kleine dynamische Beanspruchungen, d. h. für hinlänglich kleine $\left(P \ldots \overset{\mu}{P}\right)$ sind die Gesetze in erster und zweiter Näherung als Linearformen der $\left(S \ldots \overset{\nu}{S}\right)$ darstellbar; sie weisen also erst in dritter Näherung Abweichungen vom linearen Verhalten auf*.

Berücksichtigt man in diesen Linearformen wieder nur jeweils das erste Glied, also den niedrigsten Differentialquotienten, so erhält man wieder die bekannten linearen Grundgesetze, diesmal in der Form:

Henckysches Elastizitätsgesetz: $\dot{S}_\varepsilon = \frac{\dot{P}_\varepsilon}{\gamma}$,

oder integriert: $S_\varepsilon - S_\varepsilon^{(0)} = \frac{P_\varepsilon}{\gamma}$,

Newtonsches Reibungsgesetz: $S_\pi = \dfrac{P_\pi}{\eta}$,

Maxwellsches Relaxationsgesetz: $\dot{P}_{p\sigma} = \dfrac{P_{p\sigma}}{\tau}$,

oder integriert: $P_{p\sigma} = P_{p\sigma}(0)\, e^{-\frac{t}{\tau}}$.

2. Kleine deformierende Beanspruchungen.

Hier gilt das Analoge wie oben; nur sind die Gesetze entsprechend der Ordnung der Differentialgleichung komplizierter.

Damit ist für die P-Körper der Gültigkeitsbereich der bekannten linearen Grundgesetze abgegrenzt. Dabei zeigt sich auch, daß sie unter den gegebenen Einschränkungen sowohl für die S- als auch für die P-Körper gültig sind.

Wir schließen dieses Kapitel mit einigen allgemeinen Bemerkungen über die drei Grundgesetze der P-Körper ab.

Das Elastizitätsgesetz der P-Körper (58a) stellt eine Verallgemeinerung des Henckyschen Ansatzes dar; bemerkenswert ist, daß (58a) nur die Differentialquotienten, nicht aber die Variabeln P und S selbst miteinander verknüpft; in der integrierten Form ist die Unbestimmtheit charakteristisch, die durch das Auftreten der Integrationskonstanten $S_\varepsilon(0)$ dargestellt ist. Diese Konstante ist durch das Integral so definiert, daß für $P_\varepsilon = 0$ die Gleichung $S = S_\varepsilon^{(0)}$ gilt; sie ist also mit der Deformation identisch, welche der Körper bei der Spannung 0 zeigt. Bei allen reversiblen Beanspruchungen des P-Körpers bleibt $S_\varepsilon^{(0)}$ ungeändert, bei irreversiblen jedoch wird es explizite von der Zeit abhängig[1].

Schreibt man das Elastizitätsgesetz in der Differentialform, so ist es von dieser Unbestimmtheit befreit; so daß die elastische Deformationsgeschwindigkeit sowie deren beliebige zeitliche Differentialquotienten unabhängig von der Vorgeschichte, also eindeutig, durch die dynamische Beanspruchung bestimmt sind und bei zyklischen dynamischen Beanspruchungen nach jedem vollendeten Zyklus zum Ausgangspunkt zurückkehren. Die Unbestimmtheit des Elastizitätsgesetzes beschränkt sich also bei dynamischen Beanspruchungen lediglich auf die Deformation selbst.

Das Reibungsgesetz der P-Körper läßt sich als eine einfache Verallgemeinerung des linearen Newtonschen Reibungsansatzes auffassen, derart, daß hier die Deformationsgeschwindigkeit $\dot{S}$ für den allgemeinen P-Körper als Potenzzeichenentwicklung der $\left(\overset{\mu}{P}\right)$ dargestellt ist und der Newtonsche Ansatz nur das erste (lineare) Glied der Reihe berücksichtigt.

Das Relaxationsgesetz der P-Körper muß wieder in seinen beiden Teilen getrennt diskutiert werden. Das P-Relaxationsgesetz ist für die deformierende Beanspruchung $S = S_a$ gültig und besagt, daß der P-Körper im allgemeinen auch bei konstant gehaltener Deformation relaxiert, d. h. seinen Gehalt an freier Energie und damit im allgemeinen auch seine Spannung verliert. Je nachdem, ob die Relaxationsfunktion von 0. oder höherer Ordnung ist, wird dieser zeitliche Abfall der freien Energie und der Spannung von der Vorgeschichte unabhängig oder abhängig sein.

Ein Beispiel soll dies erläutern: Wir denken uns einen P-Körper auf den Deformationszustand $S = S_I$ gebracht, dann festgehalten (etwa durch starre Wände) und in diesem festgehaltenen Deformationszustand P als Funktion der Zeit gemessen.

Tragen wir die Meßergebnisse in ein Koordinatensystem ein, dessen Abszisse die Zeit und dessen Ordinate die Spannung P ist, so erhält man die zu I gehörige Relaxationskurve I, kurz R_I-Kurve genannt. Denselben Versuch denken wir uns dann für alle anderen Deformationszustände II, III wiederholt. Aus diesem Versuchsmaterial gewinnt man das für den untersuchten Körper gültige Relaxationsgesetz, indem man einen zeitunabhängigen Zusammenhang zwischen den P-Variabeln sucht, also die Zeit eliminiert. Dies geschieht folgendermaßen:

Man kann aus jeder R-Kurve ein für sie gültiges zeitunabhängiges Gesetz, das R-Gesetz dieser R-Kurve, dadurch ableiten, daß man die Gleichung der Kurve $P(t)$ nach der Zeit differenziert und dann die Zeit zwischen den Funktionen $P(t)$ und $\dot{P}(t)$ eliminiert.

Für jede einzelne R-Kurve ergibt sich so ein R-Gesetz von der Form:
$$\dot{P} = R_N(P).$$

Sind für alle Deformationszustände die so ermittelten Funktionen R_N untereinander identisch, so daß $R_I = R_{II} = \cdots R_N = R$ ist, so ist $\dot{P} = R(P)$ das gesuchte Relaxationsgesetz. Hier ist die Relaxationsfunktion 0. Ordnung und dementsprechend ist der Spannungsabfall $\dot{P}$ und damit auch die höheren Differentialquotienten von P allein durch die Spannung P bestimmt unabhängig von der Vorgeschichte, durch welche P erzeugt wurde.

Stimmen hingegen die einzelnen Funktionen R_N nicht miteinander überein, so muß man durch entsprechend oft wiederholte Differentiation nach der Zeit die höheren Differentialquotienten von P einführen und mit ihrer Hilfe die Zeit eliminieren.

Sind die Experimente nun wirklich an einem regulären P-Körper durchgeführt worden, so muß das Eliminationsverfahren zu einem Abschluß führen, so daß schließlich im allgemeinsten Fall ein Relaxationsgesetz von der Form
$$\dot{P} = R\left(P \ldots \overset{\mu}{P}\right)$$

resultiert, wobei für R eine konvergente Reihenentwicklung gilt. Hier ist dann der Spannungsabfall $\dot{P}$ nicht nur von der Spannung P, sondern auch von der Vorgeschichte, d. h. von den höheren Differentialquotienten von P abhängig.

Das S-Relaxationsgesetz besagt, daß für $P_{s\sigma} = 0$ $\dot{S}_{s\sigma} = 0$, also $S_{s\sigma} =$ konstant ist, also keine Relaxation eintritt.

III. Die Relaxationstheorie der inneren Reibung.

Denken wir uns die drei Grundgesetze zunächst wieder unabhängig voneinander experimentell bestimmt,

---

[1] $S_\varepsilon^{(0)}$ ist nur bezüglich P als Konstante definiert; ihr Wert kann also grundsätzlich von anderen Varianten, wie z. B. der Zeit, noch abhängen.

so läßt sich aus je zweien das dritte berechnen. Es gilt hier die Gleichung*:

$$R\left(\overset{\mu}{P}\right) = \frac{P \sum_m \psi_{2m}\left(\overset{\mu}{P}\right)}{\sum_n \varphi_{2n}\left(\overset{\mu}{P}\right)}. \tag{60}$$

Die Gleichung stellt die allgemeinste Relaxationstheorie der P-Körper dar. Für den einfachsten Fall eines $P_{1,00}$-Körpers lassen sich hieraus die Formeln explizite angeben, welche gestatten, aus den Koeffizienten je zweier Gesetze die des dritten zu berechnen[1].

IV. Die Superpositionstheorie der P-Körper.

1. Dynamische Beanspruchung.

Sind zunächst beliebige P-Körper $P_I \; P_{II} \ldots P_N$ durch ihre mechanischen Zustandsgleichungen gegeben und unterwirft man dann alle derselben dynamischen Beanspruchung

$\left(P \ldots \overset{\mu}{P}\right)$, setzt also $\overset{\mu}{P}_I = \overset{\mu}{P}_{II} = \cdots \overset{\mu}{P}_N = \overset{\mu}{P}$,

so folgt durch Addition der Zustandsgleichungen:

$$\left.\begin{array}{l}- \sum_N \dot{S}_N + \sum_N \dot{P} \sum_n \varphi_{2n}\left(\overset{\mu}{P}\right) \\ + \sum_N P \sum_m \psi_{2m}\left(\overset{\mu}{P}\right) = 0.\end{array}\right\} \tag{61}$$

Stellt man andererseits die Zustandsgleichung eines P-Körpers auf, dessen Potential $\varPhi$ durch die Gleichung

$$\varPhi = \sum_N \varPhi_N \tag{62}$$

und dessen Leistung der gebundenen Energie $\dot{G}$ durch

$$\dot{G} = \sum_N \dot{G}_N \tag{63}$$

gegeben ist, so erhält man als Zustandsgleichung dieses P-Körpers:

$$\dot{S} + \dot{P} \sum_N \sum_n \varphi_{2n}\left(\overset{\mu}{P}\right) + P \sum_N \sum_m \psi_{2m}\left(\overset{\mu}{P}\right) = 0 \tag{64}$$

und durch Vergleich von (61) und (64) das allgemeine Superpositionsgesetz der P-Körper:

$$\dot{S} = \sum_N \dot{S}_N \tag{65a}$$

oder allgemein:

$$\overset{1+\nu}{S} = \sum_N \overset{1+\nu}{S_N},$$

wobei

$$P_I = P_{II} = \ldots P_N = P \tag{65b}$$

ist.

In Worten: Unterwirft man eine Reihe von P-Körpern derselben dynamischen Beanspruchung $\left(P \ldots \overset{\mu}{P}\right)$, so ist die Summe der dabei auftretenden Deformationsgeschwindigkeiten[2] gleich derjenigen Deformationsgeschwindigkeit, welche bei derselben dynamischen Beanspruchung in einem P-Körper auftritt, dessen Zustandsgleichung durch (61) resp. durch (62) und (63) gegeben ist; in gleicher Weise sind auch die Deformationsbeschleunigungen und die höheren zeitlichen Differentialquotienten additiv.

Dieses allgemeine Superpositionsgesetz läßt sich speziell wieder auf die zu einem P-Körper zuge-

---

[1] Vgl. hierzu das Beispiel des $P_{1,00}$-Körpers, dessen Mechanik am Schluß des Kapitels zusammengestellt ist.

[2] Das Superpositionsgesetz gilt nur für die Differentialquotienten der Deformation: für diese selbst jedoch nur unter Berücksichtigung der Integrationskonstanten S_0.

hörigen P-, P_ε-, P_π- und P_σ-Körper anwenden und ergibt hier*:

$$\overset{1+\nu}{S} = \overset{1+\nu}{S_\varepsilon} + \overset{1+\nu}{S_\pi} + \overset{1+\nu}{S_{p\sigma}} \tag{66a}$$

wobei

$$P_\varepsilon = P_\pi = P_{p\sigma} = P \; \text{ist.} \tag{66b}$$

ist.

Da $\overset{1+\nu}{S_{p\sigma}} = 0$ ist, kann dieser Summand auch weggelassen werden; er ist auch hier nur aus Symmetriegründen aufgeführt.

In Worten: Unterwirft man einen P-Körper einer beliebigen dynamischen Beanspruchung $\left(P \ldots \overset{\mu}{P}\right)$ und läßt dieselbe Beanspruchung auf die zugehörigen $P_\varepsilon \ldots P_\pi$- und $P_{p\sigma}$-Körper wirken, so ist die resultierende Deformationsgeschwindigkeit (resp. ihre zeitlichen Differentialquotienten) gleich der Summe der Deformationsgeschwindigkeiten, resp. ihrer zeitlichen Differentialquotienten), welche an den P_ε-, P_π- und $P_{p\sigma}$-Körpern auftreten.

Während das spezielle Superpositionsgesetz zeigt, wie sich die drei Grundgesetze bei einer allgemeinen Beanspruchung überlagern, setzt das allgemeine Superpositionsgesetz der P-Körper ihre Gruppeneigenschaft in Evidenz.

2. Deformierende Beanspruchung.

Hier ist die Superpositionstheorie wieder entsprechend der Ordnung der Zustandsgleichung verwickelter.

Schon beim einzelnen P-Körper ist ja bei gegebener deformierender Beanspruchung $\left(S \ldots \overset{\nu}{S}\right)$ die zugehörige dynamische nicht eindeutig bestimmt, sondern es sind die zugehörigen $\left(P \ldots \overset{\mu}{P}\right)$ im allgemeinen Funktionen der Zeit t. Man muß hier wieder von der Nachwirkungstheorie Gebrauch machen und die Zustandsgleichung durch entsprechende Integration nach P auflösen.

Bei der Superposition mehrerer deformierend beanspruchter P-Körper erhält man dann eine Superposition mehrerer Nachwirkungsgesetze. Das durch Superposition einer unendlichen Reihe von Nachwirkungsgesetzen von P-Körpern berechnete Nachwirkungsgesetz kann im allgemeinen gar nicht mehr als Nachwirkungsgesetz eines P-Körpers gedeutet werden, es ist vielmehr einem allgemeineren (PS)-Körper zugeordnet. In diesem Sinn läßt sich eine Arbeit von R. Becker[1] deuten, welcher zeigt, daß man die Boltzmannschen Nachwirkungsformeln dadurch ableiten kann, daß man eine unendliche Reihe von in gleicher Weise deformatorisch beanspruchten P-Körpern superponiert; die dort betrachteten P-Körper gehorchen alle demselben linearen (Henckyschen) Elastizitätsgesetz und linearen (Newtonschen) Reibungsgesetzen, die sich nur im Zahlenwert der Reibungskonstanten unterscheiden. Das Boltzmannsche Nachwirkungsgesetz selbst kann aber nicht mehr als Nachwirkungsgesetz eines P-Körpers aufgefaßt werden[2].

Durch die Superpositionstheorie der P-Körper ist grundsätzlich wieder der Kreis der mechanischen Theorien geschlossen; ein Beispiel möge die obigen Darlegungen

---

[1] Z. Phys. Bd. 30, S. 185. 1925.

[2] Für P = konst. muß jeder P-Körper stationär strömen, ein dem Boltzmannschen Gesetz gehorchender Körper jedoch keineswegs.

am P-Modellkörper niedrigster Ordnung veranschaulichen für welchen die ganze Theorie explizite durchgerechnet werden kann.

V. Beispiele einfacher P-Körper.

Der P-Körper niederster Ordnung ist der $S_{1,00}\,P_{0,00}$, kurz P_0-Körper[1].

Seine Zustandsgleichung lautet:

$$-\dot{S} + \dot{P}\sum \varphi_{2n}(P) + P\sum \psi_{2m}(P) = 0. \quad (67)$$

Die Nachwirkungstheorie ergibt hier:

$$(S - S_0) = \int_0^t dt \left[\dot{P}\sum \varphi_{2n}(P) + P\sum \psi_{2m}(P)\right] \quad (68\,\text{a})$$

und somit:

$$\overset{1+\nu}{S} = \frac{d^\nu}{dt^\nu}\left[\dot{P}\sum \varphi_{2n}(P) + P\sum \psi_{2m}(P)\right] \quad (68\,\text{b})$$

sowie[2]:

$$P = e^{-\frac{\psi_0}{\varphi_0}t}\left[\int \frac{\dot{S}}{\varphi_0} e^{\frac{\psi_0}{\varphi_0}t}\, dt + \text{konst.}\right] + \ldots \quad (69\,\text{a})$$

und somit:

$$\overset{\mu}{P} = \frac{d^\mu}{dt^\mu}\left(e^{-\frac{\psi_0}{\varphi_0}t}\left[\int \frac{\dot{S}}{\varphi_0} e^{\frac{\psi_0}{\varphi_0}t}\, dt + \text{konst.}\right]\right) + \ldots \quad (69\,\text{b})$$

Die drei Grundgesetze ergeben sich dabei in der Form:

1. Die Relaxationsgesetze.

a) Das P-Relaxationsgesetz:

$$-\dot{P}_{p\sigma} = \frac{P_{p\sigma}\sum \psi_{2m}(P_{p\sigma})}{\sum \varphi_{2n}(P_{p\sigma})}, \quad (70\,\text{a})$$

wobei

$$\dot{S}_{p\sigma} = 0 \quad (70\,\text{b})$$

ist.

Entwickelt man (70) in eine Potenzreihe und bezeichnet die Koeffizienten mit $\frac{1}{\tau_{2r+1}}$, so folgt (da ja gerade Potenzen nicht auftreten können):

$$-\dot{P}_{p\sigma} = r\sum_0^\infty \frac{P_{p\sigma}^{2r+1}}{\tau_{2r+1}} \quad (71\,\text{a})$$

oder integriert[3]:

$$P_{p\sigma} = P_{p\sigma}^{(0)} e^{-\frac{t}{\tau}} + \ldots \quad (71\,\text{b})$$

b) Das S-Relaxationsgesetz:

$$\dot{S}_{s\sigma} = 0, \quad (72\,\text{a})$$

wobei
$$P_{s\sigma} = 0 \quad (72\,\text{b})$$

ist, oder integriert:

$$S_{s\sigma} - S_{s\sigma}^{(0)} = 0,$$

wobei $P_{s\sigma} = 0$ ist.

2. Das Elastizitätsgesetz.

$$\dot{S}_\varepsilon = \dot{P}_\varepsilon \sum_n \varphi_{2n}(P_\varepsilon), \quad (73\,\text{a})$$

wobei

$$\frac{R(P_\varepsilon)}{\dot{P}_\varepsilon} = 0 \quad (73\,\text{b})$$

ist.

(73a) stellt $\dot{S}_\varepsilon$ als Produkt aus $\dot{P}_\varepsilon$ und einer Potenzreihe dar, welche man gliedweise integrieren kann; dabei erhält man $[S_\varepsilon - S_\varepsilon(0)]$ dargestellt als Potenzreihe nach P_ε allein, wobei nur ungerade Potenzen von P_ε auftreten können.

Bezeichnet man nun die Koeffizienten dieser integrierten Reihenentwicklung mit $\frac{1}{\gamma_{2n+1}}$, so folgt:

$$S_\varepsilon - S_\varepsilon^{(0)} = \sum_n \frac{P_\varepsilon^{2n+1}}{\gamma_{2n+1}}. \quad (74)$$

3. Das Reibungsgesetz:

$$\dot{S}_\pi = P_\pi \sum \psi_{2m}(P_\pi), \quad (75\,\text{a})$$

wobei

$$\frac{\dot{P}_\pi}{R(P_\pi)} = 0 \quad (75\,\text{b})$$

ist.

(75a) stellt $\dot{S}_\pi$ als eine Potenzreihe dar, in welcher gleichfalls nur ungerade Potenzen vorkommen können; bezeichnet man die Koeffizienten mit $\frac{1}{\eta_{2m+1}}$, so folgt:

$$\dot{S}_\pi = \sum_m \frac{P_\pi^{2m+1}}{\eta_{2m+1}}. \quad (76)$$

Die Relaxationstheorie der inneren Reibung.

Diese Theorie stellt zwischen den drei Grundgesetzen resp. zwischen ihren Konstanten den Zusammenhang her, derart, daß man aus je zweien das dritte berechnen kann.

Entsprechend (56a) folgt hier:

$$\sum_r \frac{P^{2r+1}}{\tau_{2r+1}} = \frac{\sum_m \frac{P^{2m+1}}{\eta_{2m+1}}}{\sum_n \frac{P^{2n+1}}{\gamma_{2n+1}}}.$$

Multipliziert man beide Seiten der Gleichung mit

$$\sum_n \frac{P^{2n+1}}{\gamma_{2n+1}}$$

so folgt durch Gleichsetzen der Koeffizienten gleicher Potenzen von P das Gleichungssystem:

$$\begin{aligned}\frac{1}{\eta_1} &= \frac{1}{\gamma_1}\frac{1}{\tau_1}\\ \frac{1}{\eta_3} &= \frac{1}{\gamma_1}\frac{1}{\tau_3} + \frac{1}{\gamma_3}\frac{1}{\tau_1}\end{aligned} \quad (77)$$

und allgemein:

$$\frac{1}{\eta_{2m+1}} = \sum_n \frac{1}{\gamma_{2n+1}}\cdot \frac{1}{\tau_{2m-2n+1}}.$$

Die Superpositionstheorie.

Die Theorie ergibt hier:

a) für deformierende Beanspruchung eine Superposition von Nachwirkungsgesetzen, auf die hier nicht näher eingegangen werden soll.

b) für dynamische Beanspruchung:

$$\overset{1+\nu}{S} = \overset{1+\nu}{S_\varepsilon} + \overset{1+\nu}{S_\pi} + \overset{1+\nu}{S_{p\sigma}} \quad (78\,\text{a})$$

wobei

$$P = P_\varepsilon = P_\pi = P_{p\sigma} \quad (78\,\text{b})$$

ist.

Setzt man hierin wieder aus dem P-Relaxationsgesetz resp. aus dem Elastizitäts- resp. aus dem Reibungsgesetz die Werte für $\overset{1+\nu}{S_{p\sigma}}$, resp. $\overset{1+\nu}{S_\varepsilon}$, resp. $\overset{1+\nu}{S_\pi}$ ein,

---

[1] Wegen des ersten Summanden in der allgemeinen Zustandsgleichung (51) und (52) ist jeder Körper genauer als $S_{1,00}P_{m_1 m_2 m_3}$-Körper zu bezeichnen.

[2] Die Integration ist hier explizite nur unter Berücksichtigung des jeweils ersten Gliedes der Reihenentwicklung durchgeführt.

[3] Vgl. Anm. 2 der Seite 80.

so folgt wieder die allgemeine Zustandsgleichung des P_0-Körpers. Damit ist der Kreis der Theorien wieder geschlossen.

Beschränkt man sich in allen Gesetzen wieder auf das erste Glied, betrachtet also den einfachsten P_0-Körper mit der Zustandsgleichung[1]:

$$\dot{S} - \frac{\dot{P}}{\gamma} - \frac{P}{\eta} = 0, \tag{79}$$

so ergeben sich als Grundgesetze die bekannten linearen Gesetze (das Henckysche Elastizitäts-, das Newtonsche Reibungs- und das Maxwellsche Relaxationsgesetz). Das Gleichungssystem (77) reduziert sich dabei auf die erste Gleichung, die wieder wie bei dem $S_{1,01}$-Körper mit der Maxwellschen Relaxationsbeziehung identisch ist. Man sieht hier die weitreichende Bedeutung der Maxwellschen Relaxationstheorie. Das Gleichungssystem stellt eine weitgehende Verallgemeinerung von ihr dar. Superponiert man eine unendliche Reihe von diesen einfachsten P_0-Körpern mit gleichem γ, aber verschiedenem η, derart, daß alle derselben deformatorischer Beanspruchung ausgesetzt werden, so erhält man (nach R. Becker l. c.) als Superpositionsgesetz die Boltzmannsche Nachwirkungstheorie. Führt man dieselbe Superposition mit den allgemeinen P_0-Körpern durch, so erhält man eine wesentliche Verallgemeinerung der Boltzmannschen Nachwirkungstheorie.

VI. Die allgemeinen mechanischen Eigenschaften der P-Körper.

Zunächst haben wir in der Nachwirkungstheorie der P-Körper ein notwendiges und hinreichendes Erkennungsmerkmal für sie abgeleitet.

Bei jedem P-Körper ist die deformierende Beanspruchung $\overset{\nu}{(S)}$ bis auf eine Integrationskonstante S_0 zeitunabhängig durch die dynamische Beanspruchung $\overset{\mu}{(P)}$ gegeben. Will man nun feststellen, ob ein vorgegebener Körper als P-Körper angesehen werden kann, so führt man ihn ausgehend von einer bestimmten dynamischen Beanspruchung $\overset{\mu}{(P_I)}$ auf einem geschlossenen Weg zu ihr zurück; je nachdem nun der Körper unabhängig vom Weg und für jede beliebig gewählte Ausgangsbeanspruchung $\overset{\mu}{(P_I)}$ nach vollendetem Zyklus bis auf eine Integrationskonstante S_0 die deformierende Beanspruchung $\overset{\nu}{(S_I)}$ des Ausgangszustandes zeigt oder nicht, ist er ein P-Körper oder nicht. Die Prüfung wird am besten mit periodisch schwingenden Spannungsbelastungen durchgeführt.

Im einzelnen hängen die mechanischen Eigenschaften von der Art der mechanischen Beanspruchung, also von dem Doppelverhältnis $\frac{dA}{dt} : \frac{d\Phi}{dt} : \dot{G}$ ab und dieses ist durch $Q_P = \frac{R\overset{\mu}{(P)}}{\dot{P}}$ bestimmt[2].

---

[1] Vgl. hierzu das einleitend erwähnte Gesetz von Maxwell.

[2] Hier ist nachfolgend für die Relaxationszeit τ und damit auch für $R\overset{\mu}{(P)}$ ein endlicher Wert angenommen; die Grenzfälle $\tau = 0$ und $\tau = \infty$ erfordern eine besondere Diskussion.

Wie aus dem P-Relaxationsgesetz hervorgeht, hat $R\overset{\mu}{(P)}$ die Dimension einer An- resp. Entspannungsgeschwindigkeit; man kann also jeder dynamischen Beanspruchung $\overset{\mu}{(P)}$ eine fiktive Spannungsgeschwindigkeit $R\overset{\mu}{(P)}$ zuordnen und demnach die Kennzahl Q_P als Quotient der wirklichen und der fiktiven Spannungsgeschwindigkeit deuten. Das mechanische Verhalten des P-Körpers ist je nach dem Wert von Q_P verschieden und muß daher in Abhängigkeit von Q_P und damit in Abhängigkeit von der Spannungsgeschwindigkeit $\dot{P}$ studiert werden[1].

a) für $\dot{P} = 0$ ist $P = P_a = $ konst, $Q_P = \infty$ und
$$\frac{dA}{dt} : \frac{d\Phi}{dt} : \dot{G} = -1 : 0 : 1.$$

Setzt man diese Werte in die Zustandsgleichung (52) ein, so folgt:

$$\dot{S} = P_a \sum_m \psi_{2m}(P_a \, 0 \ldots 0) = \dot{S}_a = \text{konst}.$$

Berücksichtigt man noch die Bedeutung von ψ_{2m} als Linearform 2. Grades, so folgt die Reihenentwicklung:

$$\dot{S}_a = \sum_m \frac{P_a^{2m+1}}{\eta_{2m+1}} \tag{80}$$

für
$$P = P_a.$$

In Worten: **Bei dynamisch stationärer Beanspruchung ($\dot{P} = 0$, $P = P_a$) hat der P-Körper eine stationäre Deformationsgeschwindigkeit $\dot{S} = \dot{S}_a$**, d. h. der P-Körper strömt bei $P = $ konstant stationär; entsprechend der vollständigen Irreversibilität dieses Vorgangs gilt hierbei ein Reibungsgesetz, das die einfache Form (80) annimmt; läßt man daraufhin den P-Körper beliebige Beanspruchungen erleiden und stellt dann wieder die konstante Spannung $P = P_a$ ein, so besteht dabei wieder eine stationäre Strömung und die auftretende Deformationsgeschwindigkeit $\dot{S}$ ist unabhängig von der Vorgeschichte wieder durch die Gleichung (80) gegeben.

Hier ist zu beachten, daß (80) kein konstantes Glied enthält, so daß bei jeder endlichen dynamisch stationären Beanspruchung eines P-Körpers auch eine endliche Deformationsgeschwindigkeit resultiert; mit anderen Worten, der P-Körper hat keine „Fließfestigkeit" im Sinne von Bingham und Reiner.

b) Für $\dot{P} = \infty$ ist
$$Q_P = 0 \text{ und } \frac{dA}{dt} : \frac{d\Phi}{dt} : \dot{G} = -1 : 1 : 0.$$

In Worten: **Bei unendlich rascher An- oder Entspannungsgeschwindigkeit verhält sich der P-Körper elastisch reversibel und es gilt für ihn ein einfaches Elastizitätsgesetz.**

Am deutlichsten treten die oben genannten Eigenschaften der P-Körper wieder bei zyklischen dynamischen Beanspruchungen, z. B. bei dynamischen Schwingungsbeanspruchungen, zutage. Bei hohen Frequenzen ($\lim \nu = \infty$) verhält sich der P-Körper reversibel

---

[1] Entsprechend der Verschiedenheit von Q_S und Q_P zeigt sich nachfolgend der Unterschied zwischen den S- und P-Körpern.

elastisch; mit abnehmender Frequenz tritt c. p. eine immer höhere irreversible Wärmetönung und damit eine immer größer werdende Dämpfung auf, so daß für unendlich kleine Frequenzen (lim $\nu = 0$) der P-Körper vollständig unelastisch ist.

c) Für $-\infty \leq \dot{P} \leq +\infty$.

Hier muß man untersuchen, ob $\dot{P}$ klein, gleich oder groß ist relativ zu der fiktiven Spannungsgeschwindigkeit $R\left(\overset{\mu}{P}\right)$; der P-Körper verhält sich dann annähernd irreversibel plastisch bzw. relaxierend bzw. elastisch reversibel; für $\dot{P} = R\left(\overset{\mu}{P}\right)$ gilt dann das Relaxationsgesetz.

E. Die mechanischen Eigenschaften des S- resp. P-Körpers[1].

1. Die Leistung des inneren Potentials des S- resp. P-Körpers läßt sich als zeitlicher Differentialquotient einer Potentialfunktion Φ von $\left(\overset{\nu}{S}\right)$ resp. $\left(\overset{\mu}{P}\right)$ allein darstellen.

2. Die Leistung der gebundenen Energie des S- resp. P-Körpers läßt sich als eine Funktion $\dot{G}$ der $\left(\overset{\nu}{S}\right)$ resp. $\left(\overset{\mu}{P}\right)$ allein darstellen.

3. In hinreichender Näherung des unbeanspruchten Zustandes gehorchen die S- resp. P-Körper mit einer Näherung mindestens 2. Ordnung linearen Gesetzen in speziellen Fällen, also dem Henckyschen Elastizitäts-, dem Newtonschen Reibungs- und einem Analogon zum Maxwellschen Relaxationsgesetz.

4. Die Konstanten der drei Grundgesetze (Elastizitäts-, Reibungs- und Relaxationsgesetz) sind nicht voneinander unabhängig, sondern es lassen sich entsprechend der allgemeinen Relaxationstheorie der inneren Reibung aus den Konstanten je zweier Gesetze die des dritten berechnen; für die Konstanten der linearen Glieder gilt dabei die Maxwellsche Beziehung, nach welcher die Reibungskonstante gleich dem Produkt aus Elastizitätskonstante und Relaxationszeit ist.

5. Die dynamische Beanspruchung eines S-Körpers ist zeitunabhängig durch die Deformationsbeanspruchung $\left(\overset{\nu}{S}\right)$ gegeben; bei zyklischen Deformationsbeanspruchungen besteht also nach jedem vollendeten Zyklus unabhängig vom Weg dieselbe dynamische Beanspruchung $\left(\overset{\mu}{P}\right)$; Analoges gilt für die deformierende Beanspruchung eines P-Körpers.

6. Die dynamische Beanspruchung der S-Körper gehorcht einem allgemeinen Superpositionsprinzip, das im speziellen gestattet, sie additiv aus der Dynamik der zugehörigen S_ε-, S_π- (und $S_{s\sigma}$-) Körper zu berechnen, wenn man sie alle derselben deformierenden Beanspruchung wie den S-Körper unterwirft; Analoges gilt für die deformierende Beanspruchung eines P-Körpers.

7. Bei statischer Deformationsbeanspruchung (d. h. für die Frequenz 0 oder die Wellenlänge ∞) verhält sich der S-Körper ideal reversibel elastisch; hingegen verhält sich der P-Körper bei stationärer dynamischer Beanspruchung ideal irreversibel plastisch; er strömt hierbei stationär.

8. Bei einer mit der Zeit veränderlichen Deformationsbeanspruchung wird entsprechend $\dot{G}$ eine Dämpfung und damit eine irreversible Wärmetönung auftreten, die — wenn sie überhaupt auftritt — mit wachsender Frequenz zunimmt; hingegen verschwindet beim P-Körper mit wachsender dynamischer Frequenzbeanspruchung die irreversible Wärmetönung und damit die Dämpfung, so daß er sich bei der Frequenz ∞ reversibel elastisch verhält.

9. Die Deformationsbeanspruchung eines S-Körpers ist im allgemeinen nicht eindeutig durch die dynamische Beanspruchung, sondern noch explizite durch eine Zeitfunktion bestimmt, die entsprechend der Ordnung des S-Körpers auftritt; bei zyklischen dynamischen Beanspruchungen stellt sich also nach vollendetem Zyklus im allgemeinen keineswegs die ursprüngliche Deformationsbeanspruchung ein; Analoges gilt für die dynamische Beanspruchung eines P-Körpers.

10. Bei der dynamischen Beanspruchung $P = 0$ ist der S-Körper im allgemeinen nicht in Ruhe, sondern zeigt ein einem S-Relaxationsgesetz entsprechendes „Nachkriechen". Bei der statischen Deformationsbeanspruchung $\dot{S} = 0$ ($S =$ konst.) zeigt der P-Körper einen Spannungsabfall mit der Zeit.

Man kann die hier angeführten Eigenschaften als qualitative Erkennungsmerkmale ansehen und so feststellen, ob ein gegebener realer Körper mit dem S- resp. P-Körpermodell verträglich ist oder nicht.

So ergibt sich: Diejenigen Körper, die sich durch Deformations- resp. dynamische Beanspruchungen verfestigen resp. entfestigen, wie die meisten plastischen kristallinen Aggregate (z. B. Metalldrähte, Kunst- und Naturfäden usw.) resp. die thixotropen Gele usw. können keinesfalls durch S- oder P-Körper approximiert werden, weil die Ver- oder Entfestigung (Änderung der Elastizitäts-, Reibungs- oder Relaxationskoeffizienten) nicht mit der Eigenschaft (5) des S- resp. P-Körpermodells verträglich ist.

Hingegen scheinen sich Einkristalle bei hinreichend tiefer Temperatur innerhalb des elastischen Gebietes ideal elastisch zu verhalten und mithin durch das S_0-Körpermodell wiedergegeben zu werden; doch müßte hier erst genauer untersucht werden, ob wirklich bei allen Frequenzen die Dämpfung Null ist.

Ein sicheres Beispiel für den $S_{1,01}$-Körper sowie für S-Körper höherer Ordnung ist noch nicht bekannt, weil zuverlässige Angaben über die Frequenzabhängigkeit der Dämpfung fehlen. Bei einigen harten Festkörpern (bestimmten Stahlsorten) ist bei statischer resp. ∞ langsamer Deformationsbeanspruchung annähernd ein Elastizitätsgesetz, bei Schwingungsbeanspruchung Dämpfung beobachtet worden; es besteht aber die Möglichkeit, daß unter diesen Materialien Beispiele für die $S_{1,00}$-Körper oder S-Körper höherer Ordnung zu finden sind; doch muß erst untersucht werden, ob die Frequenzabhängigkeit der Dämpfung in der geforderten Richtung liegt, ehe man die Approximation durch ein S-Körpermodell versuchen kann.

---

[1] Hier ist nur der allgemeine Fall behandelt, in dem γ und η endlich sind.

Schmelzen und Lösungen aller Art sowie viele kolloidale Systeme, z. B. Lösungen von Zelluloseestern und -äthern, in einem weiten Druck-, Temperatur- und Konzentrationsintervall mit hinreichender Näherung können als P-Körper und die meisten sogar als $P_{0,00}$-Körper angesehen werden.

F. Zusammenfassung.

Bei der mechanischen Beanspruchung von Materialien, insbesondere von Kolloiden, treten im allgemeinen sehr verschiedene Erscheinungen auf: reversible und irreversible Wärmetönungen, Modifikationsänderungen, chemische Umsetzungen, elektrische Ladungen usw. Jede solche Zustandsänderung ist mechanisch bestimmt resp. unbestimmt, je nachdem sie sich universell, d. h. zeitunabhängig als Funktion der mechanischen Variablen[1] allein darstellen läßt oder nicht. Die Mechanik im weitesten Sinne hat somit die Aufgabe, alle Gesetze zwischen den mechanischen Variablen und den mechanisch bestimmten Zustandsänderungen zu ermitteln. Im engeren Sinne hat sie die Gesetze zwischen den mechanischen Variablen selbst abzuleiten, d. h. den Zusammenhang zwischen dem dynamischen und kinematischen Zustand festzustellen. Für die quantitative Formulierung der mechanischen Gesetze ist eine Einigung auf eine bestimmte Meßvorschrift für die Variablen notwendig. Wählt man die Meßvorschrift so, daß die Gesetze möglichst einfach werden, so muß man erstens die Gebiete der reinen Translations-, Rotations- und Deformationsmechanik sowie deren Kombinationen getrennt behandeln und zweitens für die Deformation an Stelle der üblichen Maßbestimmung die von Hencky vorgeschlagene wählen. Das d'Alembertsche Prinzip gibt dann über Translations- und Rotationsmechanik erschöpfende Auskunft, läßt aber den Zusammenhang zwischen Spannungs- und Deformationszustand offen. Aus dem ersten und zweiten Hauptsatz der Thermodynamik wird nun eine „mechanische Zustandsgleichung" abgeleitet, welche diese Lücke ausfüllt und zusammen mit dem Prinzip von d'Alembert das mechanische Verhalten der Körper, soweit sie überhaupt mechanisch bestimmt sind, erschöpfend beschreibt Diese Zustandsgleichung besagt allgemein, daß in jedem Volum- und Zeitelement die Summe aus den Leistungen der äußeren Arbeit, des inneren Potentials und der gebundenen Energie verschwindet. Für jeden einzelnen mechanisch bestimmten Körper ergibt sich nun die zu ihm gehörige Zustandsgleichung, indem man die genannten Leistungen als Funktionen der mechanischen Variablen darstellt. Die Arbeitsleistung ist dabei als Produkt von Spannung und Deformationsgeschwindigkeit für alle Körper identisch gegeben, während die beiden andern Leistungen durch zwei voneinander unabhängige Funktionen dargestellt werden. Die ganze Deformationsmechanik läßt sich dabei einheitlich und streng aus der mechanischen Zustandsgleichung allein ableiten. Die Diskussion der Gleichung wird nach zwei Richtungen geführt:

1. Aus ihrer gruppentheoretischen Untersuchung ergibt sich in strenger Form eine Verwandtschaftslehre der deformierbaren Körper, so zwar, daß alle Körper zu je einer Familie zusammengefaßt werden, deren Zustandsgleichungen durch eine Gruppe von Transformationen ineinander übergeführt werden können. Die mechanische Ähnlichkeit stellt das wichtigste Beispiel einer solchen Verwandtschaft dar, wobei die Gruppe der Ähnlichkeitstransformationen den Übergang zwischen mechanisch ähnlichen Körpern herstellt. Die Verwandtschaftslehre gestattet, die an einem Material gesammelten Erfahrungen quantitativ auf die des verwandten umzurechnen.

2. Die explizite Behandlung der Gleichung ergibt unter einfachen allgemeinen Voraussetzungen einen in sich geschlossenen Zyklus von mechanischen Theorien. Die Gleichung selbst ist für das Volumelement formuliert, eine zeitliche Differentialgleichung in den Spannungs- und Deformationsvariablen; ihre Konstanten sind die mechanischen Materialkonstanten. Löst man zunächst die Gleichung nach der Spannung resp. der Deformation auf, so erhält man die Spannung als Zeitintegral über eine Funktion der Deformationsvariabel resp. die Deformation als Zeitintegral über eine Funktion der Spannungsvariabel. Da die zeitliche Integration die Vorgeschichte in Rechnung stellt, werden diese beiden Integralgesetze zusammen als Nachwirkungstheorie bezeichnet. Entsprechend den drei Summanden der mechanischen Zustandsgleichung (Leistung der äußeren Arbeit, des inneren Potentials und der gebundenen Energie) ergeben sich aus ihr die drei Spezialgebiete als Relaxations-, Elastizitäts- und Reibungstheorie, indem jeweils ein Summand den Wert 0 hat. Die so erhaltenen Gesetze der drei Spezialgebiete sind aber nicht voneinander unabhängig, da sie (ebenso wie die Zustandsgleichung) nicht drei, sondern bloß zwei voneinander unabhängige Funktionen enthalten. Der Zusammenhang zwischen den drei Gesetzen wird durch die Theorie der elastischen Relaxation der inneren Reibung gegeben, welche gestattet, aus den Konstanten je zweier Gesetze die des dritten zu berechnen. Der Zerlegung der Zustandsgleichung in die drei speziellen Gesetze entspricht eine Zerlegung des allgemeinen deformierbaren Körpers in drei spezielle Idealkörper, einen ideal relaxierenden, einen ideal elastischen und einen ideal plastischen, wobei aber wieder nur zwei dieser drei Körper voneinander unabhängig definiert sind. Der Übergang von der Nachwirkungstheorie zu den drei speziellen Theorien und ihrem inneren Zusammenhang entspricht also einer Analyse des allgemeinen deformierbaren Körpers. Der Zyklus der mechanischen Theorien wird nun durch eine Synthese — Superpositionstheorie genannt — geschlossen, welche die Mischungsregel (das Superpositionsgesetz) für Körper verschiedener mechanischer Eigenschaften ableitet und so insbesondere gestattet, die drei, resp. die zwei voneinander unabhängig definierten (ideal elastischen und ideal plastischen)

---

[1] Die zur Kennzeichnung des Kraft- und Bewegungszustandes notwendigen Variablen, also Kräfte und Translationen, Drehmomente und Rotationen, Spannungen und Deformationen, sowie deren räumliche und zeitliche Differentialquotienten werden als mechanische Variable bezeichnet.

Körper zum allgemeinen deformierbaren Körper zusammenzusetzen. Dabei werden die Gesetze der drei resp. der zwei voneinander unabhängigen Spezialgebiete zur ursprünglichen Zustandsgleichung und somit auch zu der eingangs betrachteten Nachwirkungstheorie superponiert.

Die explizite Durchrechnung dieses Theorienzyklus läßt sich für zwei große Systeme von Körperklassen durchführen, die dadurch ausgezeichnet sind, daß für sie das innere Potential und die Leistung der gebundenen Energie Funktionen der Deformation resp. der Spannungsvariablen allein sind, während im allgemeinen eine Abhängigkeit von beiden Variablensystemen besteht. Die beiden Körperklassen zeigen zum Teil diametral gegensätzliche mechanische Eigenschaften.

Eine Reihe von Anwendungen ergeben sich zunächst auf dem Zellulosegebiet. Die verschiedenen Zelluloselösungen erweisen sich in einem großen Variationsbereich von Temperatur, Konzentration, Lösungsmittel als untereinander mechanisch ähnlich, und ihre mechanischen Eigenschaften lassen sich durch die obige Theorie befriedigend wiedergeben.

Über die elastische Anisotropie des Eisens.
Von E. Goens und E. Schmid[1].

Obwohl Eisenkristalle in den letzten Jahren wiederholt Gegenstand physikalischer (vor allem plastischer und magnetischer) Untersuchungen waren, scheinen Versuche über ihr elastisches Verhalten heute noch nicht vorzuliegen. Der Grund hierfür dürfte außer in dem Fehlen von Kristallmaterial eines genügend großen Orientierungsbereiches, vielleicht auch in der verbreiteten Annahme zu suchen sein, daß die elastische Anisotropie eines kubischen Metalles nur klein und somit in ihrer Auswirkung auf den feinkörnigen technischen Vielkristall von vernachlässigbarer Bedeutung sei. Wie unrichtig diese Annahme ist, war schon früher aus den Bestimmungen der elastischen Parameter von α-Messing- und Goldkristallen[2,3] hervorgegangen. Sie wird aufs neue widerlegt durch unsere Bestimmung der elastischen Parameter von Eisenkristallen und die Deutung der in kaltgewalzten Elektrolyteisenblechen beobachteten elastischen Anisotropie auf Grund der vorhandenen Textur und des Verhaltens des Einzelkristalls.

1. Die elastischen Parameter des Eisenkristalls.

Ausgangsmaterial für die Herstellung der Eisenkristalle war Armco-Eisen[4] mit etwa 0,15% Verunreinigungen (0,03% C, 0,025% Mn, Spuren Si, 0,075% S, 0,01% P, 0,06% Cu). Die Kristallzüchtung erfolgte durch Rekristallisation feinkörniger Proben nach vorangegangener kritischer Reckung[5]. Der Durchmesser der zylindrischen Einkristallstäbe betrug etwa 3 mm, ihre Länge 40 bis 110 mm. (Die genauen Werte wurden durch Wägung bzw. Vermessung mit einem Komparator erhalten.) Die Kristallorientierungen, deren Bestimmung röntgenographisch erfolgte, überdecken den gesamten Orientierungsbereich (Abb. 1).

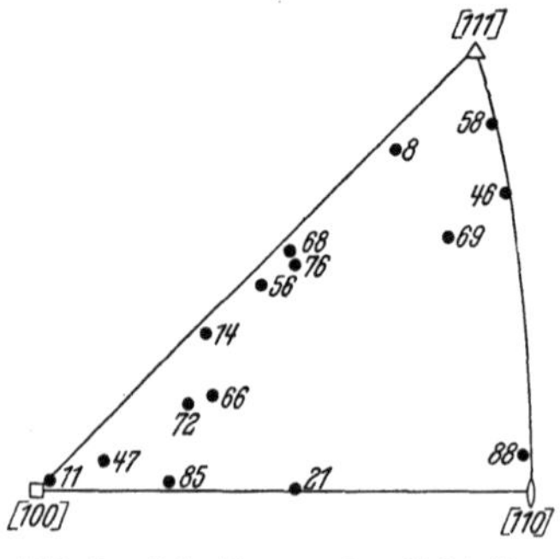

Abb. 1. Orientierung der Kristalle.

Die theoretischen Ausdrücke für die Orientierungsabhängigkeit des Elastizitätsmoduls (E) und des Torsionsmoduls (G) kreiszylindrischer Kristalle des kubischen Systems lauten:

$$\frac{1}{E} = s'_{33} = s_{11} - 2\left[(s_{11} - s_{12}) - \tfrac{1}{2}s_{44}\right](\gamma_1^2\gamma_2^2 + \gamma_2^2\gamma_3^2 + \gamma_3^2\gamma_1^2) \quad (1)$$

und

$$\frac{1}{G} = \tfrac{1}{2}(s'_{44} + s'_{55}) = s_{44} + 4\left[(s_{11} - s_{12}) - \tfrac{1}{2}s_{44}\right](\gamma_1^2\gamma_2^2 + \gamma_2^2\gamma_3^2 + \gamma_3^2\gamma_1^2), \quad (2)$$

worin s_{ik} (in der Voigtschen Bezeichnung) die elastischen Parameter[1], $\gamma_1\gamma_2\gamma_3$ die Richtungscos der Winkel zwischen der Längsachse des Kristallstabes und den 3 Würfelachsen bedeuten.

Aus diesen Gleichungen erkennt man zweierlei: Erstens, daß sowohl die spez. Dehnungen wie die spez. Drillungen ($1/E$ bzw. $1/G$) linear von einem die Kristallorientierung kennzeichnenden Ausdruck (der zwischen 0 und $\tfrac{1}{3}$ variiert) abhängen; die Proportionalitätsfaktoren verhalten sich dabei wie 1:2. Zweitens, daß die experimentelle Bestimmung der Orientierungsabhängigkeit eines Moduls allein zur Berechnung der 3 elastischen Parameter nicht ausreicht.

Die Bestimmung des Elastizitätsmoduls führten wir dynamisch mit Hilfe des Grundtons der Transversalschwingung der in den beiden Knotenstellen aufgehängten Kristalle durch. Die Frequenz des Tones wurde nach der Schwebungsmethode durch Vergleich mit einem Normaltonsender[2] ermittelt. Die Torsionsmoduln wurden statisch in der schon früher beschriebenen Anordnung[3] bestimmt. Hierzu wurden an den Enden der Kristallstäbe mit Woodschem Metall Köpfe angelötet, die in die Einspannvorrichtungen des Torsionsapparates geklemmt wurden. Die aufgeprägten Drehmomente betrugen bis zu 50 cmg. Längere Beobachtung der Spiegel im Falle

---

[1] Original: Naturwissensch. Bd. 19, S. 520. 1931.

[2] M. Masima und G. Sachs: Z. Physik Bd. 50, S. 161. 1928.

[3] E. Goens: Naturwissensch. Bd. 17, S. 180. 1929.

[4] Für die Überlassung des Materials sind wir der Vereinigte Stahlwerke A.G. Düsseldorf zu Dank verpflichtet.

[5] C. A. Edwards und L. B. Pfeil: J. Iron Steel Inst. Bd. 109, S. 129. 1924; Bd. 112, S. 79, 113. 1925. — K. Honda und S. Kaya: Sc. Rep. Toh. Imp. Univ. Bd. 15, S. 721. 1926.

---

[1] Die gestrichenen Parameter beziehen sich auf ein Koordinatenkreuz, dessen Z'-Achse mit der Stabachse zusammenfällt.

[2] E. Grüneisen und E. Merkel: Z. Physik Bd. 2, S. 277. 1920.

[3] E. Grüneisen und E. Goens: Z. Physik Bd. 26, S. 235. 1924.

höchster Beanspruchung zeigte, daß hierbei noch keinerlei plastische Verformung auftrat. Die Berechnung der Moduln erfolgte auf Grund der für den isotropen Stab gültigen Formeln.

Die Ergebnisse unserer Versuche sind in Abb. 2 zusammengestellt. Man erkennt zunächst, daß beide Moduln in außerordentlich starkem Maße von der Orientierung abhängen, beträgt doch in der Raumdiagonalen der Elastizitätsmodul mehr als das Doppelte, der Torsionsmodul fast nur die Hälfte der für die Würfelkante gültigen Werte.

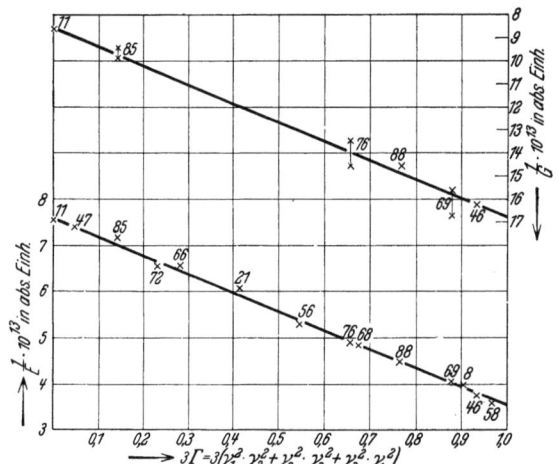

Abb. 2. Orientierungsabhängigkeit des Elastizitäts- und Torsionsmoduls von Eisenkristallen.

Bei der Heranziehung dieser Ergebnisse zur Ableitung der elastischen Parameter ist noch ein Umstand zu berücksichtigen, den wir zunächst für den Torsionsmodul diskutieren wollen.

Nach der Elektrizitätstheorie der Kristalle ist im allgemeinen mit der Drillung eines zylindrischen Kristallstabes eine Biegung verbunden. Die nach der Formel für isotropes Material berechnete spezifische Drillung ist für den Kreiszylinder nur dann gleich $\frac{1}{2}(s'_{44} + s'_{55})$, wenn die den Torsionsversuch begleitende Biegung ungehindert stattfinden kann. Für den anderen Extremfall, bei dem die Biegung völlig verhindert wird, ist die ermittelte spezifische Drillung gleich $\frac{1}{2}(s'_{44} + s'_{55})$ $-\frac{\frac{1}{2}(s'^2_{34} + s'^2_{35})}{s'_{33}}$ *. Nun ist aber bei der hier benutzten Apparatur sicherlich keiner der beiden Extremfälle streng realisiert, vielmehr wird eine teilweise Behinderung der Biegung stattfinden, deren Größe von Fall zu Fall wechseln kann. Der Betrag $\frac{\frac{1}{2}(s'^2_{34} + s'^2_{35})}{s'_{33}}$ stellt somit die maximale Unsicherheit dar, mit der $\frac{1}{2}(s'_{44}+s'_{55})$ aus der beobachteten spez. Drillung berechnet werden kann. Unter Heranziehung der entsprechenden Transformationsformeln erhält man für das kubische System

$$\left.\begin{array}{l}\frac{\frac{1}{2}(s'^2_{34} + s'^2_{35})}{s'_{33}} = \frac{2\,[(s_{11} - s_{12}) - \frac{1}{2}s_{44}]^2}{s'_{33}} \\ [\gamma_1^6 + \gamma_2^6 + \gamma_3^6 - (\gamma_1^4 + \gamma_2^4 + \gamma_3^4)^2].\end{array}\right\} \quad (3)$$

Für einen Kristallstab beliebiger vorgegebener Orientierung wird also die Unsicherheit in der Bestimmung von $\frac{1}{2}(s'_{44} + s'_{55})$ um so größer sein, je größer der Elastizitätsmodul $(1/s'_{33})$ und die Anisotropie des Kristall-

---
* W. Voigt: Lehrbuch der Kristallphysik, § 317.

materials $[(s_{11} - s_{12}) - \frac{1}{2}s_{44}]$ (vgl. Formel 1) ist. Beim Eisen, bei dem sich ein hoher Elastizitätsmodul mit beträchtlicher Anisotropie verbindet, sind also besonders große Unsicherheiten zu erwarten. Einwandfreie Werte liefern nur solche Kristallstäbe, bei denen auf Grund einer speziellen Orientierung der Stabachse mit der Drillung keine Biegung verbunden ist. An Hand von Formel 3 kann man zeigen, daß beim kubischen System hierzu die Stabachse mit einer 2-, 3- oder 4zähligen Symmetrieachse zusammenfallen muß. Dies war bei dem vorliegenden Kristallmaterial mit genügender Genauigkeit bei den Proben Nr. 11 (∞ [100]), Nr. 88 (∞ [110] und Nr. 46 (∞ [111]) erfüllt. Für die übrigen Kristalle wurden die Grenzwerte für $\frac{1}{2}(s'_{44} + s'_{55})$ unter der Annahme der oben besprochenen Extremfälle berechnet und durch Strichverbindung der Grenzpunkte das Intervall der Unsicherheit markiert. Es zeigt sich nun, daß die in der Abb. 2 durch die beiden äußersten, den Stäben Nr. 11 und 46 zugehörigen Werte gelegte Gerade sämtliche Intervallstriche durchschneidet. Eine Abweichung, für deren Ursache wir keinen ausreichenden Grund angeben können, zeigt lediglich Kristall Nr. 88, der seiner Orientierung zufolge exakt auf der Geraden liegen sollte.

Bei der geschilderten Verknüpfung von Biegung und Drillung ist natürlich prinzipiell auch die Übertragung der Frequenzformel für die Biegungsschwingungen eines isotropen Stabes auf die eines Kristallstabes unzulässig. Ausnahmen bilden wiederum nur Kristallstäbe der oben aufgeführten speziellen Orientierungen. Eine strenge Lösung für den allgemeinen Fall liegt hier noch nicht vor, obwohl sich die vollständigen Ansätze bereits bei Voigt finden[1]. Im vorliegenden Fall zeigt sich jedoch, daß die spezifischen Dehnungen der Proben allgemeiner Orientierung nur verhältnismäßig wenig (im Höchstfall 2%) von der Geraden abweichen, die durch die Werte für die ausgezeichneten Orientierungen gelegt ist. Diese Tatsache macht es im Verein mit Erfahrungen an anderem Kristallmaterial wahrscheinlich, daß die durch Fehlen einer strengeren Theorie bedingte Unsicherheit in der Berechnung von s'_{33} nur gering ist.

Die beiden nach den oben erörterten Gesichtspunkten durch die Versuchswerte gelegten Geraden für $1/E$ und $1/G$ verlaufen innerhalb der Fehlergrenzen einander parallel. Aus den Abschnitten, die sie auf den Ordinaten über $3\,\Gamma = 0$ und $3\,\Gamma = 1$ bilden, erhält man für die elastischen Parameter s_{ik} bei Zimmertemperatur in [cm²/dyn] die Werte:

$$s_{11} = 7{,}5_7 \cdot 10^{-13}$$
$$s_{12} = -2{,}8_2 \cdot 10^{-13}$$
$$s_{44} = 8{,}6_2 \cdot 10^{-13}.$$

Die Abschnitte selbst stellen die reziproken Elastizitäts- und Torsionsmoduln in der Würfelkante bzw. Raumdiagonalen dar. In technischen Einheiten sind die entsprechenden Werte der Moduln:

$E_{[100]} = 13\,500 \text{ kg/mm}^2$; $\quad G_{[100]} = 11\,800 \text{ kg/mm}^2$
$E_{[111]} = 29\,000 \text{ kg/mm}^2$; $\quad G_{[111]} = 6\,100 \text{ kg/mm}^2$

---
[1] W. Voigt: Lehrbuch der Kristallphysik, § 338. Eine Durcharbeitung des Problems ist in Angriff genommen.

Eine anschauliche Darstellung der Orientierungsabhängigkeit der beiden Moduln ist in den Abb. 3 und 4 durch Wiedergabe von entsprechenden räumlichen Modellen gegeben.

Eine Kontrolle erfahren die oben bestimmten elastischen Parameter durch die Berechnung der kubischen Kompressibilität ($\varkappa$) und den Vergleich mit dem hierfür von Bridgman[1] experimentell gefundenen Zahlen-

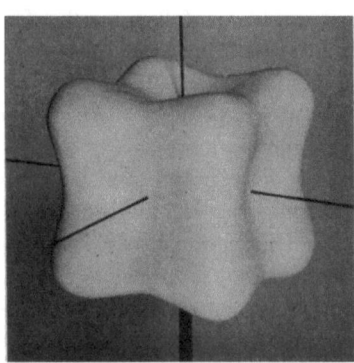

Abb. 3. Elastizitätsmodulkörper von Eisenkristallen. (Die Länge des Radiusvektors vom Mittelpunkt stellt ein Maß für den E-Modul in der betreffenden Richtung dar.)

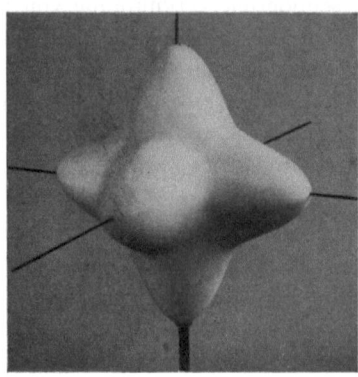

Abb. 4. Torsionsmodulkörper von Eisenkristallen.

wert. Die Gleichung $\varkappa = 3(s_{11} + 2 s_{12})$ führt auf einen Wert von $5,8 \cdot 10^{-13}$ cm²/dyn, der mit dem Bridgmanschen Zahlenwert von $5,9 \cdot 10^{-13}$ in guter Übereinstimmung ist.

2. Feststellung und Deutung der elastischen Anisotropie kaltgewalzten Elektrolyteisenbleches.

Zufolge der oben nachgewiesenen starken Anisotropie des Einkristalles ist auch im Vielkristall mit geregelter Kristallitanordnung eine elastische Anisotropie zu erwarten. Eine solche konnten wir an einsinnig kaltgewalztem Elektrolyteisenblech (mit $\infty 0,26\%$ Gesamtverunreinigungen), dessen Walzgrad 96% betrug, in der Tat feststellen.

Die Modulbestimmung erfolgte an einer Spieß-Maschine mit Martensspiegel an 20 mm breiten, 2 mm dicken Probestreifen bei einer Meßlänge von 80 mm. Die Vorlast betrug 20 kg, die zur Bestimmung des Elastizitätsmoduls benutzten Laststufen reichten bis 80 kg. Da bei Laststufen über 40 kg eine geringe

[1] P. W. Bridgman: Proc. Amer. Acad. Bd. 58, S. 163. 1923.

Abnahme des E-Moduls mit zunehmender Belastung auftrat, die gelegentlich auch schon bei 40 kg einsetzte, wurde zur schließlichen Berechnung des Moduls nur die erste Laststufe von 20 kg herangezogen[1].

Das Ergebnis der in verschiedenen Winkeln zur Walzrichtung durchgeführten E-Modulbestimmungen (2 Versuchsserien) ist in Abb. 5 dargestellt. Jeder der eingetragenen Werte stellt das Mittel aus 5 bis 20 Einzelbestimmungen dar. Ein gesetzmäßiger Einfluß der Lage der untersuchten Richtung tritt klar zutage. Man erkennt deutlich ein Minimum des Elastizitätsmoduls in einer Richtung unter etwa 40 bis 45° zur Walzrichtung, das von dem der Querrichtung zugehörigen Maximum um etwa 35% übertroffen wird.

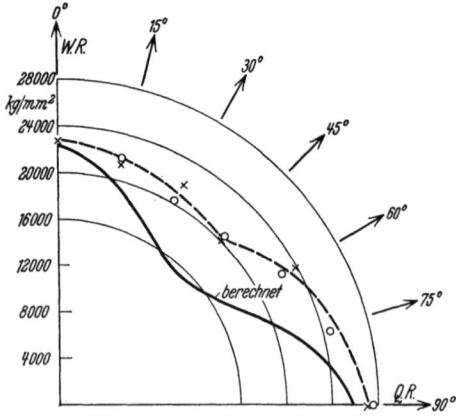

Abb. 5. Elastische Anisotropie kaltgewalzter Elektrolyteisenbleche.

Die Walztextur von Elektrolyteisen ist kürzlich von Kurdjumow und Sachs[2] neu bestimmt worden. Es ergab sich dabei, daß eine Deutung der für die wichtigsten Ebenen erhaltenen Polfiguren nur auf Grund von Überlagerungen mehrerer Kristallagen gewonnen werden konnte. Die beiden ersten

Walzebene ∥ (100), Walzrichtung ∥ [011] und
Walzebene ∥ (112), Walzrichtung ∥ [1$\bar{1}$0],

treten nahezu gleich häufig, die dritte,

Walzebene ∥ (111), Walzrichtung ∥ [11$\bar{2}$],

dagegen wesentlich seltener auf.

Auf Grund dieser Textur und der Anisotropie des Einkristalls kann nun theoretisch die Richtungsabhängigkeit des E-Moduls in gewalzten Blechen berechnet werden. Unter Annahme gleicher Häufigkeit der beiden ersten Kristallagen und Außerachtlassung der dritten ergibt sich dabei die gleichfalls in Abb. 5 eingezeichnete (berechnete) Kurve. Dem Sinne nach gibt sie die Beobachtungen richtig wieder. Allerdings führt sie auf ein erheblich zu stark ausgeprägtes Minimum des Elastizitätsmoduls in der 45°-Richtung. Hierbei ist jedoch zu berücksichtigen, daß die Beschreibung der Walztextur durch bestimmte Walzlagen nur eine vereinfachende Idealisierung darstellt und gerade in der

[1] Die Messungen wurden von Herrn J. Böhme durchgeführt.

[2] G. Kurdjumow und G. Sachs: Z. Physik Bd. 62, S. 592. 1930.

45°-Richtung Streuungen der Gitterlagen vorwiegend zu einer Vergrößerung des Moduls führen müssen (die eine Walzlage ergibt in der 45.°-Richtung das Minimum, die zweite einen diesem sehr naheliegenden Wert), und daß weiterhin die dritte unberücksichtigt gebliebene Walzlage zu einer Angleichung der E-Modul in den verschiedenen Richtungen führt. Auch im Falle des Eisens erscheint somit, so wie es kürzlich für Zink gelungen ist[1], eine Erklärung der elastischen Anisotropie gewalzter Bleche auf Grund der vorliegenden Textur und des elastischen Verhaltens des Einkristalls erbracht.

Der Notgemeinschaft der Deutschen Wissenschaft sind wir für Unterstützung unserer Untersuchungen zu bestem Dank verpflichtet.

[1] E. Schmid und G. Wassermann: Z. Metallkunde Bd. 23, S. 87. 1931.

Über das Aufreißen von kaltgezogenem Rundeisen.
Von W. Fahrenhorst und G. Sachs[1].

Die Messing und andere Kupferlegierungen verarbeitende Industrie hat sich schon seit längerer Zeit bemüht, die Ursachen für das Aufreißen ihres Materials während der Herstellung oder der Weiterverarbeitung zu finden. Man erkannte hier, daß das Aufreißen bedingt ist durch innere Spannungen, die nach Kaltverformung durch Zieh-, Preß- oder ähnliche Vorgänge zurückbleiben, und lernte diese Spannungen durch geeignete thermische oder mechanische Nachbehandlung — und neuerdings auch durch Abwandlung der technologischen Prozesse — weitgehend zu vermeiden oder zu beseitigen.

Auch die eisenverarbeitende Industrie kämpft bei manchen Materialien mit der Aufreißgefahr. Am gefährdetsten ist kaltgezogenes Rundeisen aus Thomas-Flußeisen. Es neigt stark zu radialen Längsrissen während des Ziehvorganges oder beim Polieren durch Friemeln (Abrollen) oder — welcher Fall am unangenehmsten ist — bei der Weiterverarbeitung, z. B. auf Automatenbänken.

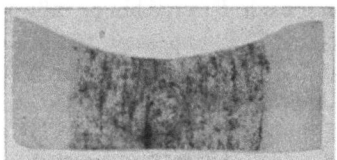

Abb. 1a u. b. Ende eines beim Ziehen gerissenen Stabes in Aufsicht und Schnitt (×1).

Von seiten der weiterverarbeitenden Betriebe wird häufig die Ansicht geäußert, daß es nicht allein die durch die Kaltverformung erzeugten Reckspannungen sind, die das Aufreißen bedingen, sondern daß eine äußerliche (Unrundsein) oder innerliche Ungleichmäßigkeit (eine stark ausgeprägte quadratische Blockseigerung) des Materials vorliegen müsse, wenn es zum Bruch kommen soll. Abb. 1a zeigt z. B. das Ende eines beim Ziehen aufgeplatzten Stabes mit einer ausgeprägten Seigerungszone (die Riefen rühren von der Warmsäge her). Man erkennt deutlich, daß beim Ziehen der innere harte Kern zurückzubleiben bestrebt ist, während die weiche Außenhaut leichter verformt wird. Abb. 1b ist die Wiedergabe eines Baumann-Abdruckes, der von einem Querschnitt der gleichen Probe gemacht wurde. Abb. 1 legt also den Schluß nahe, daß starke Seigerung für das Aufreißen maßgebend sei. Im Verlaufe der vorliegenden systematischen Untersuchung einer Anzahl gezogener Rundeisen wird jedoch gezeigt, daß die Stärke der Seigerung nicht von merklichem Einfluß ist. Vielmehr dürfte der wirkliche Grund für das Aufreißen des kaltgezogenen Flußeisens in den im Vergleich zur Festigkeit des Werkstoffes hohen Reckspannungen zu suchen sein.

Herstellung und Beschreibung des Materials.

Es wurden aus einer normalen Thomas-Charge (Chargenanalyse: 0,41% Mn; 0,06% C; 0,04% S; 0,06% P) vier 4-t-Blöcke gegossen (Blockgröße unten 620×620 mm², oben 550 × 550 mm², Höhe 2200 mm). Zwei Blöcke wurden steigend gegossen, zwei Blöcke fallend, je ein Block jeder Gießart wurde mit etwa 4 kg Aluminium während des Gießens beruhigt. Es sei hier vorweggenommen, daß sich im Verlaufe der Untersuchung, wie zu erwarten war, ein Einfluß der Gießart (fallend oder steigend) nicht feststellen ließ. Die Blöcke wurden dann auf 130 ◻ heruntergewalzt und in je zehn Vorblöcke zerschnitten. Aus den Vorblöcken wurden Rundeisen von 46 mm Durchmesser bis 42 mm Durchmesser ausgewalzt (die Walztemperatur lag beim letzten Stich bei allen Stäben mit >1100° C weit über dem A_3-Punkt). Ein Ausmessen der Stäbe über die ganze Länge und über verschiedene Querschnitte ergab bei einigen Stäben ein maximales Unrundsein von ±2,5% vom mittleren Durchmesser des Stabes, das mittlere Unrundsein aller Stäbe lag unter ±1%.

Alle Rundeisen wurden sodann in einem Zuge auf 40 mm Durchmesser kalt heruntergezogen. Nach dem Kaltziehen wurden alle Stäbe bis auf die während des Ziehens aufgeplatzten (5 Stück von 40) in üblicher Weise durch Friemeln poliert. Die Durchmesser einer Reihe von Stäben wurden während des Ziehens und weiterhin gemessen. Es ergaben sich hierbei allgemein folgende Durchmesserveränderungen:

1. Durch den Austritt aus dem Zieheisen („Hol") vergrößert sich der Durchmesser des Stabes gegen den Durchmesser des Hols bei 42 mm Ausgangsdurchmesser

[1] Original: Metallwirtschaft Bd. 10, Nr. 41, S. 783. 1931.

um etwa 0,04 mm. Dieser Unterschied sinkt mit steigendem Ausgangsdurchmesser. Die Stäbe mit 46 mm Durchmesser wiesen sogar eine Verkleinerung von 0,02 mm auf.

2. Durch den Fortfall der angelegten Zugspannung vergrößern sich die Durchmesser der Stäbe, in steigendem Maße mit dem Ausgangsdurchmesser, um 0,02 bis 0,10 mm.

3. Durch das Erkalten verkleinern sich die Durchmesser (die Stäbe haben beim Austritt aus dem Hol eine Temperatur von etwa 60—70° C) im Durchschnitt um etwa 0,05 mm.

4. Durch das Polieren vergrößern sich die Durchmesser um etwa 0,04 mm.

Länge des Stabes fortpflanzte. Zahlentafel 1 gibt eine Übersicht über die Vorgeschichte aller bei dieser Untersuchung gerissenen Stäbe. Danach sind weder die Gießart (von oben, von unten, beruhigt, nicht beruhigt), noch die Durchmesserabnahme beim Ziehen, noch das Unrundsein für das Aufreißen verantwortlich zu machen. Abb. 2a—e sind Wiedergaben von Baumann-Abdrücken der gerissenen Proben, welche die gleichartige Ausbildung und Unabhängigkeit der Rißbildung von der Stärke und Lage der Seigerung zeigen.

Gefüge und chemische Zusammensetzung.

Das Gefüge der gewalzten Stäbe aus nicht beruhigtem Material zeigt nach Abb. 3 fast nur unverformte Ferrit-

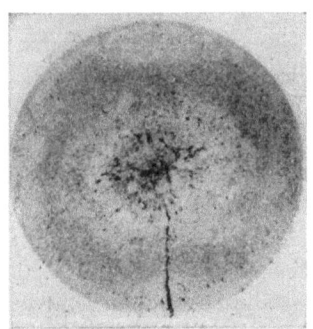
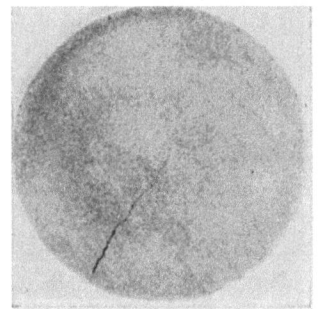
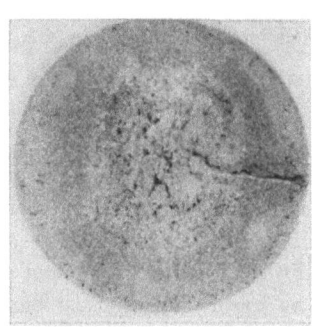
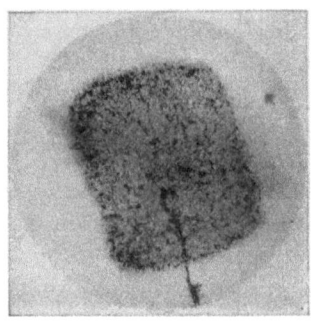
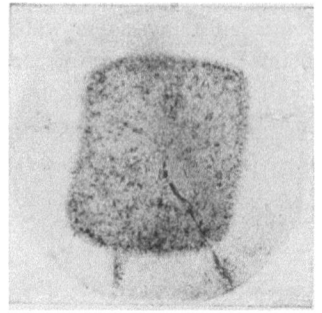

Abb. 2a—e. Baumann-Abdrücke der gerissenen Proben (×1).

Insgesamt ist also der Durchmesser des fertiggezogenen und polierten, kalten Stabes annähernd gleichmäßig um etwa 0,06 mm größer als der Durchmesser des Hols.

Bemerkungen über das Aufreißen der Stäbe.

Wie schon erwähnt, rissen während des Ziehens von 40 Stäben 5, d. i. rund 12%, auf. Das Aufreißen der Stäbe ging stets so vor sich, daß immer erst gegen Ende des Zuges dicht am Hol ein Riß auftrat, der sich dann mit dem Auge verfolgbar über die ganze schon gezogene

Zahlentafel I.
Vorgeschichte der beim Ziehen gerissenen Stäbe.

Stab Nr.	Gießart	Mit oder ohne Al	Kopf oder Fuß	Durchmesser vor dem Ziehen auf 40 mm Durchmesser	Unrundsein in Proz. vom Durchmesser
3	steigend	mit	Kopf	44	1,6
8	„	„	Fuß	44	2,0
11	fallend	„	Kopf	46	1,1
31	steigend	ohne	„	46	1,3
32	„	„	„	45	1,1

körner und wenig Perlit. Der Anschliff des Randes eines Längsschnittes eines gezogenen Stabes, Abb. 4, zeigt starke Kornreckung in der Ziehrichtung. Die mikroskopische Ätzung nach Fry, Abb. 5, läßt hier starken Kornzerfall erkennen. Abb. 6 zeigt einen Anschliff aus der Mitte eines Stabes, der auf gleiche Art geätzt, erkennen läßt, daß der Kornzerfall, wenn auch nicht in gleich starkem Maße, über den gesamten Querschnitt geht. Die Schliffe der Proben ergeben also das für weichen Stahl gewohnte Bild (nach dem Walzen und nach dem Ziehen).

Um ein Maß für die Stärke der Seigerung zu bekommen, wurden von den Querschnitten aller Stäbe Baumann-Abdrücke genommen. Ferner wurden von einer großen Anzahl von Proben Analysen gemacht, und zwar vom Rand, aus der Mitte und vom gesamten Querschnitt. Abb. 7a—c sind Wiedergaben von Baumann-Abdrücken vom Kopf bis zum Fuß eines beruhigten Blockes. (Steigend und fallend gegossen ergab völlig gleichartige Bilder.) Abb. 8a—c zeigt entsprechend die Seigerungsbilder eines nicht beruhigten Blockes. Zahlentafel II gibt eine Übersicht über die erhaltenen mittleren Analysen. Die verschiedene Stärke der Seigerung, besonders des P-Gehaltes — und zwar längs und quer zur Blockachse — bei beruhigtem und nicht beruhigtem Material tritt auch hier wie bei den Baumann-Abdrücken klar hervor.

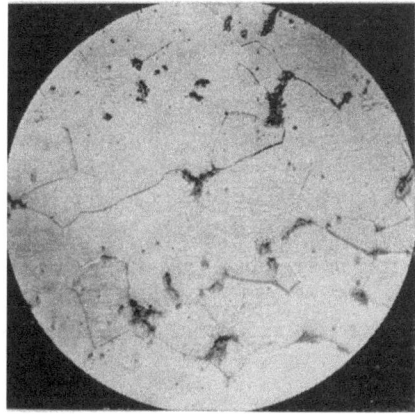

Abb. 3. Gefüge eines Stabes aus nicht beruhigtem Material (×280).

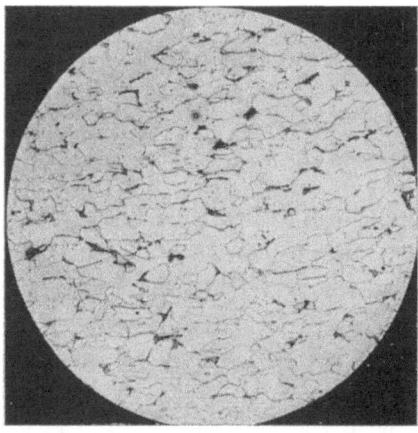

Abb. 4. Kornreckung am Rande eines gezogenen Stabes (×70).

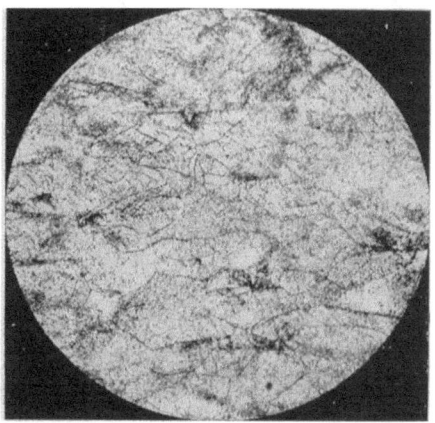

Abb. 5. Kornzerfall am Rande eines gezogenen Stabes (×330).

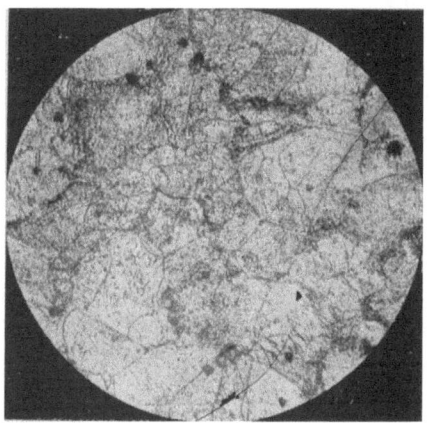

Abb. 6. Kornzerfall in der Mitte eines gezogenen Stabes (×330).

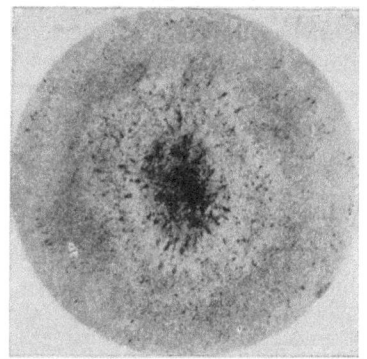 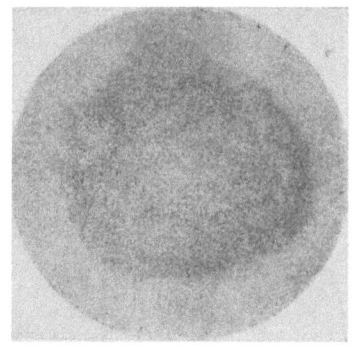 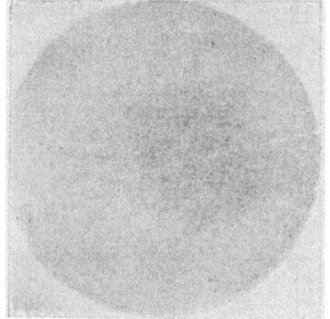

Abb. 7a—c. Baumann-Abdrücke von Stäben aus Kopf, Mitte, Fuß eines Blockes aus mit Al beruhigtem Material (×1).

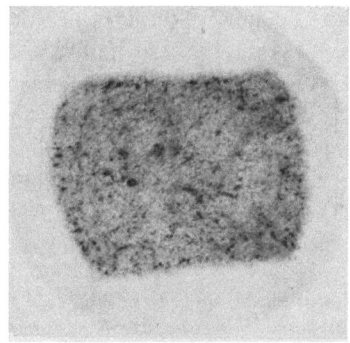 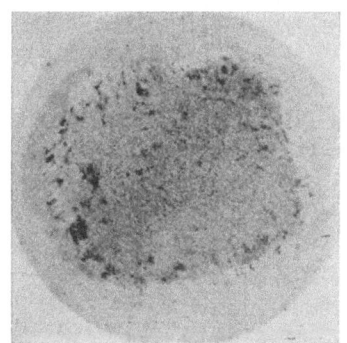 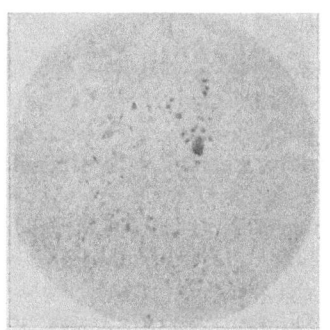

Abb. 8a—c. Baumann-Abdrücke von Stäben aus Kopf, Mitte, Fuß eines Blockes aus nicht beruhigtem Material (×1).

Zahlentafel II.
Zusammensetzung der einzelnen Zonen der Stäbe aus beruhigtem und nicht beruhigtem Material.

mit oder ohne Al	Kopf oder Fuß	Zahl der Proben	Zusammensetzung							
			der Gesamtprobe			des Kerns			des Randes		
			C	P	Mn	C	P	Mn	C	P	Mn
Mit	Kopf	4	0,11	0,074	0,50	0,14	0,086	0,53	0,10	0,070	0,50
,,	Fuß	3	0,11	0,070	0,52	0,10	0,064	0,50	0,11	0,070	0,52
ohne	Kopf	4	0,10	0,078	0,49	0,16	0,111	0,50	0,07	0,037	0,45
,,	Fuß	1	0,07	0,054	0,47	0,08	0,065	0,47	0,06	0,043	0,49

Untersuchung der Festigkeitseigenschaften.

a) Kerbzähigkeit.

Um den Anteil der einzelnen Zonen der Stäbe in den Kerbschlagproben nicht zu verändern, konnten diese nur als Halb- oder Viertelzylinder ausgebildet werden. Ein genau 1 mm tiefer Kerb wurde vor dem Zerteilen der Stäbe in der Mitte der Probe mit einem Spitzstahl (60°) eingedreht.

Die Kerbzähigkeitsuntersuchung ergab nur, daß bei den gewalzten Stäben die Kerbzähigkeit der Proben ohne Al-Zusatz etwa 100% höher liegt als der Proben mit Al-Zusatz und daß die Proben, die aus dem Fuß des Blockes stammen, eine um etwa 30% höhere Kerbzähigkeit haben als die Proben aus dem Kopf des Blockes. Bei den gezogenen Stäben sind die Kerbzähigkeiten allgemein sehr gering; doch zeigen sie im ganzen ein etwa ähnliches Bild wie die der nur gewalzten Proben. Ein Einfluß der Durchmesserabnahme beim Ziehen auf die Kerbzähigkeit ist nicht erkennbar.

b) Härte.

Genauer wurde die Härte der Stäbe über dem Querschnitt verfolgt. Nachdem Eindrücke mit einer Kugel von 5 mm Durchmesser, etwa vier über dem ganzen Querschnitt, kein klares Bild ergeben hatten, wurden mit dem Rockwell-Härteprüfer Kugeleindrücke aufgebracht (Kugel-

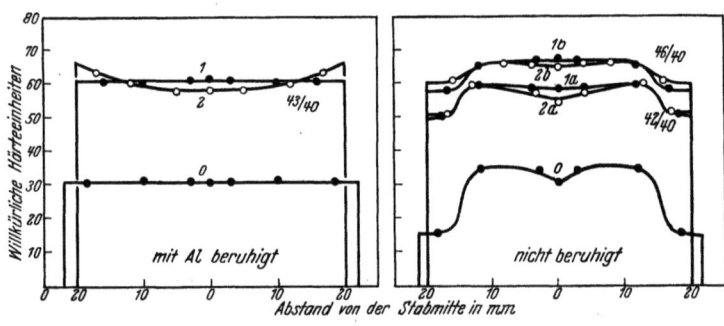

Abb. 9a u. b. Härteverteilung gewalzter, gezogener und polierter Stahlstangen. 0 = warm gewalzt (>1100° C), 1 = gezogen, 2 = poliert.

durchmesser 2,5 mm, Last 187,5 kg); als Härtezahl wurde die Rockwell-Einheit 100-t (wobei t die Eindrucktiefe in $1/500$ mm) genommen. Diese Zahlen sind weder mit den Kugeldruckhärten nach Brinell noch mit denen nach Rockwell vergleichbar, sondern nur unter sich. Es wurden allgemein 25—30 Eindrücke mit der kleinen Kugel in 5 Zonen auf die Probe aufgebracht. (Die Kugeldruckhärte der gewalzten Stäbe wurde zu rund 140 Brinell-Einheiten, die der gezogenen je nach dem Reckgrad etwa zwischen 180—210 festgestellt.)

Abb. 9a u. b zeigt für die Proben aus beruhigtem und nicht beruhigtem Material die Härte über dem Querschnitt aufgetragen, und zwar die Härte nach dem Walzen 0, nach dem Ziehen 1, nach dem Polieren 2. In Abb. 9b sind die Härtewerte für zwei verschiedene Ziehstufen eingetragen worden. Die Abbildungen zeigen die gleichmäßige Härte der beruhigten Proben im Gegensatz zu der über dem Querschnitt, entsprechend der höheren Härte der Seigerung, wechselnden der nicht beruhigten. Sie zeigen ferner das starke Ansteigen der Härte nach dem Ziehen und die weitere Erhöhung der Härte des Randes beim Polieren, während hierbei die Härte in der Mitte auffallenderweise abfällt. Die Form und die Lage der Kurven ist für alle untersuchten gleichartigen Proben sehr ähnlich.

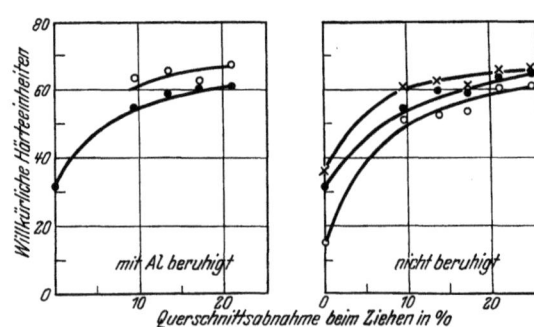

Abb. 10a u. b. Härteänderung beim Ziehen und Polieren von Stahlstangen: ● Härte innen, ○ Härte außen, × Höchsthärte an der Seigerungsgrenze.

Abb. 10a u. b zeigt für gezogenes und poliertes Material die Änderung der Härte mit der Querschnittsabnahme. Man erkennt, daß die Härte zwischen den Querschnittsabnahmen 9 und 25% in üblicher Weise nur schwach ansteigt.

Bestimmung der Reckspannungen.

Da die oben beschriebenen Untersuchungen keinen Anhalt für das Aufreißen der Proben gegeben hatten, wurden noch die inneren Spannungen genau durch Ausbohren der Proben bestimmt[1]. Die Ausbohrung erfolgte in kleinen Stufen (bei jeder Stufe etwa 100 mm²), und nach jeder Stufe wurde die Veränderung des Durchmessers und der Länge der Proben gemessen[2]. Die so erhaltenen Abmessungsänderungen wurden graphisch differenziert und daraus der Verlauf der Längsspannungen s, der Tangentialspannungen t und der Radialspannungen r in kg/mm² über dem Querschnitt errechnet.

Zahlentafel III zeigt die Kennziffern der Stäbe, deren Spannungskurven hier wiedergegeben sind. Abb. 11, 12 und 13 zeigen die Spannungen über dem Querschnitt für einige ausgewählte Stäbe, und zwar Abb. 11a—c, 12a—c und 13a—c die Spannungen des Materials vor dem Polieren. Abb. 11d—f, 12d—f und 13d—f die Spannungen nach dem Polieren. Die Spannungen im nur gewalzten Material wurden auch bestimmt, sie betrugen schätzungs-

---
[1] G. Sachs: Z. Metallkunde Bd. 19, S. 352—357. 1927.
[2] Herrn Böhme, in dessen Händen die Ausführung der Messungen lag, sei auch an dieser Stelle für seine Unterstützung bestens gedankt.

weise nur 1—2 kg/mm². Es wurde auf ihre Auftragung verzichtet, da die Fehler der graphischen Auswertung hier einen zu großen Einfluß haben, die erhaltenen Kurven also nicht als reell anzusehen wären.

Zahlentafel III.
Vorbehandlung der Stäbe, deren Spannungskurven in den Abb. 11a—f, 12a—f, 13a—f wiedergegeben sind.

Stab Nr.	Gießart	Mit oder ohne Al	Kopf oder Fuß	Stärke der Seigerung	Zustand	Gezogen auf 40 mm von
25	fallend	ohne	Kopf	stark	poliert	42 mm ⌀
25 A	„	„	„	„	nicht pol.	42 mm ⌀
9	steigend	mit	Fuß	keine	poliert	43 mm ⌀
9 A	„	„	„	„	nicht pol.	43 mm ⌀
21	fallend	ohne	Kopf	s. stark	poliert	46 mm ⌀
21 A	„	„	„	„	nicht pol.	46 mm ⌀

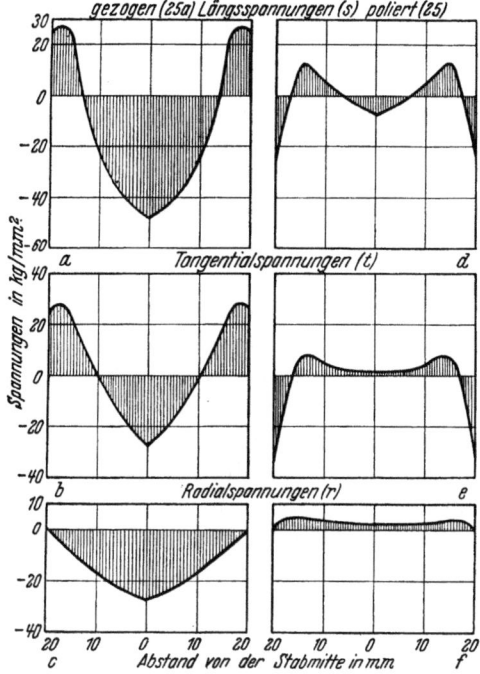

Abb. 11a—f. Reckspannungen in Stahlstangen, gezogen von 42 mm ⌀ auf 40 mm ⌀. Nicht beruhigt, Kopf des Blockes.

Zu den Spannungsverteilungskurven ist folgendes zu sagen: die Proben hatten zwischen dem Kaltziehen und der Untersuchung auf innere Spannungen etwa 2 Jahre in einem ungeheizten Schuppen gelagert. Danach überrascht die absolut große Höhe der Spannungen. Es wird an sich allgemein angenommen, daß sich bei längerem Lagern die Spannungen unlegierten Stahls teilweise ausgleichen[1]. Besteht diese Vermutung zu Recht, so muß angenommen werden, daß die Spannungen im vorliegenden Material ursprünglich noch wesentlich höher gewesen sind.

Der starke Einfluß des Polierens geht aus den Darstellungen deutlich hervor. Die Höhe der Spannungen der Innenzone der Stäbe wird allgemein herabgesetzt; dagegen werden die Spannungen in der Außenzone ganz wie bei Messing[2] allgemein umgekehrt. Insgesamt haben die Spannungen nach dem Polieren wesentlich kleinere Werte angenommen. Ein erheblicher Unterschied in den Spannungen der Stäbe aus nicht beruhigtem und beruhigtem Material ist nicht festzustellen. Zahlentafel IV gibt eine Übersicht über die Höchstwerte der Spannungen für alle untersuchten Stäbe. Der geringe Einfluß der Durchmesserabnahme beim Ziehen und des Aluminiumzusatzes ist deutlich sichtbar[1].

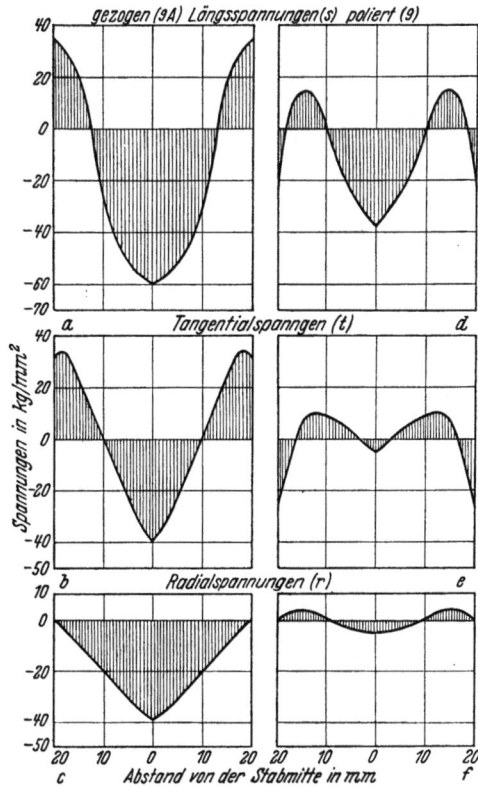

Abb. 12a—f. Reckspannungen in Stahlstangen, gezogen von 43 mm ⌀ auf 40 mm ⌀. Beruhigt, Fuß des Blockes.

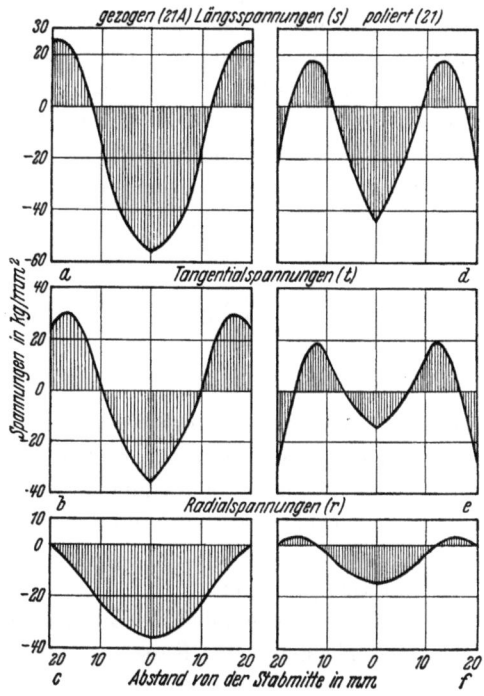

Abb. 13a—f. Reckspannungen in Stahlstangen, gezogen von 46 mm ⌀ auf 40 mm ⌀. Nichtberuhigt, Kopf des Blockes.

---

[1] Zum Beispiel verschwindet der Bauschinger-Effekt durch Lagern, vgl. J. Muir, Phil. Trans. Bd. 193 A, S. 1—46. 1900.
[2] G. Sachs: Z. V. d. I. Bd. 71, S. 1511—1516. 1927.

[1] Der Versuch, die Höhe der inneren Spannungen angenähert zu bestimmen nach dem von J. A. Jones: Engg. Bd. 111, S. 469. 1921 angegebenen Verfahren, schlug fehl. Nach mehrtägiger Behandlung in einer $NaNO_3$-Lösung 1:4, bei 104° C, war nur ein Stab aus beruhigtem Material, mit sehr schwacher Seigerung, gerissen.

Zahlentafel IV. Zusammenstellung der maximalen Spannungswerte aller untersuchten Stäbe. (Die Stäbe mit der Bezeichnung „A" waren nicht poliert worden.)

Stab Nr.	Mit oder ohne Al	Kopf oder Fuß	Durchmesser vor dem Ziehen auf 40 mm Durchmesser	Längsspannungen (s) in kg/mm²			Tangentialspannungen (t) in kg/mm²			Radialspannungen (r) in kg/mm²	
				Druck außen	Zug innen	Druck Mitte	Druck außen	Zug innen	Druck Mitte	Zug außen	Druck Mitte
25	ohne	Kopf	42	22	14	8	30	8	+2 (Zug)	5	+2 (Zug)
30	ohne	Fuß	42	34	12	18	42	7	3	4	3
10	mit	Fuß	42	28	21	27	42	16	16	4	16
24	ohne	Kopf	43	27	20	31	23	13	12	4	12
9	mit	Fuß	43	20	15	38	25	10	5	4	5
23	ohne	Kopf	44	20	11	25	31	9	4	4	4
18	mit	Fuß	44	30	16	30	32	12	5	4	5
22	ohne	Kopf	45	24	14	29	32	11	6	5	6
7	mit	Fuß	45	32	12	38	37	12	8	4	9
21	ohne	Kopf	46	20	18	44	30	18	15	3	15
				Zug außen		Druck Mitte	Zug außen		Druck Mitte	Druck innen	
25 A	Ohne	Kopf	42	27		48	28		28	27	
9 A	Mit	Fuß	43	34		60	34		40	40	
21 A	Ohne	Kopf	46	25		56	30		36	36	

Maßgebend für das radiale Aufreißen der Stäbe müssen die tangentialen Zugspannungen sein. Nachdem diese nach dem Ziehen und Lagern noch über 30 kg/mm² groß sind, ist es nicht zu verwundern, daß ein Material, welches mit derartigen Spannungen behaftet ist, zum Aufreißen neigt. (Die Festigkeit der gezogenen Stangen liegt um 70 kg/mm².) Es bedarf dann zum Aufreißen nur noch sehr kleiner, nicht bestimmbarer Anlässe (wie z. B. Schlackenansammlungen, ruckweises Ziehen, starkes Unrundsein an einer Stelle, ein eingeklemmter Span im Hol od. dgl.). Diese Äußerlichkeiten können aber immer nur der Anlaß zum Aufreißen sein, niemals die Ursache. Daß ein Material mit so großen Spannungen bei der Weiterverarbeitung, z. B. beim Gewindeauf- oder -einschneiden, reißen kann, ist ebenfalls verständlich; verwunderlich ist es, daß ein großer Bruchteil doch noch den weiteren Beanspruchungen standhält. Was den Aluminiumzusatz betrifft, so ist zu berücksichtigen, daß die zackigen, großen Tonerdekristalle die Kohäsion vielleicht stark herabsetzen. Zur Verwendung für die üblichen Zwecke sind also solche kaltgezogenen Stangen aus einem Material, das besonders stark zur Verfestigung und damit zur Erhöhung der inneren Spannungen (bis in die Nähe der Kohäsion) neigt, durchaus ungeeignet.

Es gibt nach den Erfahrungen der Messingindustrie grundsätzlich drei Wege, das kaltgezogene Material für die oben besprochenen Verarbeitungen brauchbar zu machen: 1. man läßt das Material (für den vorliegenden Fall etwa bei 500° C) längere Zeit an, 2. man reckt das Material nach dem Ziehen bis über die Fließgrenze, 3. man verwendet sehr schlanke Düsen oder erhöht die Querschnittsabnahme, falls die Festigkeit des Materials dies zuläßt, derartig, daß das Material beim Austritt aus dem Hol fließt, so daß sich an dieser Stelle die Spannungen sofort ausgleichen können[1].

Ob eine der angegebenen Methoden für Stahl wirtschaftlich brauchbar ist, bedarf noch der Klärung.

---

[1] W. Linicus und G. Sachs: Mitt. Materialpr.-Amt, Sonderheft 16. 1931.

Über die Ursachen von Dampfkesselschäden.

Von O. Bauer[1].

Von Ihrer Vereinigung bin ich gebeten worden, Ihnen heute einen Überblick über die im Staatlichen Materialprüfungsamt im Laufe der Jahre gesammelten Beobachtungen und Erfahrungen über die vermutliche Ursache der gelegentlich immer wieder auftretenden Schäden und Zerstörungen an Dampfkesseln zu geben.

Ich möchte vorausschicken, daß die Erfahrungen des Amtes sich ausschließlich auf Kessel mit mittleren Dampfdrucken beziehen. Über das Verhalten der Kesselbaustoffe in Hochdruckkesseln (100 und mehr atü) liegen im Amt bislang noch keine Erfahrungen vor.

Kessel mit niedrigen und mittleren Drucken (bis etwa 30 atü) bilden auch heute noch die überwiegende Mehrzahl und werden es wohl auch noch auf lange Zeit bleiben.

Über die gefährliche Periode, in der man nur zu geneigt war, alle Schäden an Dampfkesseln auf das Speisewasser zu schieben, sind wir hinweggekommen. Es bestand damals in der Tat die große Gefahr, daß die ganze Kesselschadenfrage auf ein falsches, ein Nebengleis geschoben wurde und daß dadurch unser Blick für die wirklichen Ursachen getrübt wurde.

Heute dürfen wir aussprechen, daß auf Grund unserer wachsenden Erkenntnis der Materialeigenschaften sowie durch die im Laufe der Jahre entwickelten und vervollkommneten Untersuchungsverfahren das Dunkel, das vor noch gar nicht so langer Zeit über der eigentlichen Ursache eines plötzlich auftretenden Kesselschadens lastete, im großen und ganzen als gelichtet angesehen werden darf.

---

[1] Original: Vorgetragen auf der Hauptversammlung der Vereinigung der Großkesselbesitzer E. V. am 22. April 1931 in Dresden. Mitt. d. VGB. Nr. 32, 31. Mai 1931, S. 89.

Kennen wir aber erst die Ursache, so ist damit in den meisten Fällen auch die Möglichkeit gegeben, den Schaden in Zukunft zu vermeiden oder wenigstens die schädliche Einwirkung auf ein weniger gefährliches Maß herabzudrücken.

Wenn wir von der Korrosionsfrage, die mit der Speisewasserfrage in engstem Zusammenhang steht und immer nur eine sekundäre Frage bleiben wird, absehen, so schälen sich folgende Punkte, die als die Ursache der Kesselschäden anzusehen sind, heraus:

1. die Materialfrage an sich;
2. die Beeinflussung der Materialeigenschaften durch die Verarbeitung;
3. die durch den Betrieb und die Bauart der Anlage verursachten Kesselschäden;
4. die Art der Schweißarbeit.

1. Die Materialfrage.

In erster Linie maßgebend für die Eigenschaften eines Kesselbaustoffes ist seine chemische Zusammensetzung. Die Forderung geeigneter chemischer Zusammensetzung ist darum von überwiegender Bedeutung, weil es sich hierbei um Mängel handeln kann, die als Geburtsfehler des Materials anzusprechen sind, die im Gegensatz zu ungünstiger Wärmebehandlung nie wieder gut gemacht oder geheilt werden können, die sich durch den ganzen weiteren Werdegang des Werkstoffes durchschleppen und das Material somit für den Kesselbau als nicht verwendungsfähig erscheinen lassen.

Die Forderungen, die bezüglich der chemischen Zusammensetzung an den Kesselbaustoff zu stellen sind, gipfeln in dem Satz:

„Der Kesselbaustoff soll so rein von schädlichen Fremdstoffen (Phosphor, Schwefel, Arsen und nichtmetallischen Einschlüssen) sein, wie es nach dem heutigen hohen Stande der metallurgischen Verfahren zur Erzeugung von Flußstahl nur irgend möglich ist."

Ich sehe absichtlich davon ab, hier bestimmte Zahlen für die anzustrebende chemische Zusammensetzung zu nennen. Das beste Material ist gerade gut genug für den Kesselbau.

Nachdem sich diese Erkenntnis einmal Bahn gebrochen hat, darf ich nach den Erfahrungen des Amtes aussprechen, daß die deutsche Großeisenindustrie ihr voll Rechnung zu tragen bemüht ist.

Während früher (etwa um 1910 herum), als man die schädliche Wirkung gewisser Fremdstoffe noch nicht kannte, mitunter bedenklich hohe Gehalte an Phosphor und Schwefel im Kesselbaumaterial auftraten[1], haben die in den letzten Jahren im Amt ausgeführten chemischen Untersuchungen neuerer Kesselbleche fast ausnahmslos einwandfreie Analysen ergeben; wo noch vereinzelt höhere Schwefel- und Phosphorgehalte vorkamen, handelte es sich meist um ältere Kessel. Ich verweise hierzu auf meinen im Jahre 1927 anläßlich Ihrer 16. ordentlichen Mitgliederversammlung 1927 erstatteten Bericht[1] und auf das damals gezeigte Lichtbild (Abb. 1), in dem die Analysenergebnisse von Kesselblechen nach Art der Großzahlforschung graphisch aufgetragen sind. Die chemischen Untersuchungen wurden bis in die neueste Zeit fortgesetzt, an dem Ergebnis hat sich nichts geändert.

Bezüglich des Einflusses von Arsen habe ich in diesem Kreise im Jahre 1929 einen Bericht erstattet[2], aus dem hervorging, daß die in jedem Flußstahl auftretenden kleinen Mengen von Arsen die Eigenschaften des Materials kaum merklich beeinflussen. Erst bei höheren Gehalten tritt ein schädigender Einfluß auf, insbesondere

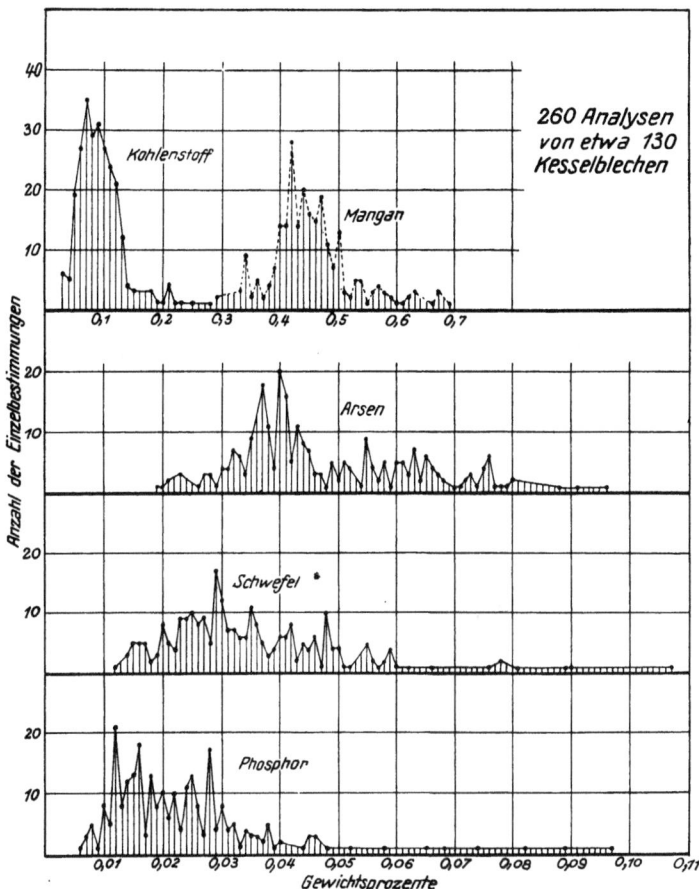

Abb. 1. Analysen deutscher Kesselbleche.

verstärkt Arsen bei hohen Gehalten die schädliche Wirkung von Phosphor und Schwefel.

Darüber, ob sich weiche oder härtere Bleche im Dampfkessel günstiger verhalten, kann nach den im Amt vorliegenden Untersuchungen zur Zeit noch kein abschließendes Urteil abgegeben werden. Im normalen Kesselbau werden zur Zeit immer noch in überwiegendem Maße weiche (kohlenstoffarme) Bleche verwendet. Zusammenfassend darf ich aussprechen, daß nach den Erfahrungen des Amtes bezüglich der chemischen Zusammensetzung der im Kesselbau verwendeten Bleche in neuerer Zeit, von vereinzelten Ausnahmen abgesehen, keine Beanstandungen zu erheben sind.

---

[1] Siehe z. B. O. Bauer: Phosphorseigerungen in Flußeisen. Vortrag gehalten am 16. Januar 1922 in Mülheim a. R. zur Tagung der VGB. Veröffentlicht in den Mitt. Materialpr.-Amt 1922, S. 71.

[1] O. Bauer: Flußstähle mit geringer Alterungseigenschaft. Mitt. d. VGB. Nr. 15, 20. Nov. 1927.

[2] O. Bauer: Arsen im Flußstahl. Mitt. d. VGB. Nr. 23, 10. Sept. 1929.

Um aber diesen derzeitigen hohen Stand des deutschen Kesselbaustoffes aufrechtzuerhalten, halte ich nach wie vor eine ständige Kontrolle der chemischen Zusammensetzung für erforderlich. Zum mindesten sollten die Werks- oder Chargenanalysen den Abnahmeprotokollen beigefügt werden.

Nun wissen wir aber, daß auch das beste Material durch eine falsche Behandlung, z. B. beim Walzen, durch nicht richtige Glühbehandlung usw. verdorben werden kann. Ein solches Material ist als „krank" zu bezeichnen. Durch geeignete Glühbehandlung kann es in den meisten Fällen wieder verwendungsfähig gemacht werden. Gegen die Verwendung eines durch fehlerhafte Behandlung verdorbenen Materials schützen in ausreichendem Maße die Abnahmevorschriften; sie geben bei sachgemäßer Befolgung ausreichende Gewähr dafür, daß nur einwandfrei behandeltes Material zum Bau von Dampfkesseln verwendet wird.

2. Beeinflussung der Materialeigenschaften durch die Weiterverarbeitung.

Vom Walzblech bis zum fertigen Kessel ist ein weiter Weg. Die auf diesem Wege dem Material drohenden Gefahren sind mannigfacher Art. Zunächst bedingt schon das Kaltbiegen der Kesselschüsse eine Verschlechterung der Materialeigenschaften. Der schädigende Einfluß dieser Behandlung ist um so größer, je dicker die Bleche sind und je kleiner der Biegungsradius ist.

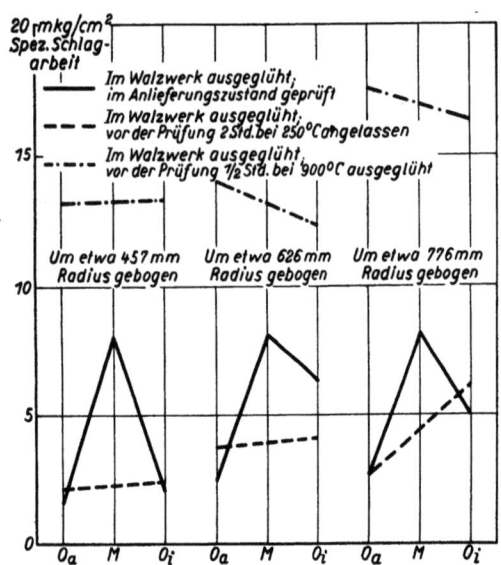

Abb. 2. Zusammenhang zwischen Biegungsradius und Kerbzähigkeit.

Ich habe in diesem Kreise bereits wiederholt auf diesen Umstand aufmerksam gemacht[1]. Das bereits früher gezeigte Lichtbild (Abb. 2) möchte ich Ihnen auch heute wieder vorführen. Es zeigt den Zusammenhang zwischen Biegungsradius und der Kerbzähigkeit.

Die Blechdicke war 25 mm.

Der metallographische Nachweis so geringer Kaltreckungen, wie sie beim Biegen der Bleche auftreten, gelingt mittels des Fryschen Ätzmittels sehr deutlich. Die

---
[1] Tagung in Hannover am 9. Mai 1922 sowie anläßlich der 16. ordentlichen Mitgliederversammlung am 7. Sept. 1927 in Düsseldorf, Nr. 15 der Mitt. d. VGB. vom 20. Nov. 1927 „Flußstähle mit geringer Alterungseigenschaft", S. 16.

Abb. 5 und 9 zeigen mit diesem Ätzmittel geätzte Schliffe aus kaltgebogenen Kesselblechen.

Ein weiteres kennzeichnendes Beispiel für die ungünstige Wirkung des Kaltbiegens ist das folgende:

Bei einem Zweiflammrohr-Röhrenkessel, der im Jahre 1906 für 12 atü (Heizfläche 260 m², Blechdicke etwa 23 mm) gebaut war, riß bei der bei 17,5 atü ausgeführten Wasserdruckprobe der dritte Mantelschuß des Unter-

Abb. 3. Mantelschuß III, bei der Wasserdruckprobe gerissen.

kessels quer zum Umfang des Kessels der ganzen Mantellänge nach auf. In Abb. 3 ist ein Abschnitt mit dem Riß im Lichtbild wiedergegeben. Das Bild zeigt, daß der Riß außerhalb der Nietlochreihe verläuft. Die Untersuchung ergab, daß es sich bei diesem Mantelschuß um ein hoch phosphor- und schwefelhaltiges Material mit starker Zonenbildung infolge von Seigerung handelte.

Die Analyse ergab:

Mantelschuß III	Kernzone in Prozenten	Randzone in Prozenten
Kohlenstoff	0,15	0,07
Mangan	0,49	0,46
Phosphor	0,162	0,078
Schwefel	0,093	0,022
Arsen	0,066	0,039

Wie schon gesagt, ist der Kessel im Jahre 1906 gebaut, zu einer Zeit, in der die Kenntnis der Materialeigenschaften noch unvollkommen war und dementsprechend auch die Abnahme der Kesselbaustoffe noch in den Kinderschuhen steckte. Die Bleche waren seinerzeit nach den Würzburger Normen geprüft worden und hatten den Bedingungen entsprochen.

Heute dürfte ein solches Blech kaum die Abnahme passieren können.

Bemerkenswert ist immerhin, daß das Blech seit dem Jahre 1906 im Betrieb ausgehalten hatte und erst bei der kalten Wasserdruckprobe zu Bruch gegangen ist. Ich komme auf dieses Verhalten noch zurück.

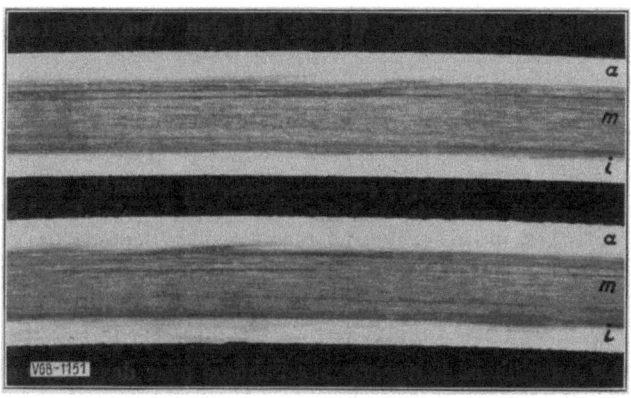

Abb. 4. Schliffe aus Mantelschuß III nach Ätzung mit Kupferammoniumchlorid.

Abb. 4 zeigt zwei Schliffe aus dem Blech nach Ätzung mit Kupferammoniumchlorid. Die starke Dunkelfärbung der Kernzone läßt schon ohne Analyse auf einen hohen Phosphorgehalt schließen.

Abb. 5 zeigt die gleichen Schliffe nach der Ätzung mit dem Fryschen Ätzmittel. Die Kraftwirkungsfiguren, die für kaltgebogene Bleche kennzeichnend sind, sind sehr deutlich ausgebildet. An einigen Druckstellen (bei a und b) verdichten sie sich zu einer allgemeinen Dunkelfärbung.

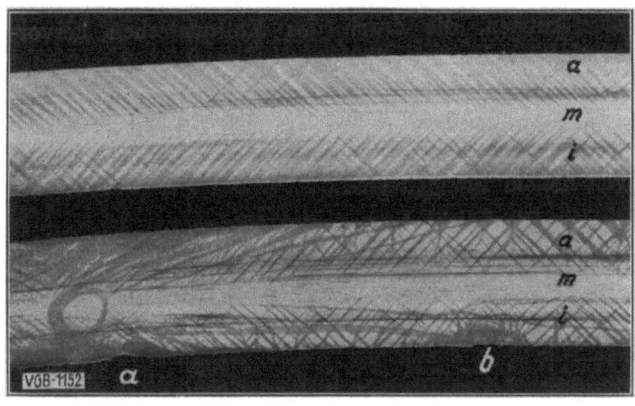

Abb. 5. Schliffe aus Mantelschuß III, mit dem Fryschen Ätzmittel auf Kraftwirkungsfiguren geätzt.

Der schädigende Einfluß des Kaltbiegens tritt am deutlichsten beim Kerbschlagversuch in Erscheinung.

Die Kerbzähigkeit (Probenabmessungen $100 \times 10 \times 8$ mm) des Materials war im Anlieferungszustand, entsprechend dem hohen Phosphorgehalt, an und für sich nur gering und in den Randzonen (a und i) zum Teil auch sehr schwankend, je nachdem die Proben mehr oder weniger in die stark geseigerte Kernzone (m) hineinreichten. Durch Ausglühen konnte auch bei diesem schlechten Material noch eine beträchtliche Erhöhung der Kerbzähigkeit erzielt werden. Die Erhöhung erstreckt sich jedoch vorwiegend auf die wenig geseigerten Randzonen, während die hochphosphorhaltige Kernzone auch nach dem Ausglühen nur geringe Kerbzähigkeit besaß. In Tabelle 1 sind die Mittelwerte der Kerbzähigkeit zusammengestellt[1] und in Abb. 6 graphisch aufgetragen. Beachtenswert ist die hohe Kerbzähigkeit der Randzone bei 250° (Tabelle 1).

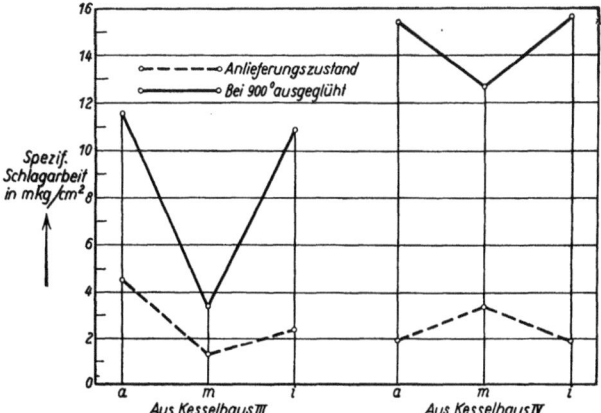

Abb. 6. Einfluß der Kaltbiegung von Kesselböden auf die Kerbzähigkeit

Tabelle 1. Kerbschlagversuche.
(Probenabmessungen $100 \times 10 \times 8$ mm.)

Aus Mantel-schuß	Lage der Kerbschlagproben im Kesselschuß		Spez. Schlagarbeit mkg/cm²		
			Anliefe-rungs-zustand	½ Stunde bei 900° ausgeglüht	Bei 250° geschlagen
III	in der Umfangsrichtung	a an der äußeren Blechwandung	4,5	11,3	(21,5)[1]
		m in der Blech-mitte	1,4	5,4	7,6
		i an der inneren Blechwandung	2,4	11,0	(10,8)[1]
IV		a an der äußeren Blechwandung	1,9	(15,6)[1]	(19,5)[1]
		m in der Blech-mitte	3,4	(12,5)[1]	(19,7)[1]
		i an der inneren Blechwandung	1,9	(15,7)[1]	(24)[1]

Von der Bruchstelle gingen stellenweise feine Haarrisse in das Material hinein, die vorwiegend in den Korngrenzen verliefen.

Abb. 7 zeigt in 200facher Vergrößerung einen solchen Haarriß im mittleren Teil des Blechquerschnittes.

Der schädliche Einfluß des Kaltbiegens kam noch erheblich deutlicher bei der Untersuchung des Mantelschusses IV zum Ausdruck. Der Phosphorgehalt betrug bei diesem Blech nur 0,036, der Schwefelgehalt 0,069%.

---

[1] Die eingeklammerten Zahlen bedeuten, daß die Proben nicht völlig durchgebrochen waren.

Abb. 8 zeigt einen Schliff aus Mantelschuß IV nach Ätzung mit Kupferammoniumchlorid. Schwache Zonenbildung infolge Seigerung ist ebenfalls vorhanden, sie ist jedoch erheblich geringer als beim Schuß III (Abb. 4).

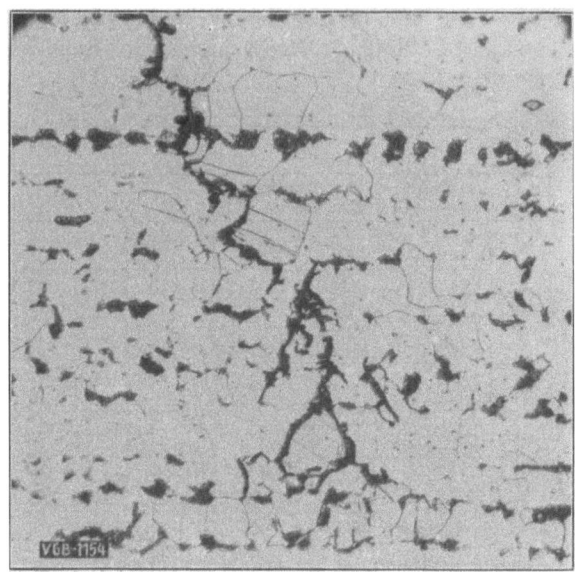

Abb. 7. Haarriß im mittleren Teil des Blechquerschnittes (Mantelschuß III). $v = 200$.

Die Wirkung des Kaltbiegens kommt auch hier im sehr deutlichen Auftreten der Kraftwirkungsfiguren (Abb. 9) zum Ausdruck. Die Ergebnisse der Kerbschlagversuche sind ebenfalls in Tabelle 1 zusammengestellt und in Abb. 6 aufgetragen. Im Anlieferungszustand liegen

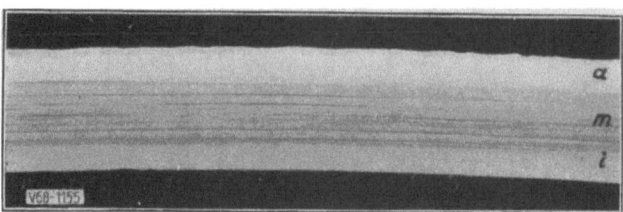

Abb. 8. Schliff aus Mantelschuß IV nach Ätzung mit Kupferammoniumchlorid.

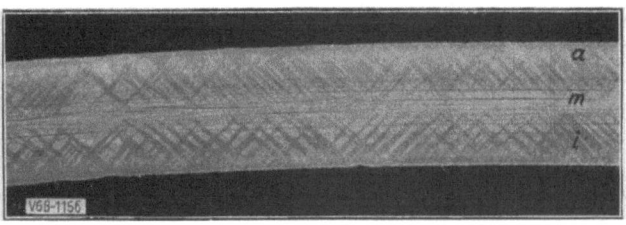

Abb. 9. Schliff aus Mantelschuß IV, mit dem Fryschen Ätzmittel auf Kraftwirkungsfiguren geätzt.

beim Schuß IV, die Werte aus den Randzonen a und i sogar noch tiefer als beim Schuß III, ein Zeichen, daß Schuß IV etwas stärker kaltgereckt war als Schuß III, wie auch das dichtere Auftreten der Kraftwirkungsfiguren erweist. Die Kernzone m hat bei Schuß IV entsprechend dem geringeren Phosphorgehalt etwas höhere Kerbzähigkeit als beim Schuß III. Nach dem Ausglühen ist die Kerbzähigkeit in den Randzonen a und i außerordentlich stark gestiegen, ebenso, jedoch in

geringerem Maße, in der schwach geseigerten Kernzone m. Die bei 250° geschlagenen Proben weisen durchgängig sehr hohe Kerbzähigkeit auf. Es ist eine längst bekannte Tatsache, daß beim kohlenstoffarmen Flußstahl die Kerbzähigkeit zunächst mit steigender Temperatur zunimmt. Je nach der Art des Materials erreicht sie zwischen 100 und 300° ihren Höchstwert und sinkt von da an wieder ab.

Dieses Verhalten ist für Dampfkessel von ganz besonderer Bedeutung. Gerade bei den Temperaturen, denen der Kesselbaustoff im Betriebe ausgesetzt ist, ist das Material an sich nicht spröde, sondern besonders zäh; die durch irgendeine ungünstige Behandlung bedingte Verschlechterung der Materialeigenschaften kommt erst bei der Abkühlung auf Zimmerwärme zur Geltung. Hieraus erhellt zugleich, daß die Wasserdruckprobe für die Sicherheit des Kesselbetriebes von großer Bedeutung ist. Sie zeigt rechtzeitig an, daß der Kesselbaustoff eine Verschlechterung erfahren hat, die unter Umständen eine Gefahr für den Betrieb bedingen kann. Die Forderung des Ausglühens kaltgebogener Schüsse oder des Biegens bei Rotglut muß auch heute noch erhoben werden.

Eine weitere Schädigung des Kesselbaustoffes tritt vielfach auch heute noch bei der Nietarbeit auf. Von Baumann, Bauer u. a. ist auf die schädlichen Folgen zu hohen Nietdruckes und der damit verbundenen Quetschung des Materials in der Umgebung der Nietköpfe in Ihren Kreisen immer wieder hingewiesen worden.

Diese Erkenntnis hat dazu geführt, Richtlinien für die bei der Nietarbeit anzuwendenden Drucke aufzustellen. Unzweifelhaft ist hierdurch bereits eine Herabminderung der durch die Nietarbeit bedingten Gefahren erzielt worden, ganz beseitigt sind sie jedoch auch heute noch nicht.

Gestatten Sie mir, an einigen weiteren Beispielen die Zerstörungen, die durch das Kaltquetschen hervorgerufen werden, zu erläutern.

Im Mantel eines Flammrohrkessels waren in den beiden letzten Schüssen A und B in der Nietnaht zahlreiche Risse zu erkennen. Es handelte sich um weiche Bleche von hohem Reinheitsgrad.

Die Blechdicke betrug etwa 13 mm.

	Blech A in Prozenten	Blech B in Prozenten
Kohlenstoff	0,08	0,02
Phosphor	0,038	0,026
Schwefel	0,033	0,031

In der Umgebung der Nietlöcher war das Blechmaterial stark gequetscht, wie Abb. 10 zeigt; das Bild läßt zugleich innerhalb der Nietlochreihe mehrere starke Risse erkennen. Starke Quetschung, wie sie bei hohen Nietdrucken eintritt, gibt beim Ätzen mit dem Fryschen Ätzmittel, da die Kraftwirkungsfiguren dicht beieinander liegen, nur eine allgemeine Dunkelfärbung (siehe auch Abb. 5).

Durch Rekristallisation lassen sich die Begrenzungen der gequetschten Zone deutlicher kenntlich machen. Abb. 11 zeigt einen bei 730° 1 Stunde lang geglühten Schliff zwischen zwei Nietlöchern des Bleches B.

Die Kornvergröberung infolge Rekristallisation erstreckt sich über den ganzen Bereich der Materialquetschung.

Die Kerbzähigkeit (Probestababmessungen $100 \times 10 \times 8$ mm) war in unmittelbarer Nähe der Nietlöcher, also in der gequetschten Zone, nur sehr gering; nach dem Ausglühen hatten beide Bleche, wie aus Tabelle 2 hervorgeht, auch in dieser Zone sehr hohe Kerbzähigkeit.

Abb. 10. Nietloch mit Rissen in Blech A.

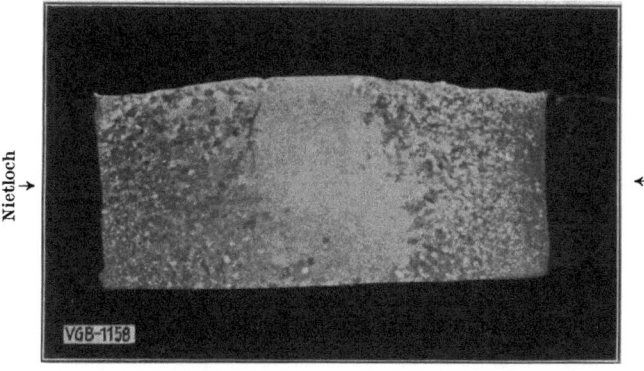

Abb. 11. Rekristallisationsgefüge in der Umgebung der Nietlöcher (Blech B). $v = 2$.

Tabelle 2. Kerbschlagversuche.
(Probenabmessungen $100 \times 10 \times 8$ mm.)

Aus Blech	Lage der Kerbschlagprobe im Kesselblech	Spez. Schlagarbeit mkg/cm²	
		Anlieferungszustand	½ Std. bei 900° ausgeglüht
A	in der Umfangsrichtung des Kessels — an der äußeren Blechwandung	2,2	(19)[1]
A	an der inneren Blechwandung	1,7	(20)[1]
B	an der äußeren Blechwandung	1,6	(24)[1]
B	an der inneren Blechwandung	1,7	(22)[1]

Aufdornen nicht genau passender Nietlöcher und übermäßiges Aufreiben bedingen die gleichen Gefahren wie zu hohe Nietdrücke.

Auch das Einwalzen der Rohre kann je nach dem dabei angewendeten Druck eine Stauchung der Rohr-

---

[1] Nicht völlig durchgebrochen.

lochwandungen bedingen[1] und damit zu Rißbildungen Veranlassung geben. Abb. 12 zeigt die Wandung eines Rohrloches von dem Oberkessel eines Wasserrohrkessels. Die in Abb. 12 erkennbaren Risse erstrecken sich in vielfachen, zwischen den Korngrenzen verlaufenden Verzweigungen (s. Abb. 13, $v = 100$) bereits ziemlich tief in das Blechmaterial hinein, sie müssen, wie auch bei den Nietlochrissen, später einmal zum Bruch des Kessels führen.

Die beabsichtigte oder unbeabsichtigte Kaltreckung oder Kaltquetschung eines an sich gesunden Werkstoffes spielt in der Tat die Hauptrolle bei der durch die Weiterverarbeitung verursachten Verschlechterung der Materialeigenschaften. Selbstverständlich können noch eine Reihe weiterer Umstände, wie z. B. örtliche Überhitzung, Ausrichten nicht genau passender Teile bei Blauwärme, Bördeln bei zu niedriger Temperatur usw., das Material

Abb. 12. Anrisse auf der Wandung eines Rohrloches.

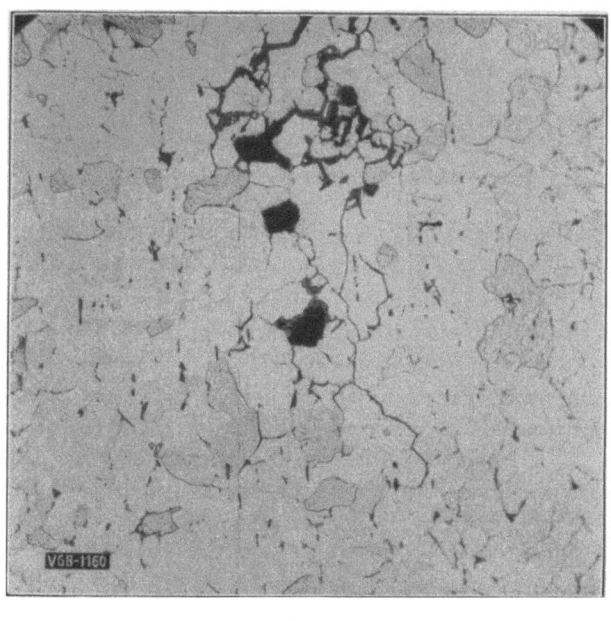

Abb. 13. Von der Rohrlochwandung ausgehender weitverzweigter Haarriß. $v = 100$.

verschlechtern. Alle diese Fehler sind aber in einer gut geleiteten und beaufsichtigten Kesselschmiede leicht zu vermeiden. Bei den zahlreichen, im Staatlichen Materialprüfungsamt untersuchten schadhaften Blechen traten sie gegenüber den durch Kaltreckung oder

---

[1] O. Bauer und H. Arndt: Der Einfluß des Einwalzens von Rohren auf gewöhnliches Kesselblech und auf Izettblech. Z. bayr. Rev.-V. Bd. 32, S. 292. 1928.

Kaltquetschung bedingten Kesselschäden fast ganz zurück.

Die Hüttenindustrie liefert, wie Sie ja wissen, neuerdings ein Material, das wesentlich unempfindlicher gegen die schädliche Wirkung der Kaltreckung ist. Als ich Ihnen seinerzeit über Versuche mit Izettmaterial von Krupp[1] berichtete, sagte ich: „Es wäre ein großer Rückschritt, wollte man jetzt auf Grund der Verwendung sogenannten alterungsbeständigen Materials bei der Herstellung der Dampfkessel weniger Sorgfalt walten lassen als bisher." Dieser Satz gilt auch heute noch in vollem Umfange.

3. Die durch den Betrieb und die Bauart der Anlage verursachten Kesselschäden.

Die ausschließlich durch den Betrieb verursachten Kesselschäden hängen vorwiegend mit der Speisewasserfrage (Kesselsteinbildung, Rostschäden usw.) und mit der Feuerungsfrage zusammen. Auf die Speisewasserfrage, die als Korrosionsfrage ein Spezialgebiet ist, will

Schon der im Betrieb auftretende Wasserumlauf war vorher oft nur schwer zu übersehen, jedenfalls entsprach er in vielen Fällen nicht der Erwartung.

Die durch ungenügenden Wasserumlauf verursachten Schäden betreffen in erster Linie die Siederohre.

Abb. 14 zeigt das bekannte Bild eines im Betrieb gerissenen Siederohres. Kesselstein war nicht vorhanden, ebenfalls keine Materialfehler.

Abb. 15 zeigt in 200 facher Vergrößerung das Kleingefüge an der Bruchstelle. Es ist martensitisch, weist somit deutlich auf ein örtliches Erglühen der Rohrwandung mit nachfolgender Abschreckung hin.

Ein mit Wasser gefülltes Rohr kann nicht zum Erglühen kommen. Aller Wahrscheinlichkeit nach war der Wasserumlauf unzureichend, so daß sich Luft- bzw. Dampfsäcke bilden konnten. An solchen Stellen ist der

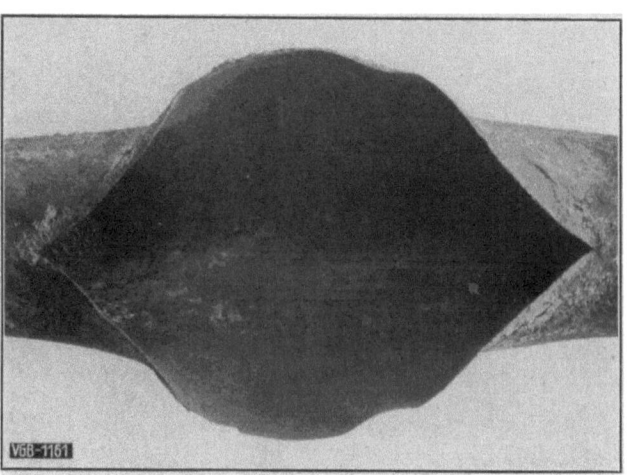

Abb. 14. Im Betrieb gerissenes Siederohr.

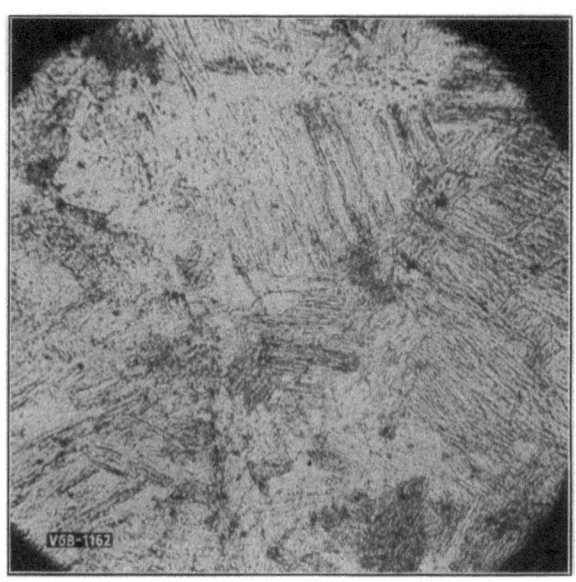

Abb. 15. Kleingefüge an der Bruchstelle (Siederohr Abb. 14). $v = 200$.

ich heute nicht eingehen. Die Feuerungsfrage ist eng mit der Frage der Bauart der ganzen Anlage verknüpft, so daß eine strenge Scheidung hier nur schwer möglich ist. Ich beabsichtige daher, die durch den Betrieb und durch die Bauart bedingten Kesselschäden, soweit sie bei den im Staatlichen Materialprüfungsamt untersuchten Fällen in Erscheinung getreten sind, zusammen zu besprechen.

In früheren Zeiten, als die Kesselbauart noch eine sehr einfache war, traten schwerwiegende, durch den Betrieb verursachte Kesselschäden nur sehr vereinzelt und nur in besonders krassen Fällen von Nachlässigkeit und Unachtsamkeit auf, wie z. B. Anheizen, bevor der Kessel mit Wasser gefüllt war oder vorzeitiges Ablassen des Speisewassers, Versagen der Sicherheitsventile usw.

Diese Fälle dürfen in einem gut geleiteten, neuzeitlichen Kesselbetrieb nicht vorkommen und lassen sich auch bei einiger Achtsamkeit vermeiden.

Schwieriger war es bei der Neukonstruktion von Kesseln hoher Leistung, von vornherein zu übersehen, wie sich das ganze Aggregat im praktischen Betrieb verhalten wird.

---

[1] O. Bauer: Flußstähle mit geringer Alterungseigenschaft. Mitt. d. VGB. Nr. 15 v. 20. XI. 1927.

Wärmeabfluß nur ein sehr unvollkommener, und das Rohr kommt zum Erglühen, bildet Beulen und reißt schließlich auf. Das nun plötzlich nachströmende Wasser schreckt die zum Erglühen gekommene Rohrwandung ab, wodurch sich auch das martensitische Gefüge an der Bruchstelle erklärt. Im Amt sind ähnliche Fälle von Siederohrbrüchen wiederholt untersucht worden. Nach Veränderung bzw. Verbesserung des Wasserumlaufes traten sie bei demselben Kessel nicht mehr auf.

Solche Rohrbrüche sind noch verhältnismäßig harmlos, der Schaden kann ohne wesentliche Kosten wieder behoben werden. Weit kostspieliger und gefährlicher sind die Schäden, die als Folge zu starrer Bauart der ganzen Anlage auftreten.

Die Temperaturen sind an den verschiedenen Stellen eines modernen Dampfkessels (Unterkessel, Oberkessel, Siederohre usw.) außerordentlich verschieden.

Das Eisen, dessen Ausdehnungskoeffizient verhältnismäßig hoch ist, dehnt sich an den verschiedenen erhitzten Stellen sehr verschieden aus. Die Bauart muß unbedingt dieser Tatsache Rechnung tragen; die ganze Anlage muß also in sich elastisch sein.

Gerade auf dem Gebiet der Konstruktion ist viel gesündigt worden. In der Absicht, eine größere Sicherheit zu gewährleisten, hat man vielfach die ganze Anlage so starr wie möglich gemacht, Versteifungen und Verstärkungen angebracht und dadurch meist gerade das Gegenteil von dem erzielt, was beabsichtigt war. Zwei Beispiele zeigen, wie sich eine zu starre Bauart auf den Kesselbaustoff auswirkt.

In dem einen Falle handelte es sich um einen Zirkulations-Wasserrohrkessel, der im Jahre 1922 für 16 at Dampfspannung (Heizfläche 602 m²) gebaut war. Der Oberkessel, der durch eine innen aufgenietete Lasche an den Einmündungsstellen der Wasserrohre verstärkt war, wies an der verstärkten Stelle zahlreiche Risse auf, die teils von den Niet- und Rohrlöchern ausgingen, teils aber auch, ohne mit den Löchern im Zusammenhang zu stehen, im vollen Blech auftraten. Bemerkenswert war, daß sich die Risse ausschließlich an der verstärkten Stelle zeigten.

In der Abb. 16 sind Risse auf der Berührungsfläche des Mantelbleches mit der Lasche, in Abb. 17 Rißbildungen auf der Berührungsfläche der Lasche wiedergegeben. Abb. 18 entspricht einem Querschnitt durch das Mantelblech und Abb. 19 einem solchen durch die Lasche. Die Risse erstrecken sich tief in das Material hinein; sie folgen in beiden Fällen in vielfachen feinen Verzweigungen den Korngrenzen des Materials.

Abb. 20 zeigt in 100facher linearer Vergrößerung den Verlauf eines Risses im Mantelblech und Abb. 21 ($v=100$) den Verlauf eines Risses in der Lasche. Die Verstärkungslasche hat offensichtlich ihren Zweck verfehlt, denn sie ist selbst völlig zerklüftet und zerrissen, sie hat aber auch das Mantelblech nicht schützen können, wie die zahlreichen, im Mantelblech aufgetretenen Risse beweisen.

Ganz ähnlich lagen die Verhältnisse bei dem zweiten Beispiel. Auch hier war ein Versteifungsblech an der Verbindung mit dem Unterkessel angenietet. An dieser Stelle traten sowohl in dem Mantelblech wie auch im Versteifungsblech vorwiegend in der Umgebung der Nietlöcher, vereinzelt jedoch auch außerhalb derselben zahlreiche Risse auf.

Alle anderen Nietlochreihen waren rißfrei. Daraus ergibt sich einwandfrei, daß in den beiden erwähnten Fällen nicht die Nietarbeit an sich zu den Rißbildungen Veranlassung gegeben hat, sondern die zu steife Bauart der Anlage. Die Kessel konnten, insbesondere an den verstärkten Stellen, den durch die Temperaturunterschiede bedingten Bewegungen nicht elastisch folgen, der Baustoff wurde über seine Streckgrenze beansprucht und mußte schließlich reißen. Daß die Risse zuerst an den Nietlöchern auftreten, ist verständlich, da die Nietlochreihe stets die empfindlichste Stelle im Blech ist.

Diese Beispiele von Schäden infolge zu starrer Bauart ließen sich beliebig vermehren. Als Nutzanwendung für den Konstrukteur ergibt sich folgendes:

„Schon bei der Konstruktion ist sorgfältig darauf zu achten, daß der Dampfkessel in allen seinen Teilen den durch die Temperatur bedingten, zum Teil verschiedenen Ausdehnungen des Baustoffes elastisch folgen kann. Das gleiche gilt für die Aufstellung, Einmauerung oder Aufhängung des ganzen Aggregats."

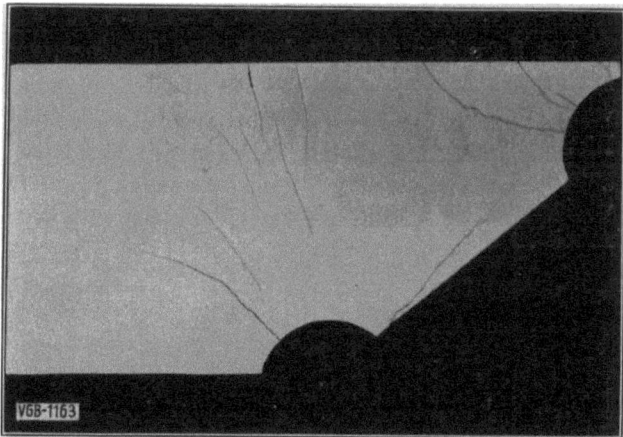

Abb. 16. Risse auf der Berührungsfläche des Mantelbleches mit der Lasche.

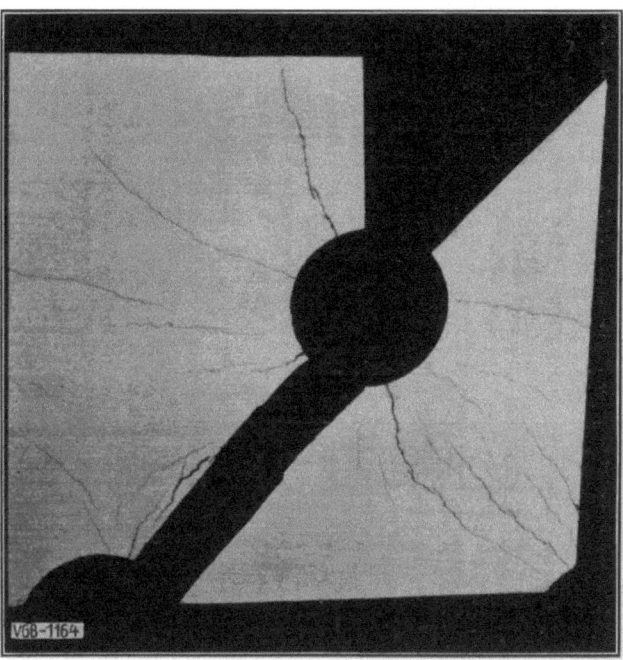

Abb. 17. Risse auf der Berührungsfläche der Lasche mit dem Mantelblech.

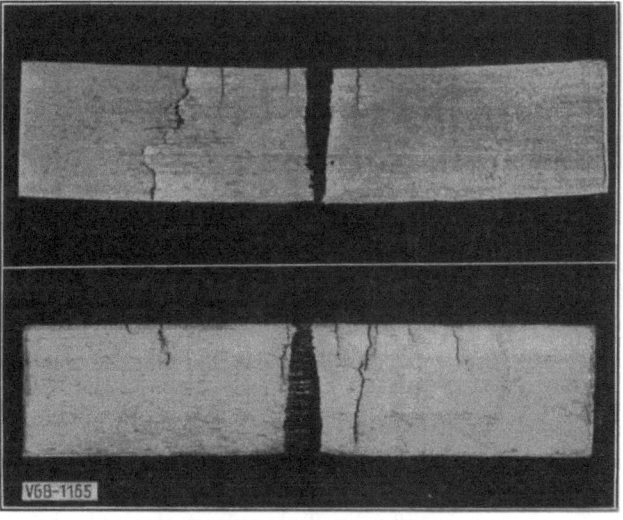

Abb. 18 (oben). Risse im Mantelblech.
Abb. 19 (unten). Risse in der Lasche.

4. Die Art der Schweißarbeit.

Das Schweißen ist wohl das älteste Verfahren, um zwei Metallstücke miteinander zu verbinden. Neuerdings versucht man auch im Kesselbau mit gutem Erfolg, die Nietarbeit durch die Schweißarbeit zu ersetzen. Eine gute, überlappte Schweißung hat sicherlich vor einer weniger guten Nietung viele Vorteile. Kaum eine andere Arbeit ist aber eine so ausgesprochene Vertrauensarbeit durch Überhämmern wieder aufgehoben werden, wobei darauf zu achten ist, daß das Material nicht bei Blauwärme gehämmert wird, wodurch wieder innere Spannungen und Anrisse entstehen können. Nachträgliches Ausglühen ist immer zu empfehlen.

Sie sehen also, daß an das Wissen und Können des die Schweißarbeit Ausführenden recht vielseitige Ansprüche gestellt werden.

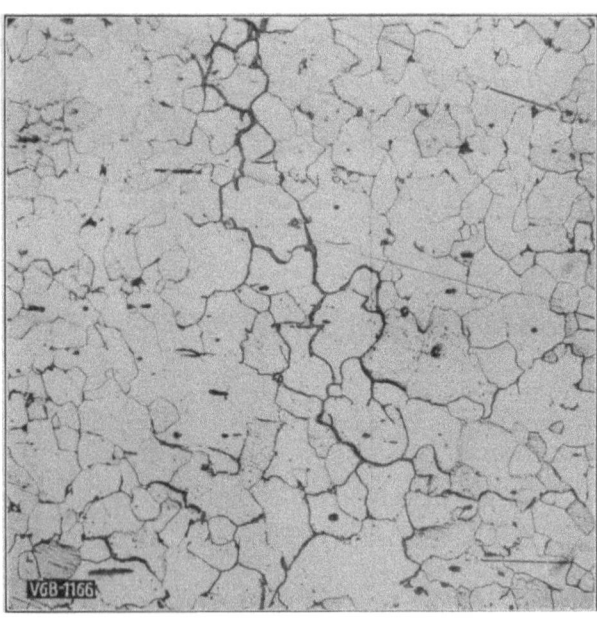

Abb. 20. Verlauf eines Risses im Mantelblech. $v = 100$.

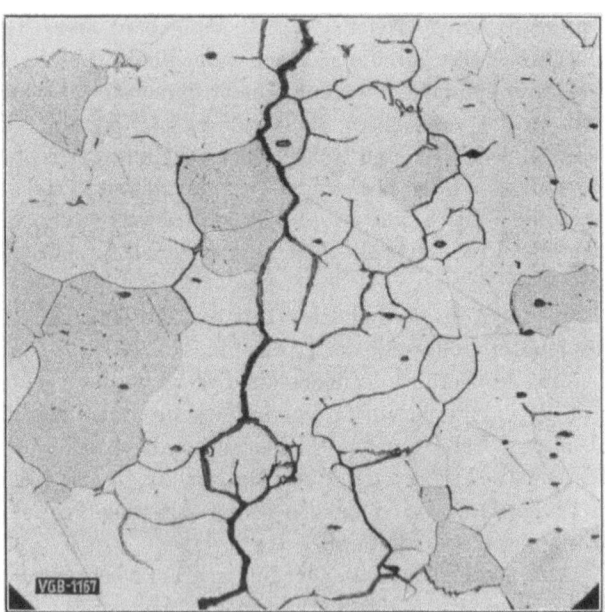

Abb. 21. Verlauf eines Risses in der Lasche. $v = 100$.

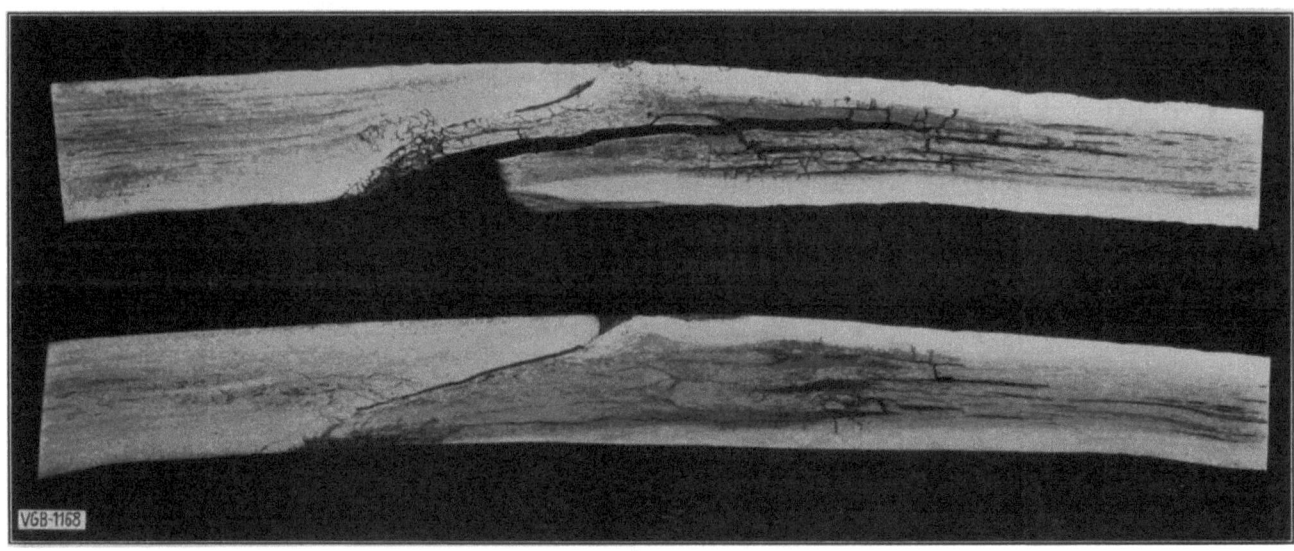

Abb. 22. Fehlerhafte überlappte Schweißung. $v = 1$.

wie gerade das Schweißen. Schon bei der einfachen alten Überlappungsschweißung hängt die Güte des Ergebnisses von so manchen Umständen ab.

Zunächst eignet sich nicht jedes Material seiner chemischen Zusammensetzung nach zum Verschweißen. Mit steigendem Kohlenstoffgehalt wächst die Schwierigkeit der Verschweißung; Silizium und Schwefel wirken in jedem Fall ungünstig.

Die zu verschweißenden Teile müssen stark überhitzt werden. Die schädlichen Folgen der Überhitzung müssen

Ist die Schweißung ausgeführt, so bleibt immer noch die Frage offen, ob sie gelungen ist, da äußerlich etwaige Fehler (nicht verschweißte Stellen) nicht zu erkennen sind. Abb. 22 zeigt eine durchaus mangelhafte, überlappte Verschweißung. In der Schweißnaht selbst treten zahlreiche, zum Teil nesterförmig angeordnete, nichtmetallische Einschlüsse vorwiegend sulfidischer Natur (Abb. 23, $v = 100$) auf. In näherer Umgebung der geschweißten Stelle ist das eine Blech in der Seigerungszone völlig aufgespalten und zerklüftet. Das Blech enthielt 0,033% Phosphor, 0,061% Arsen, 0,085% Schwefel.

Das ungünstige Ergebnis ist in erster Linie auf den zu hohen Schwefelgehalt zurückzuführen. Es handelt sich also hier nicht um schlechte Schweißarbeit an sich, sondern um die Verwendung eines für Schweißzwecke ungeeigneten Materials. Bei einer einwandfreien, überlappten Schweißung soll die Schweißnaht im Schliff kaum

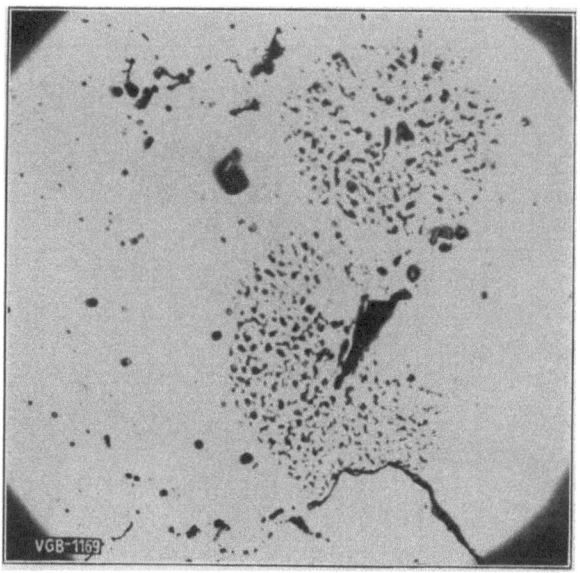

Abb. 23. Nichtmetallische Einschlüsse, vorwiegend sulfidischer Natur, in der Schweißnaht (Abb. 22). $v = 100$.

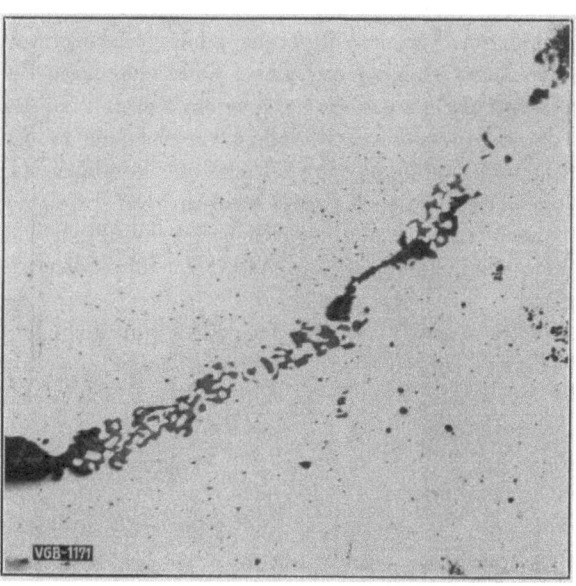

Abb. 25. Undichte Stellen und oxydische Einschlüsse in der Schweißfuge (Abb. 24). $v = 100$.

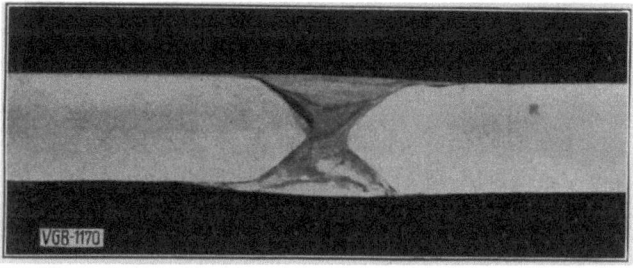

Abb. 24. Schmelzschweißung an einem Kesselblech. $v = 1$.

erkennbar sein, ebenso soll keine wesentliche Gefügeänderung in der Umgebung der geschweißten Stelle vorhanden sein.

Unter Verwendung eines für Schweißzwecke geeigneten Werkstoffes läßt sich obiges Ziel erreichen. Zahlreiche weitere, im Materialprüfungsamt ausgeführte Untersuchungen von überlappt geschweißten Kesselteilen haben zu keinerlei Beanstandungen Anlaß gegeben.

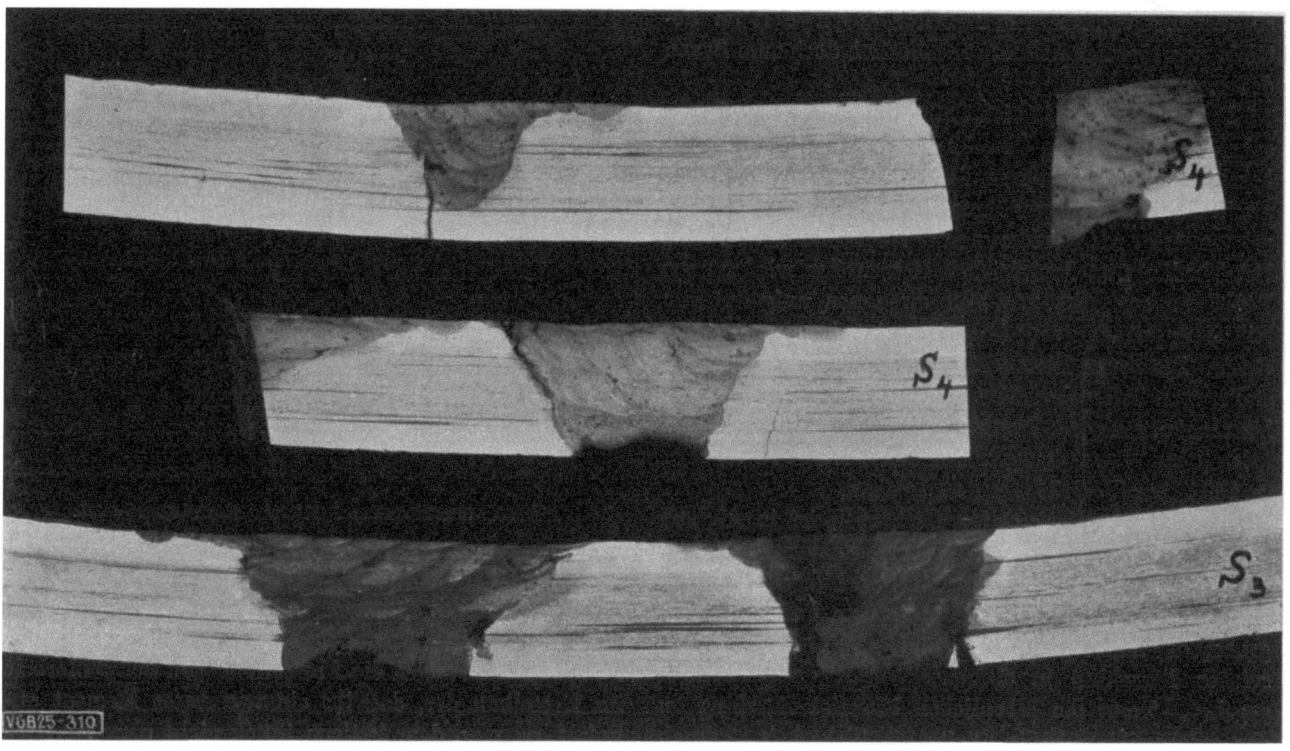

Abb. 26. Schliffe durch die ausgekreuzten, verschweißten Rißstellen.

Nicht so günstig liegen im allgemeinen die Verhältnisse bei den Schmelzschweißungen, gleichgültig nach welchem Verfahren sie durchgeführt werden.

Zunächst entsprechen sie mehr einer Verkittung, Verlötung oder Verschmelzung als einer eigentlichen Verschweißung. Das zur Verkittung oder Verlötung verwendete Material hat meist eine andere chemische Zusammensetzung als das zu verbindende Material, so daß sich daraus an und für sich schon verschiedene Festigkeitseigenschaften der Schweißstelle im Vergleich mit dem zu verbindenden Material ergeben. Der Erfolg ist mehr noch als bei der eigentlichen Schweißung von der Geschicklichkeit des die Arbeit Ausführenden abhängig.

Abb. 24 zeigte eine im allgemeinen gut gelungene Schweißung. An einzelnen Stellen sind jedoch auch hier in der Schweißfuge oxydische Einschlüsse und undichte Stellen vorhanden (Abb. 25, $v = 100$).

Diese Art Schweißung wird nun vielfach zu Reparaturen an Dampfkesseln verwendet.

Bei einem Wasserrohrkessel mit aufgenieteten Sattelstücken waren im Betrieb am hinteren Sattelstück in der Nietlochreihe Risse entstanden, die ausgekreuzt und elektrisch verschweißt wurden. In Abb. 26 sind einige Schliffe durch die verschweißten, ausgekreuzten Rißstellen wiedergegeben.

Abgesehen davon, daß die Verschweißung an sich keineswegs einwandfrei ist — es sind Poren, undichte Stellen und Stellen, an denen kein Zusammenhang mit dem Blechmaterial besteht, vorhanden —, ist auch der Zweck der Reparatur als verfehlt zu betrachten. Zunächst ist es meist gar nicht möglich, bei auftretenden Rißbildungen alle Risse zu erkennen. Die Risse treten meist nicht vereinzelt, sondern in Scharen auf (s. a. Abb. 16, 17 bis 19). Wird auch nur ein Riß nicht gefunden und somit auch nicht ausgekreuzt und verschweißt, so erweitert er sich beim Arbeiten des Kessels im Betriebe unweigerlich und führt schließlich doch zum Bruch des Kessels.

Das Wichtigste aber ist, daß durch eine solche Flickarbeit die eigentliche Ursache für die Rißbildung nicht beseitigt wird. Im vorliegenden Fall war die Ursache unzweifelhaft die zu starre Bauart des Kessels. In der Tat zeigten sich nach Ausführung der Reparatur nach kurzer Betriebsdauer an den gleichen Kesselteilen wieder neue Rißbildungen. Abb. 27a läßt diese neu aufgetretenen Rißbildungen erkennen; Abb. 27b zeigt eine verschweißte Stelle. Die neuen Risse treten zum Teil in der Schweißstelle, zum Teil neben ihr auf. Die von den leichter erkennbaren gröberen Rissen ausgehenden, feinen, interkristallinen Verzweigungen der Risse sind aus Abb. 28 in 200facher Vergrößerung zu ersehen.

Ein weiteres Beispiel für Flickarbeit ist in Abb. 29 wiedergegeben. Es handelt sich um die Verschweißung eines Risses im Flammrohr eines Schiffskessels. Die Schweißstelle weist vielfach Hohlräume und zahlreiche grobe, oxydische Einschlüsse auf. In Abb. 30 ist ein solcher Einschluß in 50facher Vergrößerung wiedergegeben. Trotz der erheblichen Materialanhäufung an der geschweißten Stelle dürfte die Sicherheit dadurch nicht wesentlich erhöht worden sein, da das Schweißgut außerordentlich geringe Kerbzähigkeit besaß. Die spez. Schlagarbeit des Blechmaterials betrug rund 12 mkg/cm², die des Schweißgutes nur 1,2 mkg/cm².

Abb. 31 zeigt schließlich einen unvollkommen verschweißten Krempenriß von einem Flammrohrboden.

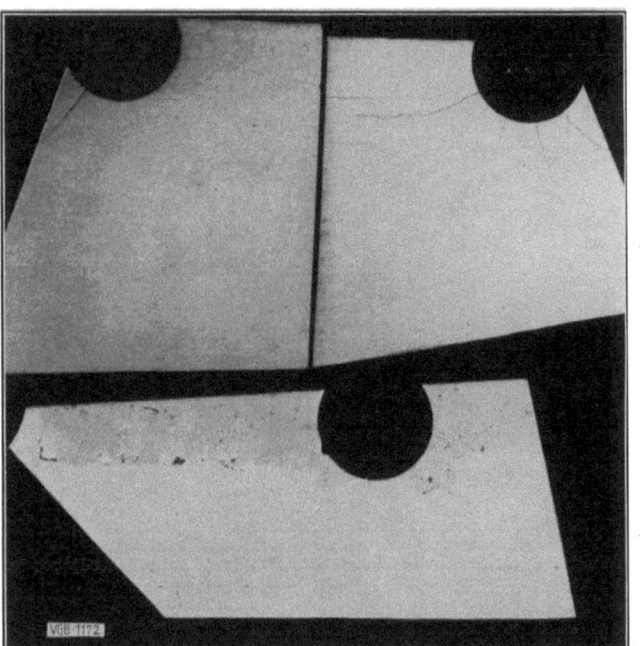

Abb. 27. Oben: Rißbildungen auf dem aufgenieteten Sattelstück. Unten: Verschweißte Stelle.

Der Riß ist nicht völlig ausgekreuzt, und die Schweiße hat den noch vorhandenen Riß nicht ausgefüllt. In Abb. 32 ist ein Teil des nicht ausgefüllten Risses mit der darüber gelagerten, stark porigen Schweiße in 30facher Vergrößerung wiedergegeben. Auch in diesem Falle dürfte die Reparatur ihren Zweck völlig verfehlt haben.

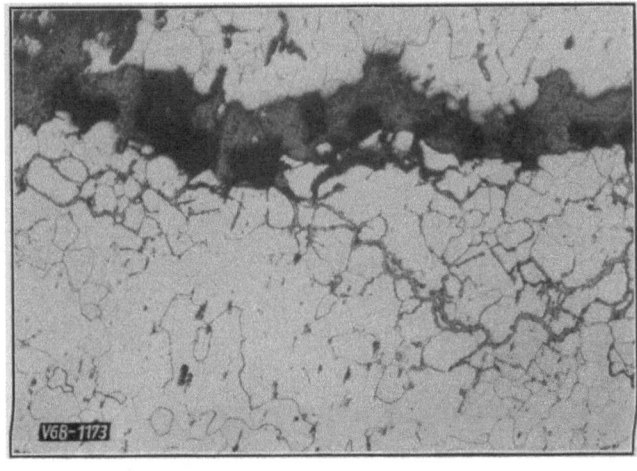

Abb. 28. Interkristalline Rißbildung (Abb. 27). $v = 200$.

Ich habe Ihnen hier vorwiegend im Amt untersuchte, mangelhafte Schweißungen vorgeführt. Selbstverständlich gibt es auch gute Arbeit. Immer aber bleibt der Haupteinwand gegen die Anwendung von Schweißarbeit im Kesselbau der, daß ihr ein unsicheres Moment anhaftet, da man dem fertigen Stück nicht ohne weiteres ansehen kann, ob die Arbeit gelungen ist oder nicht. In neuester Zeit sind zwar eine Reihe von Verfahren zur Nachprüfung der Güte der Schweißung, ohne dabei das Material zu zerlegen, in Vorschlag gebracht und zum Teil auch mit Erfolg in Anwendung gekommen. Ich erwähne nur:

4. die röntgenographische Prüfung, mit der man bereits gute Erfolge erzielt hat[1].

Es ist aber zu beachten, daß alle erwähnten Verfahren zunächst noch in der Entwicklung und Ausbildung begriffen sind, daß alle ein besonders geschultes, wissen-

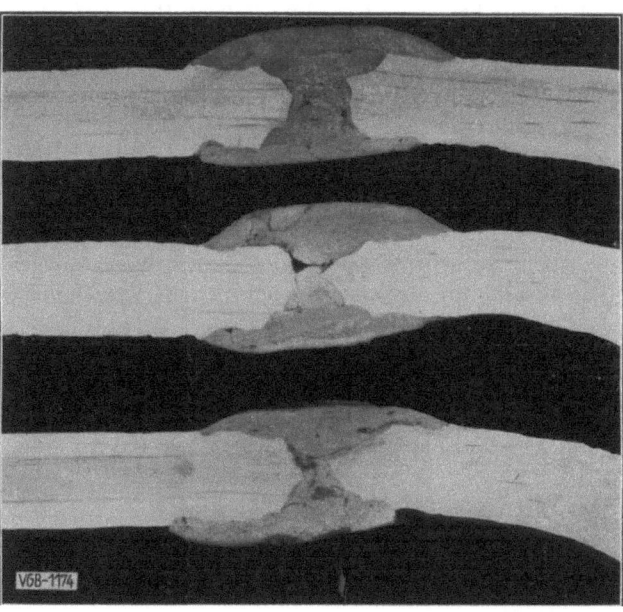

Abb. 29. Verschweißungen an einem Flammrohr eines Schiffskessels.

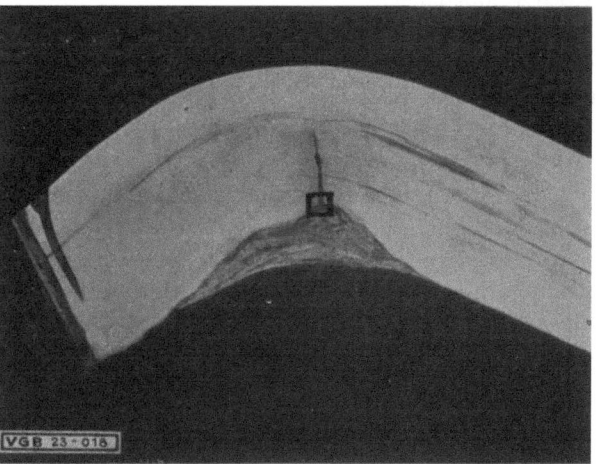

Abb. 31. Unvollkommen verschweißter Krempenriß.

schaftliches Personal erfordern, dem zunächst noch keinerlei umfangreiche Praxis und Erfahrung zur Seite steht, und daß sie zum Teil auch recht teuer in der Anlage und

1. Das elektrische Prüfverfahren von Sperry[1], das zunächst für Schienenschweißungen ausgebildet wurde, das aber bei zweckentsprechendem Ausbau vielleicht auch bei der Prüfung von Schweißungen an Dampfkesseln gute Dienste leisten wird;

2. das magnetische Prüfverfahren von Roux[1]. Die Schwierigkeit besteht hier darin, daß die magnetische Suszeptibilität eines Werkstoffes auch von seinem Gefügeaufbau und Gefügezustand beeinflußt wird;

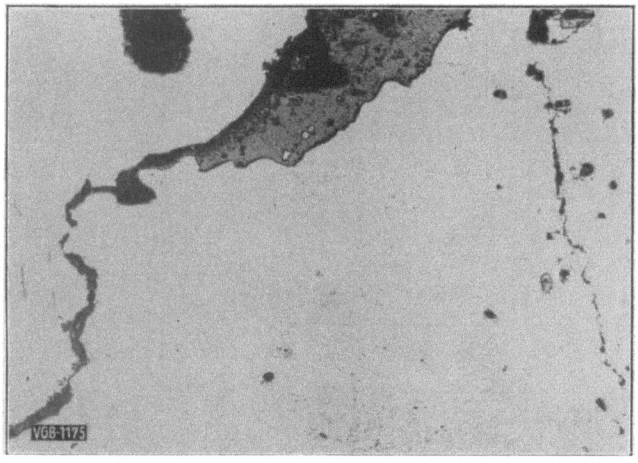

Abb. 30. Oxydische Einschlüsse in der Schweißstelle (Abb. 29). $v = 50$.

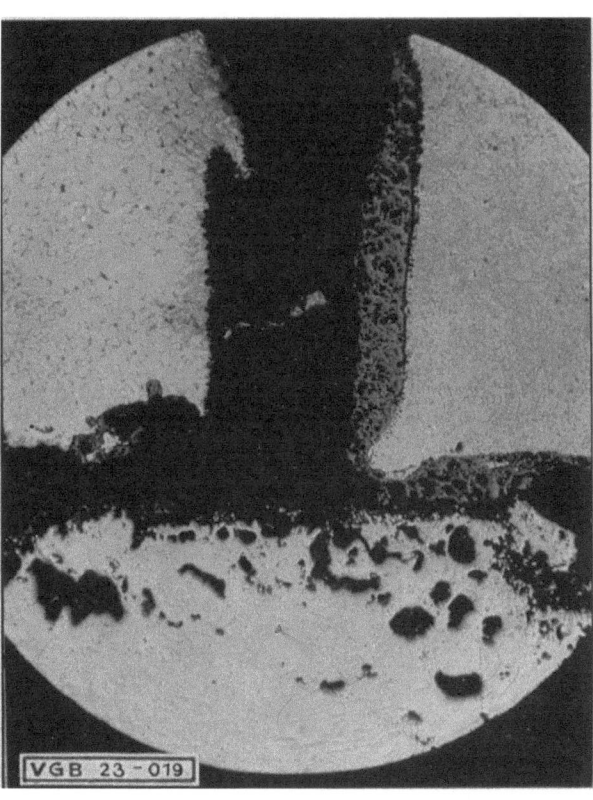

Abb. 32. Teil des unvollkommen verschweißten Krempenrisses (Abb. 31). $v = 30$.

3. akustisches Prüfverfahren durch Abklopfen und Abhorchen der Schweißnaht. Und schließlich

im Betrieb sind. Die beste Gewähr für eine gelungene Schweißung bleibt zunächst immer noch, die Schweiß-

---

[1] Näheres siehe „Forschungsergebnisse auf dem Gebiete des Schweißens und Schneidens mittels Sauerstoff und Acetylen". V. Folge. S. 86. Halle a. S.: Verlagsbuchhandlung Carl Marhold 1930.

[1] N. Lefring: Einfluß der Schweißstrombedingungen bei der elektrischen Lichtbogenschweißung von weichem Flußstahl. Versuche über die Schmelzverhältnisse, Festigkeitsprüfungen, Schweißfehleruntersuchungen mittels Röntgenstrahlen." Forsch.-Arb. Ing. H. 332, VDI.

arbeit nur von besonders eingearbeiteten, geschickten und gewissenhaften Schweißern ausführen zu lassen.

Zusammenfassung.

Zur Vermeidung von Dampfkesselschäden im Betrieb möchte ich auf Grund meiner Ausführungen folgende Leitsätze aufstellen:

1. Für den Dampfkessel ist der beste Werkstoff gerade noch gut genug. Er soll möglichst frei von Verunreinigungen sein und in sachgemäß ausgeglühtem Zustand dem weiterverarbeitenden Werk von der Hütte geliefert werden.

2. Bei der Weiterverarbeitung zum Dampfkessel ist jede Kaltreckung nach Möglichkeit zu vermeiden.

Werden dicke Bleche um kleine Radien kalt gebogen, so sollten die gebogenen Trommeln nachträglich wieder ausgeglüht werden. Der Nietdruck ist so zu wählen, daß keine Verquetschung des Bleches eintritt.

3. Bevor eine neue Anlage gebaut wird, ist die Frage des Wasserumlaufes nachzuprüfen, ferner ist beim Entwurf darauf zu achten, daß die ganze Anlage in sich elastisch ist, so daß die einzelnen Teile des Kessels der Wärmeausdehnung folgen können, ohne andere Teile dadurch zu schädigen.

4. Treten bei einem Kessel im Betrieb Risse auf, so ist eine nachträgliche Flickarbeit durch Auskreuzen und Verschweißen der Risse meistens wertlos und gefährlich. Die Ursachen der Rißbildung sind entweder in

Materialmängeln,
Herstellungsmängeln oder
Mängeln in der Bauart der Anlage

zu suchen. In keinem Fall werden diese grundsätzlichen Mängel durch die Reparatur behoben. Die Kesselanlage trägt den Keim des Todes in sich, sie ist reif zum Abbruch.

If you have any concerns about our products,
you can contact us on
ProductSafety@springernature.com

In case Publisher is established outside the EU,
the EU authorized representative is:
**Springer Nature Customer Service Center GmbH
Europaplatz 3, 69115 Heidelberg, Germany**

Printed by Libri Plureos GmbH
in Hamburg, Germany